Moderne Schweiß- und Schneidtechnik

Ein Lern- und Lehrbuch

für Ausbildung und Fertigung

von

K.-H. Rellensmann

6., überarbeitete Auflage

mit mehr als 420 Abbildungen und 45 Tabellen
sowie Hinweisen auf ~ 100 Normen, ~ 40 Richtlinien
und andere Vorschriften

D1670772

HANDWERK UND TECHNIK · HAMBURG

Bildquellenverzeichnis

Autor und Verlag danken folgenden Firmen und Institutionen für die Überlassung von Bildvorlagen:

AGA Welding AB, Malmö, Schweden 3.42
Autogenwerk Sirius GmbH, Düsseldorf 3.4
Beratungsstelle für Stahlverwendung, Düsseldorf 2.1, 8.10, 10.49, 15.1
Böhling Rohrleitungsbau, Hamburg 3.40, 11.30
Castolin GmbH, Kriftel 6.33, 6.34
Carl Cloos Schweißtechnik, Haiger 4.21, 4.22, 4.23, 5.6
Dalex-Werke Niepenberg & Co., Wissen 4.7, 4.8, 4.16, 4.19, 7.6, 7.7, 8.24
Dinse GmbH Schweißwerkzeuge, Hamburg 4.20
Elektro-Thermit GmbH, Essen 6.5, 6.6, 6.25, 6.26, 6.27, 6.28, 6.29, 6.30, 6.31
ESAB GmbH, Solingen 5.12, 6.32
Feindt und Kunkel Meßtechnik GmbH, Aschaffenburg 11.1
Gewerbeförderungsanstalt, Hamburg 11.5
Gewerbeschule Maschinenbau, Hamburg 4.32, 4.33, 4.34, 4.35, 8.17, 8.18
Helling & Co., Hamburg 11.4, 11.6

Köster & Co., Ennepetal 7.13, 7.16
G. Kroll, Schweißfachingenieur, Hamburg 10.42
Linde AG, Höllriegelskreuth 3.1, 3.5, 3.6, 3.7, 3.12
Messer Griesheim GmbH, Frankfurt 2.2, 3.10, 3.39, 3.45, 3.46, 4.14, 4.15, 5.15, 5.16, 5.17, 6.4, 6.14 b, 7.2 und S.115
Nelson Bolzenschweißtechnik, Gevelsberg 7.12, 7.14
Nordwestliche Eisen- und Stahl-Berufsgenossenschaft, Hannover 15.2
Oerlikon Schweißautomatik, Eisenberg 5.4, 6.14 a
OSU-Hessler, Bochum 6.35
Schweißtechnische Lehr- und Versuchsanstalt Hamburg 4.25, 5.1, 5.14, 6.10, 8.19, 11.29, 11.31
J. Thomsen, Dipl.-Ing., Hamburg 10.47, 10.48
Thyssen Draht AG, Hamm 6.16
TONI-MFL Werkstoffprüf-GmbH, Schifferstadt 11.17
Witt Gasetechnik, Witten 3.8, 3.9
Zinser-Autogen-Schweißtechnik, Ebersbach/Fils 3.41

Die Tab. 3.1 und 3.8 wurden mit Genehmigung des Deutschen Verlages für Schweißtechnik teils gekürzt dem Band 61 „Verfahren der Autogentechnik" entnommen.

Ein Dankeschön

Eine Neuauflage kann nur im engen Kontakt zum Leserkreis und zu erfahrenen Schweißfachleuten gelingen. Aus diesem Kreis seien folgende Herren besonders erwähnt: Prof. Dr.-Ing. F. Walter, Leiter der Schweißtechnischen Lehr- und Versuchsanstalt Hamburg; Prof. Dipl.-Ing. D. Kohtz, Fachhochschule Kiel; SFI Dipl.-Ing. R. Killing, Solingen; Oberingenieur Dipl.-Ing. H. Jansen, Hoisdorf; Dipl.-Ing. H. Scheruhn, Appel. Ihnen allen möchte ich neben weiteren Fachleuten aus Schulen, Kursstätten, Schweißbetrieben und Herstellerfirmen hier nochmals ausdrücklich danken. Bedenkt man ferner, daß jede Neuauflage des Buches infolge des ständigen technischen Fortschrittes erhebliche Abänderungen verlangt, so möchte ich auch dem Verlag dafür danken, daß er sich der anspruchsvollen Bearbeitung erneut angeschlossen hat.

K.-H. Rellensmann

Hel3 Stadtbibliothek Eberbach
—Ausgeschieden—
94.490

Papier
aus chlorfrei gebleichten Faserstoffen

Die Normblattangaben werden wiedergegeben mit Erlaubnis des DIN Deutsches Institut für Normung e. V. Maßgebend für das Anwenden der Norm ist deren Fassung mit dem neuesten Ausgabedatum, die bei der Beuth Verlag GmbH, Burggrafenstraße 4 bis 10, 1000 Berlin 30, erhältlich ist.

ISBN 3.582.03232.9

Alle Rechte vorbehalten.
Jegliche Verwertung dieses Druckwerkes bedarf – soweit das Urheberrechtsgesetz nicht ausdrücklich Ausnahmen
Verlag Handwerk und Technik G.m.b.H., Lademannbogen 135, 22331 Hamburg – 1993
Gesamtherstellung: INTERDRUCK Leipzig GmbH

Vorwort zur 6. Auflage

Das Buch gibt dem Leser einen Überblick über den gegenwärtigen Stand der Schweiß- und Schneidtechnik. Er erfährt, was die Verfahren kennzeichnet und wie man in der Praxis mit ihnen umgeht.

Der Anfänger, Lehrgangsteilnehmer oder Auszubildende wird in Theorie und Praxis zur fachgerechten Arbeit hingeführt.

Der Ausbilder, Lehrschweißer oder Lehrer wird angeregt, den Lehrstoff vorzubereiten, ihn mit eigenen Erfahrungen zu überprüfen und weiterzuentwickeln.

Der Anwender, Techniker, Ingenieur oder Betriebsleiter findet Hinweise und ein Nachschlagewerk vor, daß ihn an Sachgebiete erinnert, die er bisher vernachlässigt, übersehen oder gar vergessen hat.

Die 5. Auflage erschien 1990 in überarbeiteter Fassung. Trotz der kurzen Zeitspanne von 2 Jahren, ist es zwingend, die 6. Auflage der raschen technischen Entwicklung erneut anzupassen.

Aus diesem Grunde wurden
- der Umfang bereits aufgenommener DIN-, EN- und DIN EN-Normen durch neue Veröffentlichungen erweitert;
- Anwendungshinweise für das Schutzgas-, Plasma- und Laserschweißen ergänzt;
- Schweißübungen für die praktische Grundausbildung auf die Verwendung gängiger Elektroden umgestellt;
- Arbeitsschutz durch neue Vorschriften verstärkt.

Ein umfangreiches Register von rund 800 Sachwörtern und ein Verzeichnis von etwa 140 Normen, Merkblättern und Vorschriften sollen mithelfen, den Sachgehalt des Buches zu erschließen und den Umgang mit dem Buche zu erleichtern.

Frühjahr 1993   Autor und Verlag

Inhaltsverzeichnis

1 Technische und wirtschaftliche Bedeutung des Schweißens und Schneidens

Schweißen

Schweißen und Löten sind Fertigungsverfahren, die im Wettbewerb mit Kleben, Gießen, Schmieden, Nieten und Schrauben oftmals die günstigere Lösung bieten. Der Vergleich eines angeschraubten Haltebügels mit einem geschweißten macht deutlich:

> **Schweißen kann Werkstoff, Gewicht, Zeit und Kosten sparen.**

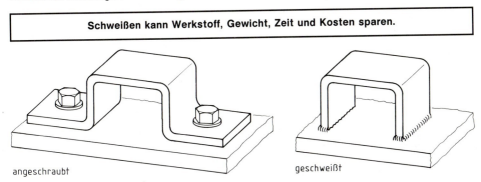

angeschraubt   geschweißt

Weitere Vorzüge

Schweißen gestattet Formgebungen, die statischen wie dynamischen Anforderungen gerecht werden, häufig in Verbindung mit thermischem Schneiden. Es verknüpft konstruktive Bedingungen mit ästhetischen Ansprüchen, ergibt Baukörper von hoher Festigkeit, erleichtert Vorfabrikation und Montagearbeiten auf den Baustellen, reduziert Transportkosten.

Das Schweißen hat die Fertigung großer Stahlkonstruktionen von Großtankern, kontinentalen Öl- und Gasleitungen, Bohrinseln und Druckbehältern für Chemie- und Kernkraftwerke entscheidend beeinflußt und gefördert.

Das Instandsetzen schadhafter Teile durch Schweißen ist oft eine preiswerte, schnelle und vollwertige Lösung. Schweißen ist in der Einzelfertigung ebenso wirtschaftlich anzuwenden wie in der Serienproduktion.

Qualifizierte Schweißarbeit kann bereits mit verhältnismäßig geringen Investitions- und Betriebskosten geleistet werden. Bei hochwertigen Anlagen ist die Wirtschaftlichkeit durch Kostenanalysen zu prüfen, bei denen neben Kosten für Schweißanlagen und -gerät, Verzinsung, Energie, Material und Lohn auch die Produktmengen zu berücksichtigen sind.

Vorbehalt

Das Schweißen erfordert eine hohe Wärmeeinbringung. Das bedeutet: Wärmespannungen, Veränderungen des Gefüges, Formänderungen, Verwerfungen. Diesen Folgen kann der Fachmann zwar entgegenwirken, ihn aber u. U. veranlassen, ein anderes Fertigungsverfahren anzuwenden.

Thermisches Schneiden

Das thermische Schneiden findet als autogenes Brennschneiden, als Plasma-Schmelzschneiden oder als Laserschneiden ein breites Anwendungsgebiet und ist in Fertigungsbereiche eingedrungen, die bisher der spanabhebenden Formgebung vorbehalten waren. Maßtoleranz und Oberflächengüte haben eine beachtliche Qualität erreicht. Mit dem Brennschnitt kann unlegierter Baustahl von 1000 mm Dicke und mehr getrennt werden. Näheres siehe Abschnitt 3.4.

2 Einteilung der Schweißverfahren

2.1 Begriff Schweißen

> **Schweißen ist das Vereinigen von Werkstoffen in der Schweißzone unter Anwendung von Wärme und / oder Kraft ohne oder mit Schweißzusatz.**

Diese Erklärung gilt sowohl für das Schweißen von Metallen und Kunststoffen als auch für andere Werkstoffe, z. B. Glas, und für Werkstoffkombinationen, siehe 1910 Teil 1.

2.2 Verfahrensbenennungen

Schweißverfahren werden nach DIN 1910 Teil 2 seit Jahren mit Kurzzeichen benannt, z. B. MAG für Metall-Aktivgasschweißen. In DIN EN 24 063 und europäischen Normen sind und werden statt Kurzzeichen Kennzahlen eingeführt, die z. B. das MAG-Verfahren mit der Ziffer 135 benennen. Solche Verfahrens-Kennzahlen sind bei Fertigungsangaben in technischen Zeichnungen oder in Fertigungsunterlagen anzuwenden. Eine weltweite unverwechselbare Kennzeichnung wird wegen der großen Anzahl von Schweißverfahren immer dringlicher, so daß in diesem Buch die einzelnen Verfahren – soweit durch Normen bereits festgelegt – durch in Klammern gesetzte Kennziffern ergänzt und präzisiert wurden.

2.2.1 Verbindungs- und Auftragschweißen

Verbindungsschweißen ist beispielsweise das Zusammenfügen von Rohren, Behältern, Schiffsplatten, Karosserien und Stahlkonstruktionen durch Schweißen (Abb. 2.1).

Auftragsschweißen ist ein Beschichten mit artgleichem oder artfremdem Auftragswerkstoff (Abb. 2.2). S c h w e i ß p a n z e r n beschreibt das Auftragen von verschleißfestem Werkstoff. Beim S c h w e i ß p l a t t i e r e n soll der Werkstoff vorzugsweise chemisch beständig sein. Beim P u f f e r n kommt es auf eine beanspruchungsgerechte Bindung an, die erwünscht sein kann, wenn artverschiedene Werkstoffe miteinander verbunden werden sollen.

Das Auftragsschweißen wird auch zum Urformen, siehe S. 13 u. 121, angewendet.

Abb. 2.1 Verbindungsschweißen
Knotenpunkt an der Stahlrohrkonstruktion eines Kranbahnträgers

Abb. 2.2 Auftragschweißen einer Panzerung mit Fülldrahtelektrode
Spitzen eines Sinterbrechers

2.2.2 Preß- und Schmelzschweißen

Nach dem physikalischen Ablauf des Schweißvorganges ist zu unterscheiden zwischen

Preßschweißen und **Schmelzschweißen.**

Beim **Preßschweißen** werden die Schweißteile unter Anwendung von Kraft ohne oder mit Schweißzusatz vereinigt (Tab. 2.1). Örtlich begrenztes Erwärmen (u. U. bis zum Schmelzen) ermöglicht oder erleichtert das Schweißen.

Tab. 2.1   Anwendung ausgewählter Preßschweißverfahren* (4)

Verfahren	Energieträger	Anwendungsbeispiele
Reibschweißen (42)	Bewegungsenergie, Reibung	Automobilbau, Wellen, Achsen, Werkzeuge
Feuerschweißen (43)	Schmiedefeuer	Kunstschmiedearbeit, Kettenglieder
Gaspreßschweißen (47)	Gasflamme	Betonstahl
Widerstands- punktschweißen (21)	Elektrischer Strom	Karosseriebau, Feinwerk- technik
Lichtbogenpreßschweißen	Lichtbogen	Bolzenschweißen

Beim **Schmelzschweißen** werden die Schweißteile an ihrer Verbindungsstelle durch örtlich begrenzten Schmelzfluß ohne Anwendung von Kraft mit oder ohne Schweißzusatz vereinigt (Tab. 2.2).

Tab. 2.2   Anwendung ausgewählter Schmelzschweißverfahren* (0)

Verfahren	Energieträger	Anwendungsbeispiele
Gießschmelzschweißen	flüssiger Schweißzusatz	niedrig- und hochlegierte Stähle, Stahlguß, Schienenschweißen
Gasschmelzschweißen (Gasschweißen), (3)	Brenngas-Sauerstoff- flamme	Dünnblech und Rohrleitungsbau bis zur Wanddicke von 6 mm, Panzern
Widerstands- schmelzschweißen (2)	Elektrischer Strom	Stahl-, Behälter- und Schiffbau (Elektroschlackeschweißen)
Lichtbogenschmelz- schweißen (1)	Lichtbogen	breite Anwendung bei Eisenwerkstoffen und Nichteisenmetallen
Plasmaschweißen (15)	Plasmastrahl oder Plasmalichtbogen	Schutzschweißen von Blechen, Folien und Drähten ab 0,05 mm Dicke
Elektronenstrahl- schweißen (76)	Elektronen im Vakuum	Großserien im Getriebe- und Motoren- bau, Triebwerksbau, Reaktortechnik, auch Mikroschweißungen
Lichtstrahl- schweißen (75)	gebündelte Lichtstrahlen	Teile aus Metall, Kunststoff und kera- mischen Stoffen bis etwa 1 mm Dicke
Laserstrahlschweißen (751)	Lichtbündel gleicher Wellenlänge	Mikroschweißungen, Kunststoffolien

* weitere Unterteilung siehe Abschnitt 5.1.3 sowie Kapitel 6, 7 und 9, außerdem DIN 1910 Teil 1 bis 5 und 10

Nach dem Grade der Mechanisierung ist zu unterscheiden zwischen

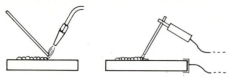

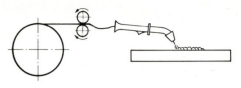

Abb. 2.3 Handschweißen (manuelles Schweißen)
Kurzzeichen: m
a) Brenner und Schweißstab werden von Hand geführt
b) Elektrode wird von Hand geführt

Abb. 2.4 Teilmechanisches Schweißen
Kurzzeichen: t
Der Brenner wird von Hand geführt, die Drahtelektrode wird mechanisch zugeführt

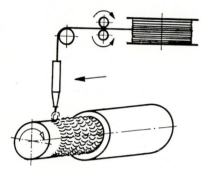

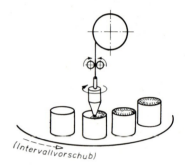

(Intervallvorschub)

Abb. 2.5 Vollmechanisches Schweißen
Kurzzeichen: v
Brenner und Zusatzdraht werden mechanisch zugeführt
Auftragschweißen einer Panzerung auf einen Lagerzapfen

Abb. 2.6 Automatisches Schweißen
Kurzzeichen: a
Der gesamte Schweißvorgang einschließlich Wechsel der Werkstücke läuft selbsttätig ab.

2.3 Auswahl des geeigneten Schweißverfahrens

Konstrukteur und Kaufmann, Betriebsleiter und Schweißer müssen wissen, von welchen Faktoren die Anwendbarkeit eines Schweißverfahrens und die Qualität einer Schweißung abhängen. Dazu gehören (vergleiche DIN 8528 Teil 1):

Werkstoff	Konstruktion	Fertigung
Schweißeignung	Schweißsicherheit	Schweißmöglichkeit

Werkstoffhinweise: in Kapitel 8.

Konstruktionshinweise:

mehrachsige Beanspruchung vermeiden — Nahtvolumen nicht größer als nötig — Nähte so sinnvoll anordnen, daß kein Wärmestau eintritt — Anhäufungen von Nähten vermeiden — Schrumpfungsmöglichkeiten offenlassen — ungleiche Werkstückdicken angleichen;

Fertigungshinweise:

ein wirtschaftliches Schweißverfahren anwenden — Schweißfolgeplan beachten — Nähte evtl. unterbrechen — beim Schweißen unterhalb 0 °C Werkstück vorwärmen — vorwärmen bei entsprechenden Dicken oder bestimmten legierten Werkstoffen und Stählen mit höherem C-Gehalt; Grund- und Zusatzwerkstoff trocken verarbeiten.

3 Autogentechnik

3.1 Grundlagen

3.1.1 Fertigungsverfahren der Autogentechnik

Die Autogentechnik umfaßt Fertigungsverfahren, bei denen die Wärme einer Brenngas-Sauerstoff- oder Brenngas-Luft-Flamme genutzt wird. Nach DIN 8522 werden 6 Anwendungsgebiete unterschieden:

Fügen	Verbindung von Werkstücken durch Schweißen oder Flammlöten
Beschichten	Auftragen von Zusatzwerkstoff auf das Werkstück durch Schweißen oder Spritzen
Trennen (Thermisches Abtragen)	Brennschneiden oder verwandte Verfahren, wie z.B. Brennfugen oder Flammstrahlen
Stoffeigenschaftenändern	Flammwärmen, Gefügeumwandlung, Entspannen, Flammhärten
Umformen	Richten mit der Flamme durch örtlich dosierte Erwärmung
Urformen	Fertigen eines festen Körpers z.B. durch Gasschmelzschweißen oder Flammspritzen

Gasschmelzschweißen (3)

Sieht man davon ab, daß das Löten bereits um 3000 v. Chr. bekannt war und als autogene Verbindungstechnik anzusprechen ist, so begann die moderne Entwicklung um 1840 mit der Erfindung des Franzosen R i c h e m o n t, der mit Hilfe seines Bleilötapparates Metallstücke ohne Anwendung eines Lotes durch Schmelzen vereinigte. Diese Verfahren bezeichnete man als „Verbindung durch sich selbst" und somit als autogene Verbindung.

Nachdem es um die Jahrhundertwende gelungen war, Acetylen und reinen Sauerstoff großtechnisch zu erzeugen, war mit der Acetylen-Sauerstoff-Flamme die bis heute wirksamste Wärmequelle für das Gasschmelzschweißen gefunden.

3.1.2 Sauerstoff

Sauerstoff wird durch Verdampfen von flüssiger Luft gewonnen. Dabei wird der Stickstoff (Verdampfungstemperatur $-196\,°C$) vom Sauerstoff (Verdampfungstemperatur $-183\,°C$) getrennt. Je nach Bauart der L u f t z e r l e g u n g s a n l a g e können beide Gase sowohl flüssig als auch gasförmig entnommen werden. Der tiefkalte Sauerstoff wird im flüssigen Zustand in isolierte Behälter, Straßen- oder Eisenbahntankwagen gefüllt (Abb. 3.1).

Abb. 3.1 Vorratstank für tiefkalten verflüssigten Sauerstoff

**Da 1 l flüssiger Sauerstoff 0,85 m³ Gas ergibt, sind die Transportkosten für Flüssig-
sauerstoff bei gleicher Menge erheblich geringer als die für verdichteten Sauerstoff in
Gasflaschen**

Für den Verbrauch wird der flüssige Sauerstoff aus dem Vorratstank in einen Verdampfer
geleitet, durch Erwärmen vergast und dem Brenner zugeführt.

3.1.3 Sauerstoffflaschen

Gasförmiger Sauerstoff wird in Stahlflaschen (Abb. 3.2), 150 bar (Normalflasche) oder 200 bar
(Leichtstahlflasche) zusammengepreßt.

**Die Leichtstahlflasche hat einen Rauminhalt
von 50 l. Bei einem höchstzulässigen Fülldruck von 200 bar enthält sie 10 000 l oder
10 m³ Sauerstoff**

Einzelheiten über Bau, Ausrüstung, Kennzeichnung
und Prüfung der Flaschen und Druckgasbehälter
sind in der Druckgasverordnung, den Technischen
Regeln Druckgase (TRG) und in DIN 4664 festgelegt.

**Für Sauerstoffflaschen ist alle 10 Jahre eine
amtliche Überprüfung vorgeschrieben**

Kennfarbe der Flasche: blau.

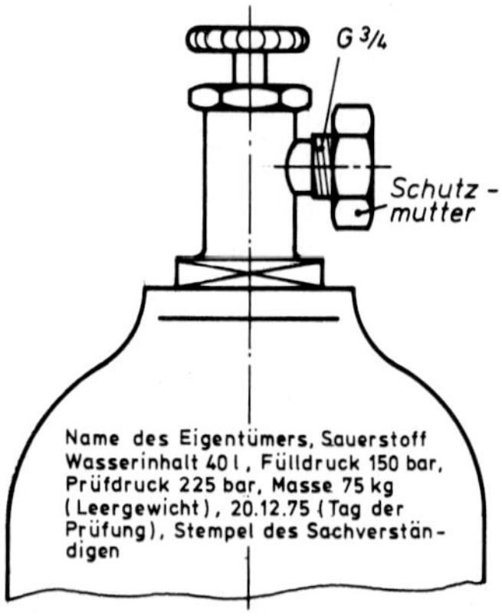

Abb. 3.2   Kopfende einer Sauerstoffflasche
Eingeprägte Aufschrift lt. Druckgasverordnung

Arbeitsschutz
Nie mit Sauerstoff belüften oder Kleidung ausblasen!
Nie mit Sauerstoff kühlen!
Nie Öl oder Fett an Sauerstoffarmaturen oder in den Sauerstoffstrom bringen, z. B. an fettigen
Händen. Siehe auch Kapitel 15, Unfallgefahren und Schutzmaßnahmen.

3.1.4 Acetylen

Acetylen (C_2H_2) ist wegen seiner hohen Flammentemperatur von etwa 3200 °C und der
größten Flammenleistung das am häufigsten verwendete Brenngas. Es kann aus Wasser
und Carbid (Calciumcarbid CaC_2) im **Acetylenentwickler** (Abb. 3.3 und 3.4) gewonnen werden
oder großtechnisch auch aus Kohlenwasserstoffen, z. B. Methan.

Carbid wird aus gebranntem Kalk und Kohle im Elektro-Lichtbogenofen bei 2000 °C erschmolzen, nach dem Erstarren gebrochen, nach Korngrößen, siehe DIN 53922, sortiert und
in luftdicht verschlossenen Trommeln verpackt.

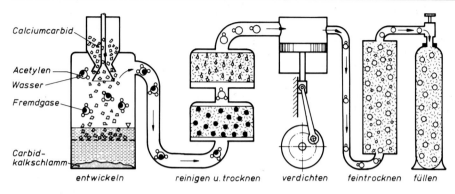

Calciumcarbid

Acetylen

Wasser

Fremdgase

Carbid-
kalkschlamm

entwickeln   reinigen u. trocknen   verdichten   feintrocknen   füllen

Abb. 3.3   Herstellung von Acetylen, Schema

**Abb. 3.4   Vollautomatischer Mitteldruck-Acetylen-
entwickler** für 200 bis 2000 kg Carbidfüllung und
stündlicher Gasleistung von 20 bis 120 m³.

Um 1 kg Carbid zu vergasen, wird etwa ein halbes Liter Wasser verbraucht. Dabei werden beträchtliche Wärmemengen frei, die durch eine entsprechende Wasserfüllung im Entwickler unschädlich zu machen sind.

Die chemische Reaktion verläuft wie folgt:

Calciumcarbid + Wasser → gelöschter Kalk + Acetylen + Wärme

CaC_2 + $2 H_2O$ → $Ca(OH)_2$ + C_2H_2 +   130 kJ

1 kg   0,56 kg   1,16 kg   0,40 kg   2000 kJ

Faustwert:

---

1 kg Carbid ergibt 280 l ... 300 l Acetylen

15

3.1.5 Acetylenflaschen

Der Verbraucher bezieht Acetylen heute nicht mehr aus betriebseigenen Entwicklern, sondern aus Stahlflaschen (Abb. 3.5), die in Acetylenwerken gefüllt werden.

Acetylenflaschen müssen 3 Jahre nach Inbetriebnahme, dann alle 5 Jahre überprüft werden

---

Wegen der chemischen Besonderheit des Acetylens beträgt der Druck in Flaschen mit hochporöser Masse etwa 17 bis 19 bar bei 15 °C. Um dennoch ausreichende Mengen in Stahlflaschen unterbringen zu können, nutzt man die Löslichkeit des Acetylens in A c e t o n aus.

---

1 l Aceton löst bei 1 bar etwa 25 l Acetylen

Da die Löslichkeit nahezu proportional mit dem Druck wächst, so sind in der 40-l-Flasche mit einer Schüttmasse normaler Porosität 16 l Acetonfüllung und 15 bar bei 15 °C etwa
$16 \cdot 15 \cdot 25 = 6000$ l Acetylen-Brenngas enthalten.

Gasförmiges Acetylen, das sich in Entwicklern, Schläuchen und Leitungen befindet, kann durch eine Zündung, z. B. durch einen Rückschlag vom Brenner her, zum Zerfall in Kohlenstoff und Wasserstoff gebracht werden. Dieser Zerfall ist von einem hohen Druckanstieg begleitet, der Leitungen oder Armaturen zerstören kann. Deshalb ist der Arbeitsdruck des Acetylen auf 1,5 bar begrenzt.

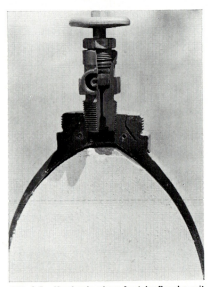

Abb. 3.5 **Kopfende einer Acetylenflasche mit poröser Füllmasse,** mittlere Porengröße 0,1 µm (1/10000 mm). Der Druckminderer wird stets mit einem Bügelverschluß an das Entnahmeventil angeschlossen. Kennfarbe der Flasche: gelb

Die gefahrlose Speicherung in der Acetylenflasche wird durch eine poröse Masse gewährleistet, mit der die Flasche ausgefüllt ist. Die Poren bilden kleinste Flüssigkeits- und Gaskammern, saugen das Aceton auf und können einen eingelaufenen Zerfall zum Stoppen bringen.

Wird das Flaschenventil geöffnet, entweicht das Acetylen aus dem Aceton, vergleichbar mit dem Entweichen des Kohlendioxids aus einer Seltersflasche.

Normale Porosität läßt in der Acetylenflasche einen freien Raum zwischen 71 und 80 %. Hochporöse, monolithische Calciumhydrosilicat-Masse hingegen bietet 91 % freien Raum. Auf diese Weise kann der Inhalt einer 40-l-Flasche von 6,4 kg $\triangleq$ 6 m³ auf 8 kg $\triangleq$ 7,4 m³ Acetylen gesteigert werden (Abb. 3.6).

Aus einer Acetylen-Einzelflasche können 500 ... 600 l/h entnommen werden

---

Kurzzeitig, ca. 10 ... 20 min, ist eine Entnahme von max. 1000 l/h möglich. Bei größerem Bedarf sind mehrere Flaschen zu Batterien oder Bündeln zusammengeschlossen (Abb. 3.7).

Unfallverhütung

Flaschen nicht werfen und gegen Umfallen sichern. Nicht als Amboß oder Schweißunterlage benutzen. Ventile nur mit heißem Wasser oder warmer Luft auftauen. Sauerstoffventile unbedingt frei von Fett, brennbaren Dichtungen und Öl halten (Explosionsgefahr). Sauerstoff niemals zum Abdrücken, Ausblasen oder Belüften von Behältern verwenden (starke Brand- und Explosionsgefahr). Acetylenflaschenventile hochlegen, damit kein Aceton entweichen kann (nicht erforderlich bei Flaschen mit hochporöser Masse). Für Acetylenventile, Leitungen oder Behälter nirgends Kupfer verwenden, sonst entsteht Kupferacetylit, ein explosiver Stoff (Cu_2C).

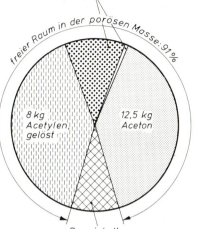

12 % freies Volumen für gasförmiges Acetylen mit ≈ 1% Acetondampf im Gas (15 °C)

freier Raum in der porösen Masse: 91%

8 kg Acetylen, gelöst

12,5 kg Aceton

Rauminhalt der hochporösen Ca - Si -Masse: 9% (feste Substanz)

Abb. 3.6   Aufteilung des Rauminhaltes in einer gefüllten 40-l-Flasche, die mit hochporöser Masse ausgestattet ist. Diese Flasche ist am Flaschenhals mit einem roten Ring gekennzeichnet.

Abb. 3.7   Batterie von zwei Flaschenbündeln zu je 13 Flaschen mit Sicherheitseinrichtung
Ein Bündel enthält 85 m^3 Acetylen, Entnahme: kurzzeitig 13 000 Liter/h, normal 6500 l/h.

3.1.6 Eigenschaften der Brenngase

Neben Acetylen sind noch E r d g a s (Methan) und F l ü s s i g g a s (Propan/Butan) als Brenngase in der Autogentechnik von Bedeutung. Ihre Eigenschaften sind in Tab. 3.1 zusammengefaßt.

Tab. 3.1   Eigenschaften von Brenngasen der Autogentechnik

Eigenschaften		Acetylen C_2H_2	Propan C_3H_8	Methan CH_4 (Erdgas)
Unterer Heizwert	kJ/kg	48 720	46 370	rd. 45 000
Dichte im Normzustand	kg/m³	1,17	2,0	0,72
Temperatur an der heißesten Stelle der Flamme bei normaler Brennereinstellung	°C	3150	2800	2765
bei maximaler Einstellung	°C	3170	2850	2780
Mischungsverhältnis von Sauerstoff zu Brenngas für normale Temperatur	m³/m³	1,05:1	3,75:1	1,6:1
für max. Flammentemperatur	m³/m³	1,5 :1	4,3 :1	1,8:1
Zündtemperatur in Luft	°C	335	510	645
Explosionsgrenzen in Luft	Vol.-%	2,4...80	2,0...9,5	4...17
Verbrennungsgeschwindigkeit bei normalem Mischungsverhältnis	cm/s	674	275	305
bei max. Mischungsverhältnis	cm/s	1350	370	330
Flammenleistung der Primär- verbrennung bei normalem Mischungsverhältnis	kW/cm²	15,7	2,5	6,4
Flammenleistung der Gesamt- verbrennung bei max. Mischungsverhältnis	kW/cm²	42	10	8

Die Zahlenwerte der Tabelle bestätigen: Acetylen ist ein Gas mit hoher Verbrennungsgeschwindigkeit und hoher Flammenleistung, d. h. die Arbeitstemperatur zum Schweißen wird schnell erreicht, während z. B. Propan und Erdgas mit geringer Flammenleistung erheblich langsamer verbrennen, so daß diese Gase nur zum Löten oder Brennschneiden verwendet werden.
Acetylen ist das einzige Brenngas mit einer reduzierenden Flamme, deshalb ist nur Acetylen zum Schweißen geeignet. Die anderen Brenngase haben eine oxidierende Flamme. Außerdem wäre die Wärmeeinflußzone zu groß; man könnte das Schweißbad nicht beherrschen.

3.1.7 Anlagenzubehör

Sicherheitsvorlagen sind als Sicherung von Acetylen-Entwickleranlagen, Gasspeichern und Verteilungsleitungen vorgeschrieben. Siehe hierzu die Vorschriften der Acetylenverordnung mit den zugehörigen Technischen Regeln für Acetylenanlagen und Calciumcarbidlager, z. B. TRAC 204 und 206, Acetylenleitungen und Batterieanlagen.

> **Sicherheitsvorlagen sollen Flammenrückschlag, Gasrücktritt und Nachströmen verhindern**

Zu jedem Acetylenentwickler gehört eine Hauptwasservorlage (H-Vorlage). Außerdem muß an jeder Entnahmestelle der Verteilerleitung (Ringleitung) eine Gebrauchsstellenvorlage (G-Vorlage) vorhanden sein.

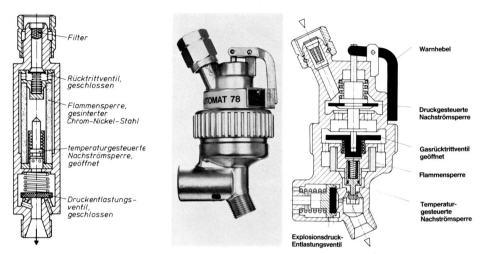

Abb. 3.8   Gebrauchsstellenvorlage, temperaturgesteuert (in Ruhestellung)

Abb. 3.9   Trockene Gebrauchsstellenvorlage für Acetylen mit druck- und temperaturgesteuerter Nachströmsperre

In der Praxis werden trockene Sicherungsautomaten mit temperaturgesteuerter Nachströmsperre (Abb. 3.8) oder mit druck- **und** temperaturgesteuerter Sperre (Abb. 3.9) verwendet.

Temperaturgesteuerte Automaten haben einen größeren Gasdurchfluß als druckgesteuerte. Nach einem leichten Flammenrückschlag wird die Gaszufuhr nicht unterbrochen. Die Nachströmsperre wird erst durch das Schmelzen eines Lotes ab einer Temperatur von etwa 90 °C ausgelöst. Temperaturgesteuerte Sperren können vom Betreiber nicht wieder in Betrieb gesetzt werden.

Für die Gasentnahme aus einer Einzelflasche ist keine Gebrauchsstellenvorlage vorgeschrieben, wenn der Schweißer die Flasche einsehen kann. In diesem Falle muß gemäß TRAC 208 wenigstens am Schweiß- oder Schneidbrenner eine Flammendurchschlagsicherung angeschlossen werden. Die Gebrauchsstellenvorlagen müssen jährlich von einem Fachmann auf Gasrücktritt und Dichtheit geprüft werden.

Druckminderer, Schnellschlußeinrichtung und Flammensperre

Druckminderer sollen den Flaschendruck der Gase auf den Arbeitsdruck (Hinterdruck) vermindern und diesen konstant halten. Die Entspannung kann einstufig oder zweistufig vor sich gehen (Abb. 3.10 und 3.11). Druckminderer sind in DIN 8546 genormt.

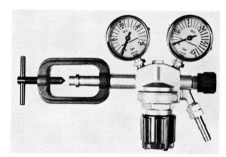

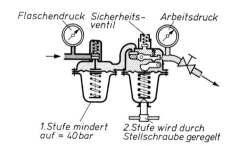

Abb. 3.10 Einstufiger Druckminderer für Acetylen
Bügelverschluß für den Anschluß an das Acetylenflaschenventil. Schlauchanschluß: G 3/8 lks.

Abb. 3.11   Zweistufiger Druckminderer für Sauerstoff, die erste Stufe ist als Bolzendruckminderer, die zweite als Hebeldruckminderer ausgestaltet.

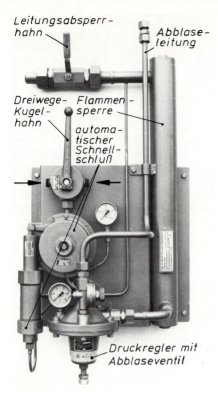

Leitungsabsperr-
hahn

Abblase-
leitung

Dreiwege-
Kugel-
hahn

Flammen-
sperre

automa-
tischer
Schnell-
schluß

Druckregler mit
Abblaseventil

Abb. 3.12

Funktionsbeschreibung einer vollständigen Sicherheitseinrichtung (Abb. 3.12)

Das Acetylengas wird einer **Flaschenbatterie** entnommen. Über den **Dreiwegehahn** ist jeweils nur eine Hälfte der Batterie in Betrieb, während die andere Hälfte ohne Unterbrechung des Betriebes ausgewechselt werden kann. In der Abb. sind die Anschlußleitungen der Batterien nicht angeschlossen; der Dreiwegehahn befindet sich in der Nullstellung. Von dem Hahn wird das Gas über eine **automatische Schnellschlußeinrichtung** zum **Druckregler** geleitet. Das Verbindungsrohr ist nicht sichtbar. Ein selbsttätiger Schnellschluß muß vorhanden sein, wenn mehr als 6 Flaschen gleichzeitig an die Sammelleitung angeschlossen sind, sonst genügt ein von Hand bedienter Schnellschluß, z. B. ein bauartzugelassener Kugelhahn.
Die automatische Schnellschlußeinrichtung ist in der Regel sowohl mit dem Hochdruckteil als auch mit dem Niederdruckteil des Leitungssystems verbunden, damit plötzlicher Druckanstieg, z. B. ein Zerfall, in den Leitungen den Schnellschluß auslöst.
Unmittelbar hinter dem Druckregler, d. h. im Mitteldruckteil, ist bei Gasentnahme aus mehreren Flaschen eine **Flammensperre** eingebaut.

3.1.8 Schweißbrenner

Im Schweißbrenner werden Brenngas und Sauerstoff im gewünschten Verhältnis gemischt. Die Normalgrößen der auswechselbaren Schweißeinsätze 0 bis 8 für Acetylen-Sauerstoff-handschweißbrenner sind den Stahlblechdicken 0,2 bis 30 mm angepaßt. Die gebräuchlichen Brenner arbeiten als S a u g b r e n n e r nach dem Injektorprinzip, indem der Sauerstoff das Brenngut ansaugt (Abb. 3.13). Kennbuchstaben auf dem Brenner: A = Acetylen, M = Methan und Erdgas, P = Flüssiggas, O = Sauerstoff, H = Wasserstoff.

Der Betriebsdruck des Sauerstoffs ist bei Saugbrennern für alle Schweißeinsätze laut DIN 8543 Teil 1 auf 2,5 bar festgelegt. Gasverbrauch: siehe Tab. S. 199.

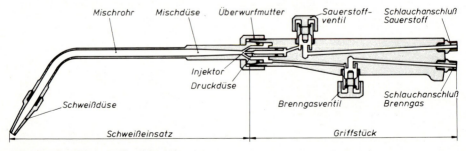

Mischrohr   Mischdüse   Überwurfmutter   Sauerstoffventil   Schlauchanschluß
Sauerstoff

Injektor
Druckdüse

Schweißdüse

Brenngasventil   Schlauchanschluß
Brenngas

Schweißeinsatz   Griffstück

Abb. 3.13 Schweißbrenner (Saugbrenner)

Sicherheitsprobe für Injektorbrenner:

Die Saugwirkung des Sauerstoffs muß bei abgezogenem Brenngasschlauch und geöffnetem Brenngasventil am Gasanschlußstutzen des Griffstückes spürbar sein

---

Sollte Sauerstoff aus dem Brenngasanschluß zurückdrücken, so ist die Schweißdüse verstopft oder der Schweißeinsatz am Griffstück undicht angeschlossen.

3.1.9 Die Autogenflamme

Das Acetylen-Sauerstoffgemisch verbrennt in zwei Verbrennungsstufen. Unmittelbar an der Düsenspitze zeichnet sich der Flammenkern ab. Hier ist noch keine Verbrennung möglich, da die Strömungsgeschwindigkeit größer ist als die Zündgeschwindigkeit.
Die erste Stufe ist durch den weißen Flammenkegel gekennzeichnet, an dessen Oberfläche eine Aufspaltung der Moleküle und eine Teilverbrennung durch den zugeführten Sauerstoff (Primärsauerstoff) stattfindet:

$$2\,C_2H_2 + 2\,O_2 \rightarrow 4\,CO + 2\,H_2$$

In der zweiten Stufe verbrennen

$$4\,CO + 2\,H_2 + 3\,O_2 \rightarrow 4\,CO_2 + 2\,H_2O$$

Für die vollständige Verbrennung wird hier bei normaler (neutraler) Flammeneinstellung der restliche Primärsauerstoff aufgebraucht. Zu beachten ist, daß die Flamme fälschlich neutral genannt wird, da sie im Schweißbereich reduzierend wirkt und wirken soll. Weiteren Sauerstoff (Sekundärsauerstoff) entnimmt die Beiflamme aus der Luft und schützt somit das Schmelzbad vor dem vorzeitigen Zutritt von Luftsauerstoff (Abb. 3.14).

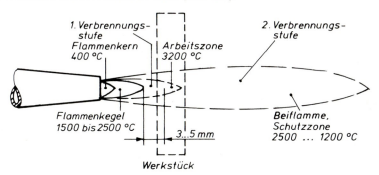

Abb. 3.14 Acetylen-Sauerstoff-Flamme

Der gesamte Bedarf an Primär- und Sekundärsauerstoff beträgt das 2,5fache der zu verbrennenden Acetylenmenge

---

Das erfordert eine intensive Belüftung des Schweißplatzes.

3.1.10 Gasschläuche

Sauerstoff- und Brenngasschläuche sind nach DIN 8541 genormt; Propan/Butanschläuche nach DIN 4815. Vorläufig gilt folgendes:
Innendurchmesser   4   6   9   11   12,5   16   20   25 mm
farbliche Kennzeichnung Sauerstoff blau, Brenngas allgemein rot, Propan/Butan orange.
Schläuche müssen mit Klemmen oder Schellen an den Tüllen gesichert sein.

3.1.11 Gasschweißstäbe

Gasschweißstäbe für Verbindungsschweißen von Stählen sind in DIN 8554 genormt. Sie werden ohne Flußmittel niedergeschmolzen und sind etwas höher legiert als der entsprechende Grundwerkstoff, um den Abbrand von Legierungselementen auszugleichen. Zum Schutz gegen vorzeitiges Rosten während der Lagerhaltung sind Gasschweißstäbe verkupfert.

Schweißstäbe sind nach ihrem Schweißverhalten und der entsprechenden Verwendung bei bestimmten Stahlsorten in die Klassen I bis VII unterteilt. Jeder Stab ist mit der Einprägung seiner Klassenzugehörigkeit versehen.
Bestellbeispiel für Gasschweißstäbe (G) von 1000 mm Länge, 3 mm Durchmesser, Güteklasse III:

50 kg Schweißstäbe 3 DIN 8554 – G III

1000 mm ist die Regellänge, die nicht besonders genannt wird.

3.1.12 Augenschutz

Schweißerschutzbrillen und Schutzfilter sind unentbehrlicher Augenschutz für den Schweißer. Die Filter (Gläser) sind nach DIN 4647 Teil 1 für Verwendung beim Gasschweißen nach Schutzstufen unterteilt von Stufe 1,2 gegen Ultraviolett-Streulicht für Schweißerhelfer bis Stufe 8 für Warmschweißarbeiten. Für das Lichtbogenschweißen wird die Unterteilung bis Stufe 16 für höchste Lichtstrahlung beim Schutzgasschweißen fortgesetzt (siehe auch Abschnitt 15.1).

3.2 Technik des Gasschweißens

3.2.1 Nahtvorbereitung

Nahtvorbereitung und Nahtformen sind von der Werkstückdicke und der gewünschten Verbindungsart abhängig (Abb. 3.15). Für Stahl siehe DIN 8551 Teil 1 und DIN 2559.

Bördelnaht
Blechdicke bis 1,5 mm
Biegeradius $r = t$
meist ohne Zusatzwerkstoff
Heftpunkte 40 bis 70 mm Abstand

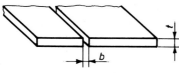

I-Naht
Blechdicke bis 5 mm
Kantenabstand $b_{max} = \dfrac{t}{2}$
Heftpunkte 30 bis 120 mm Abstand

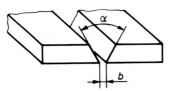

V-Naht
Blechdicke bis 10 mm
Kantenabstand b von 0 bis 3 mm
Öffnungswinkel = 60°

Abb. 3.15 Fugenformen bei Stumpfstößen für das Gasschweißen an Stahl

> **Das Gasschweißen findet im allgemeinen bis 4 mm Blechdicke seine wirtschaftliche Grenze, nicht aber seine Grenze der Anwendung.** Siehe auch Abschnitt 3.2.6

Im Rohrleitungsbau behauptet es sich vor allem auf Baustellen vielfach vor dem Lichtbogenhandschweißen bei kleinen und mittleren Nennweiten bis zu 150 mm und Wanddicken bis zu 6 mm, evtl. auch noch darüber hinaus.

3.2.2 Anzünden und Löschen der Schweißflamme

Sauerstoffventil öffnen, wenn nötig Sauerstoffdruck am Druckminderer auf 2,5 bar als Fließdruck einstellen; Brenngasventil öffnen; Gasgemisch zünden und am Brenngasventil auf das gewünschte Mischungsverhältnis einstellen.

> **Beim Abstellen ist zuerst das Brenngasventil zu schließen**

3.2.3 Flammeneinstellung

Bei normaler Flammeneinstellung beträgt das Mischungsverhältnis von

Acetylen : Sauerstoff = 1 : 1 (bis etwa 1 : 1,1)

Flammenbilder von unterschiedlichen Mischungsverhältnissen sind in Abb. 3.16 dargestellt.

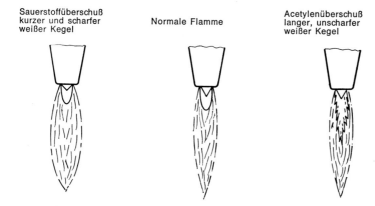

Sauerstoffüberschuß kurzer und scharfer weißer Kegel	Normale Flamme	Acetylenüberschuß langer, unscharfer weißer Kegel
zum Schweißen von Messing, zum Schneiden, Flammenwärmen und Härten	allgemein richtige Schweißflamme (siehe auch Abb. 3.14)	zum Schweißen von Aluminium, Temperguß, Gußeisen und zum Auftragschweißen

Abb. 3.16 Flammenbilder der Acetylen-Sauerstoff-Flamme

Neben dem Mischungsverhältnis beeinflußt die A u s s t r ö m g e s c h w i n d i g k e i t die Flamme. Je nach Ausströmgeschwindigkeit des Gasgemisches spricht man von einer harten oder einer weichen Flamme. Sie beträgt regulär 80 bis 130 m/s. Eine weiche Flamme mit 50 bis 60 m/s bei kleinen Schweißeinsätzen verhindert das Fortblasen des Schmelzbades. Eine harte Flamme von etwa 180 m/s erhöht die Schweißgeschwindigkeit und wird u. a. zum Härten und zum Anwärmen eingestellt.

Einstellbeispiele

1. Ein Schweißeinsatz mit der Bezeichnung 3 ist für Werkstückdicken von 2...4 mm verwendbar. Bei 2 mm Werkstückdicke ist die Flamme weich einzustellen, bei 4 mm Dicke hingegen hart, da sonst die Wärmemenge nicht ausreichen würde.

2. Ein Rohr ist in Zwangslage zu schweißen. Beim Überkopfschweißen ist die Flamme hart einzustellen und während des Hochsteigens der Naht allmählich zu drosseln.

Einstellfehler und Störungen am Schweißbrenner sind in den Tabellen 3.2 und 3.3 zusammengefaßt.

Tab. 3.2   Einstellfehler am Schweißbrenner

Flamme rußt	Flamme leuchtet stark	Flamme wird fortgeblasen	Brenner knallt
Sauerstoffmangel	Acetylenüberschuß	Sauerstoffdruck zu hoch Brennereinsatz fehlerhaft angeschlossen	zu wenig Brenngas, Düse verstopft

Tab. 3.3   Störungen am Schweißbrenner

Störung	Ursache	Abhilfe
Starkes Knallen des Brenners	Das Brennermundstück wurde beim Schweißen so sehr erhitzt, daß sich das Gemisch im Brennereinsatz entzündete.	Abkühlen im Wasser bei geschlossenem Gas- und geöffnetem Sauerstoffventil
Innenbrand	Das Brennermundstück ist verzundert, verstopft, oder die Überwurfmutter des Schweißeinsatzes ist nicht fest angezogen. Die Flamme ist in den Mischraum übergesprungen; es besteht die Gefahr, daß der Einsatz abschmilzt.	Abkühlung und Bohrung reinigen

3.2.4 Schweißvorgang und Brennerführung

Die Schweißstelle wird mit dem Schweißbrenner so lange erwärmt, bis sich ein Schmelzfluß ergibt und die Werkstückflanken ineinanderfließen. Zum Ausfüllen der Naht und zum Aufbau einer Raupe benötigt man einen Schweißstab. Brenner und Schweißstab werden so geführt, daß die Schweißnaht bis in die Unterseite (Wurzel) einwandfrei bindet. Durch gleichförmige Bewegung, richtige Brennerhaltung und Flammeinstellung vermeidet man Poren, Einschlüsse, Einbrandkerben, Bindefehler und gegebenenfalls Aufhärtungen.
Man unterscheidet zwei Arbeitstechniken, die man mit Nachrechts- und Nachlinksschweißen bezeichnet.

Beim N a c h r e c h t s s c h w e i ß e n folgt der Schweißstab der Flamme. Die Brennerspitze wird geradlinig geführt, der Schweißstab folgt in pendelnder Bewegung. Das typische Kennzeichen einer Nachrechtsschweißung ist ein ausgeprägter birnenförmiger Schweißspalt, eine Schweißöse, vor dem Schmelzbad. Ergebnis: Das Schmelzbad kann in der Schweißfuge nicht vorlaufen, so daß die Wurzel gut durchgeschweißt wird; die Schweißgeschwindigkeit kann bis zu 25 % gesteigert werden (Abb. 3.17).

Nachrechtsschweißen wird für Bleche und Rohre ab 3 mm Wanddicke angewendet

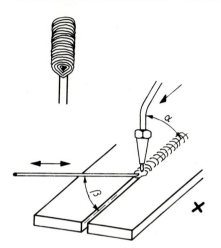

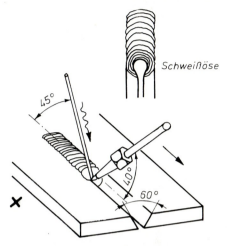

Schweißöse

Abb. 3.18   Nachlinksschweißen

	α	β
Stahl:	45°	30°
Al u. Cu:	45...95°	15...30°

Der Brenner wird geradlinig geführt, der Draht tupfend.
x = Standort des Schweißers

Abb. 3.17   Nachrechtsschweißen
Der Brenner wird geradlinig geführt, der Draht kreisend.
Die Schweißöse gewährt sicheres Durchschweißen der Wurzel.
x = Standort des Schweißers

Beim N a c h l i n k s s c h w e i ß e n eilt der Schweißstab der Flamme voraus. Die Flamme bläst das Schmelzbad in Schweißrichtung. Ergebnis: Geringere Durchbrenngefahr, da die Flamme größtenteils über die Wurzel hinwegbläst, die Wurzel ist nur bei dünnen Blechen gut durchschweißbar; stärkere Wärmeverluste, schnelles Abkühlen der Schmelze, kein optimales Gefüge (Abb. 3.18).

Nachlinksschweißen wird bei Feinblechen bis ca. 3,5 mm, bei Rohren bis 2,5 mm Wanddicke und bei NE-Metallen angewendet

Außerdem ist beim Auftragschweißen einer Panzerung das Nachlinks- dem Nachrechtsschweißen überlegen, da der Grundwerkstoff an der Oberfläche nur „anschwitzen" soll, damit die artfremde Auftragschicht in ihrer Legierung unverfälscht erhalten bleibt. D. h. der Aufschmelzgrad, das ist das im allgemeinen in Prozent ausgedrückte Verhältnis der Flächen- oder Massenanteile von aufgeschmolzenem Grundwerkstoff zum gesamten Schweißgut, soll niedrig sein.

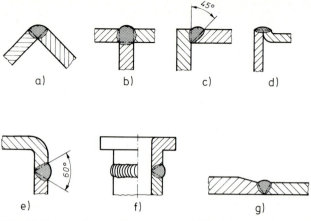

a) Bock- oder Ecknaht, Winkelverzug beachten!

b) Dreiblechnaht, gute aber kostspielige Verbindung

c) halbe V-Naht am Eckstoß, geringes Füllvolumen in der Naht

d) Stirnflachnaht, bevorzugt für Behälter mit geringem Betriebsdruck

e) V-Naht für Behälter mit hohem Betriebsdruck

f) Anschweißen eines Flansches für höchste Drücke, siehe DIN 8558 und DIN 2559

g) ungleiche Blechdicken mit Anschrägung geschweißt

Abb. 3.19 Nahtanordnungen für geringere und höhere Festigkeitsansprüche

3.2.5 Hinweise für die Betriebspraxis des Gasschweißens

Dünne Bleche sind zu heften, da sie sich sonst übereinanderschieben (Abb. 3.20). Dickere Bleche werden mit einem Keilspalt aneinander gelegt. Seine Größe ist von der Dicke und Breite der Bleche sowie von der Schweißgeschwindigkeit abhängig. Bei hoher Geschwindigkeit genügt ein schlankerer Spalt (Abb. 3.21).

Abb. 3.20 Dachförmig geheftetes Blech zum Ausgleich des Winkelverzugs

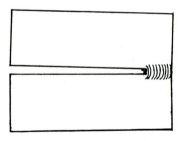

Abb. 3.21 Blech auf Keilspalt gelegt, besonders wichtig bei Kupfer

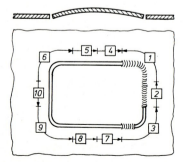

Abb. 3.22 Schweißfolge beim Einsetzen eines Flickens

Beim Einsetzen eines Flickens in ein Blech sind die Ecken gerundet und der Flicken leicht gewölbt, es wird vorgeheftet und die Schweißfolge so eingerichtet, daß man stets an der kältesten Stelle von neuem beginnt (Abb. 3.22). Diese Instandsetzung wird neuerlich vielfach als Schutzgasschweißung ausgeführt.

Beim Einschweißen von Verstärkungsblechen sind schroffe Übergänge unzulässig, da sie zum Bruch führen (3.23).

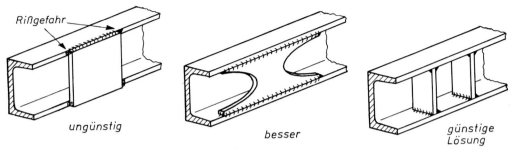

Abb. 3.23 Einschweißen von Verstärkungsblechen, schroffe Übergänge überlasten Profil und Naht und führen leicht zu Rissen. Alle Bleche sollten wegen der geringeren Erwärmung besser mit dem Lichtbogen geschweißt werden.

3.2.6 Gasschweißen von Rohrrundnähten

Das Gasschweißen findet sein umfangreiches Anwendungsgebiet im Rohrschweißen, obgleich es im Wettbewerb mit Lichtbogenhandschweißen und Schutzgasschweißen steht. Die Frage nach dem jeweils wirtschaftlichsten Verfahren sollte stets die besonders beim Elektroschweißen anfallenden häufig erheblichen Kosten für vorbereitende Arbeiten mit berücksichtigen. Für das Gasschweißen (Abb. 3.24 und 3.25) werden hauptsächlich folgende Vorzüge genannt:

gute Spaltüberbrückbarkeit, d. h. weniger Anpaßarbeit bei der Nahtvorbereitung
sicheres Durchschweißen der Wurzel
relativ unempfindlich gegen Zugluft
gutes Beobachten des Schmelzbades
leichtes Herankommen an schwer zugängliche Stellen, z. B. Spiegelschweißung im Wärmetauscherbau
breite Wärmezone, d. h. niedrige Schweißspannungen.

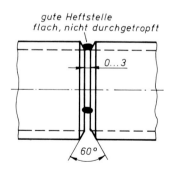

Abb. 3.24 V-Naht zum Schweißen geheftet, 3 Heftstellen um 120° versetzt

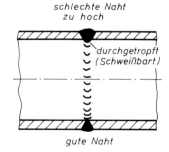

Abb. 3.25 Rohrverbindung stumpfgeschweißt, V-Naht

Hervorstechender Vorteil des Lichtbogenhandschweißens ist die höhere Schweißgeschwindigkeit infolge höherer Temperatur und höherer Abschmelzleistung des Lichtbogens. Doch stellt ein rauher Baustellenbetrieb die Qualität einer Lichtbogenschweißung, z. B. Anwendung des Schutzgasschweißens, u. U. in Frage.

Allgemein kann festgestellt werden: Das Gasschweißen hat beim Schweißen von Rohren in Zwangslage wirtschaftliche Vorteile bei Nennweiten bis zu 150 mm und bei begrenzten Wanddicken. Siehe auch DIN 8564, Schweißen im Rohrleitungsbau.

Unfall- und Brandgefahr

Besondere Vorsicht ist beim Schweißen von Rohren geboten, an deren Ende plötzlich eine Stichflamme auftreten kann, obgleich die Schweißstelle einige Meter vom Ende entfernt liegt. Es handelt sich um die Entzündung einer Sekundärflamme (siehe Abschnitt 3.1.9), die erst am Ende des Rohres ausreichenden Sauerstoff aus der Luft vorfindet.

3.2.7 Gasschweißen von Rohrabzweigungen

Rohrabzweigungen können rechtwinklig oder in einem flacheren Winkel ein- oder aufgesetzt werden (Abb. 3.26 u. 3.27). Je sorgfältiger die Ausführung, desto ungestörter ist der Strömungsverlauf im Rohr. Einwandfreie Arbeit setzt voraus, daß die Öffnung im Grundrohr (Hauptrohr) und die Stirnseite des Abzweigrohres maßgerecht zugeschnitten und angepaßt sind.

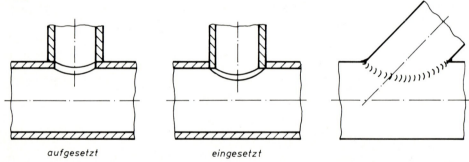

aufgesetzt   *eingesetzt*

Abb. 3.26   Rechtwinklige Abzweigungen   **Abb. 3.27   Schräge Abzweigung Kehlnaht**

Die Öffnung im Grundrohr und das Abzweigrohr werden autogen manuell oder mit Hilfe von Rohrschneidmaschinen geschnitten. Die Fugenform hängt von der Wanddicke des Rohres und davon ab, ob das Abzweigrohr auf- bzw. eingesetzt oder ob die Öffnung des Grundrohres ausgehalst wird.

Ein aufgehalster Rohranschluß ergibt eine strömungstechnisch günstige Konstruktion und gestattet eine leicht zugängige Stumpfnaht.

Zum Aushalsen werden gebraucht: Ausschnittschablone, Schneidbrenner, Brenner zum Anwärmen der Bördelzone, Bördeleisen, Aufweitdorn, Kaliberdorn, Hammer.
Das Abzweigrohr wird vor dem Schweißen geheftet. Heftstellen sollen die Naht keineswegs ausfüllen, sondern flach und nahezu punktförmig sein. Ein nicht zu weiter Heftabstand ist vor allem bei geringeren Wanddicken zu beachten:

Wanddicke des Rohres:	0,5	1	2	3 mm
Abstand der Heftstellen:	20	30	60	90 mm

Aufgabenbeispiel

Ein Grundrohr von 120 mm Außendurchmesser ist für ein Abzweigrohr von 82 mm auszuhalsen und mit diesem durch Gasschmelzschweißen zu verbinden. Die Wanddicke beider Rohre beträgt 4 mm (Abb. 3.28).

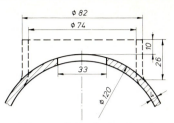

Abb. 3.28 Maße für das Aushalsen des Grundrohres

Arbeitsschritte:

1. Anfertigen einer Schablone als Anreißhilfe (Abb. 3.29)
2. Anreißen der Öffnung auf dem Grundrohr (Abb. 3.30)

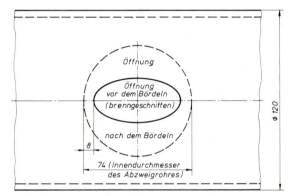

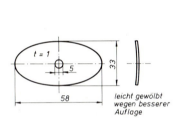

Abb. 3.29 Anreißblech für ein Abzweigrohr von 82 mm Außendurchmesser

Abb. 3.30 Öffnung für das Aushalsen des Grundrohres unter Anwendung der Schablone in Abb. 3.29

3. Ausschneiden der Öffnung mit dem Schneidbrenner
4. Ausschnitt abschnittweise erwärmen und aushalsen mit Hilfe eines Bördeleisens, eines Aufweitdornes, gegebenenfalls auch eines Kaliberdornes (Abb. 3.31)
5. Anpassen des Abzweigrohres einschließlich Vorbereiten einer V-Naht
6. Heften
7. Schweißen der V-Naht durch Nachrechtsschweißen (Abb. 3.32)

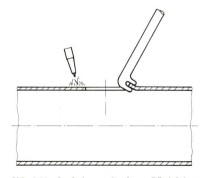

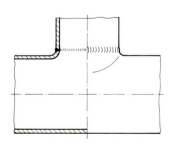

Abb. 3.31 Aushalsen mit einem Bördeleisen

Abb. 3.32 Stumpfnahtverbindung an einem ausgehalsten Grundrohr

3.3 Löten

Mit dem Löten erreicht man wie beim Schweißen eine stoffschlüssige Verbindung.

Das Löten ist dann dem Schweißen vorzuziehen, wenn die Werkstücke wärmeempfindlich und komplizierte Konstruktionen und Werkstoffkombinationen nicht schweißbar sind.

1. Beim Löten wird nur das Lot (der Zusatzwerkstoff), nicht aber der Grundwerkstoff geschmolzen;
2. es ist fast jede Werkstoffpaarung möglich;
3. das Lot läuft in feinste Zwischenräume hinein und dichtet gut ab. Schwer erreichbare Verbindungsstellen sind gut lötbar.

Den Vorteilen des Lötens stehen im Vergleich zum Schweißen folgende Nachteile gegenüber:

1. Die Nahtvorbereitung ist wegen geringer Maßtoleranzen teuer;
2. die Überlappung erhöht das Gewicht und stört u. U. die Formgestaltung;
3. der Nahtspalt muß äußerst sauber sein;
4. die dynamische Belastbarkeit ist abgesehen von einzelnen Hartlötverfahren und vom Hochtemperaturlöten im allgemeinen geringer.

Voraussetzungen für eine gute Lötung

1. Der Lötstoß muß frei von Verunreinigungen sein. Fette und Oxidschichten verhindern den Kontakt des Lotes mit dem Grundwerkstoff;
2. **Flußmittel** sind erforderlich, um vor allem Metalloxidschichten aufzulösen und ihre Neubildung während der Erwärmung zu verhindern;
3. die **Arbeitstemperatur,** das ist die niedrigste Oberflächentemperatur an der Lötstelle, bei der das Lot die Lötstelle benetzt, in die Grenzfläche des Grundwerkstoffes eindringt und eine **Legierung** bildet, muß gewährleistet sein.

Der Lötvorgang vollzieht sich in 3 Stufen (siehe auch DIN 8505 Teil 1)

1. Benetzen

Das Lot breitet sich auf dem Werkstück aus, wenn dieses mindestens auf Arbeitstemperatur erwärmt wird.

2. Fließen

Das Lot fließt in den Lötspalt hinein, der durch seine Enge eine **Kapillarwirkung** (Haarröhrchenwirkung) ausübt (Abb. 3.33 und 3.34).

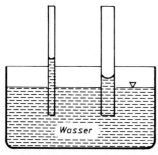

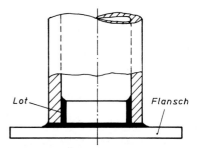

Abb. 3.33 **Kapillarwirkung** in engen Röhren mit verschiedenem Durchmesser

Abb. 3.34 **Steighöhe des Lotes** gegen die Schwerkraft etwa 7 mm bei 0,2 mm Spaltbreite

3. Binden

Das Lot dringt entlang der Korngrenzen in den Grundwerkstoff ein, wobei dieser allerdings im festen Zustand bleibt. Diese Art Legierungsbildung nennt man **Diffusion.** Die Festigkeit der diffundierten Schicht ist höher als die des „freien" Lotes. Daraus folgt:

Enge Lötnähte mit geringer Lotdicke haben eine höhere Festigkeit als weite Nähte

---

3.3.1 Lötverfahren (DIN 8505 Teil 2)

In Abhängigkeit von der Schmelztemperatur des Lotes unterscheidet man:

	Weichlöten	Hartlöten	Hochtemperaturlöten
Arbeitstemperatur	unterhalb 450 °C	oberhalb 450 °C	oberhalb 900 °C

Weichlöten ergibt eine geringere Haltbarkeit und Warmfestigkeit als Hartlöten. Deshalb darf die Betriebstemperatur 100 °C und der Druck in Rohrleitungen 6 bar nicht übersteigen.

Hartlöten wird bei hohen mechanischen und thermischen Anforderungen angewendet (Abb. 3.35).
Hochtemperaturlöten ist ein Löten unter Luftabschluß, das in der Regel kein Flußmittel erfordert. Grundwerkstoffe: vorzugsweise austenitische Chrom-Nickel-Stähle, ferritischer Stahl, Nickel- und Cobaltlegierungen.

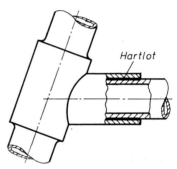

Abb. 3.35 Hartlötverbindung
(Muffenlötung)

Einteilung der Lötverfahren nach Art der Lötstelle

Auftraglöten	Verbindungslöten	
Beschichten durch Löten	Spaltlöten	Fugenlöten

Spaltlöten
Die zu lötenden Teile bilden durch Überlappen einen engen **Spalt,** der vorzugsweise durch kapillaren Druck mit Lot gefüllt wird (Abb. 3.36). Die Lötspaltbreite liegt beim mechanischen Löten zwischen 0,05 und 0,2 mm, beim Handlöten zwischen 0,2 und 0,5 mm. Bei größeren Spalten fehlt die Kapillarwirkung.

Abb. 3.36 Spaltlöten
Spalt kleiner als 0,5 mm

Fugenlöten
Ist die Fuge zwischen den zu verbindenden Lötteilen entweder größer als 0,5 mm oder ist sie V- oder X-förmig, so breitet sich das Lot vorwiegend mit Hilfe der Schwerkraft aus (Abb. 3.37).

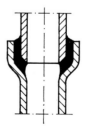

Abb. 3.37 Fugenlöten
Fugen größer als 0,5 mm

Einteilung der Lötverfahren nach Energieträgern

Kolbenlöten

Die Löttemperatur wird mit dem erwärmten Kolben auf Lot und Lötstelle übertragen.
Werkstücke aufeinander passen, reinigen, mit Flußmittel bestreichen. Kolben erwärmen, Oxidschicht auf Salmiakstein abreiben. Lot von der Stange abschmelzen, auftropfen lassen oder an der Lötstelle anreiben = **angesetztes Lot**. Lötzinn längs der Naht verteilen. Abkühlzeit ohne Erschütterung des Werkstückes einhalten. Lötstelle von Flußmittel reinigen, mit nassem Lappen abwischen. Ein **eingelegtes Lot** wird an der Lötstelle gemeinsam mit dem Werkstück auf Löttemperatur erwärmt und eingeschmolzen.

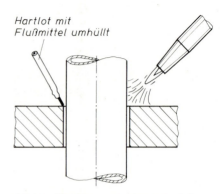

Hartlot mit Flußmittel umhüllt

Abb. 3.38 Hartlöten mit flußmittelumhülltem silberhaltigen Hartlot, z. B. L—Ag 30 Cd
1. Werkstück auf etwa 200 °C vorwärmen
2. Lotstab ansetzen und Flußmittel abschmelzen, nicht unter die Flamme halten
3. Mit Arbeitstemperatur, etwa 680 °C abschmelzen
4. Flußmittelrückstand abwaschen

Flammlöten

Die Lötstelle wird mit einem von Hand oder maschinell geführten Brenner erwärmt. Das Verfahren eignet sich besonders zum Weichlöten von Bleirohren und zum Verzinnen. Der Abstand der Flamme von der Lötstelle wird während des Arbeitsablaufs fächelnd verändert, damit das Lot immer flüssig bis teigig bleibt.
Auch Hartlötungen werden vielfach mit der Flamme ausgeführt (Abb. 3.38).

Ofenlöten

Die Werkstücke werden in gas- oder elektrisch beheizten Öfen gemeinsam mit dem Lot erwärmt.

Im **Salzbadofen** erspart das geschmolzene Salz vielfach das Flußmittel (Hartlötung).
Im **Schutzgasofen** oder im **Vakuumofen** (ohne Schutzgas) werden die vorgerichteten Teile elektrisch erwärmt und ohne Flußmittel gelötet. Diese aufwendigen Hart- und Hochtemperaturlötungen sind frei von Zunder und Flußmitteleinflüssen.

Beim **Widerstandslöten** wird die Lötstelle wie beim Widerstandsschweißen erwärmt, während beim **Induktivlöten** Werkstück und eingelegtes Lot induktiv, d. h. mit Hilfe von Transformatorspulen im Werkstück selbst erregten Strom, erwärmt werden. Beide Verfahren sind zum Weich- und Hartlöten geeignet.

Beim **Tauchlöten** wird das Lötteil in einem Bad aus geschmolzenem Lot erwärmt und dadurch mit Lot versorgt.

3.3.2 Flußmittel

Flußmittel sind nichtmetallische Salzgemische, deren Auswahl von der Arbeitstemperatur des Lotes abhängt (Tab. 3.4).

Die Wirkung geschmolzener Flußmittel ist zeitlich begrenzt, so daß die Erwärmdauer 3 min nicht überschreiten soll, da sich sonst neue Oxide bilden

---

Tab.3.4   Flußmittel (Beispiele nach DIN 8511)

Flußmittel zum Hartlöten für unterschiedliche Grundmetalle, Lote und Arbeitsverfahren			Flußmittel zum Weichlöten für alle Grundmetalle und Lote verwendbar		
Kurzzeichen (chem. Ver-bindung)	Wirktempe-ratur des Flußmittels	Arbeits-temperatur des Lotes	Kurzzeichen (chem. Ver-bindung)	Eigenschaft, Nachbehand-lung	Verwendung Beispiele
F−SH 1 (Borverbin-dung und Fluoride)	550 . . . 800 °C	< 600 °C	F−SW 11 (Metall-chlorid, Flüssigkeit)	korrodierend abwaschen u. neutrali-sieren	für stark oxidierte Oberflächen, Dachrinnen aus Zink
F−SH 2 (Borverbin-dung)	750 . . . 1100 °C	< 800 °C	F−SW 23 (org. Säuren, Flüssigkeit, Paste)	Korrosion von Fall zu Fall prüfen	Blei und Bleilegie-rungen
F−SH 3 (Borverbin-dungen, Phosphate, Silicate)	ab 1000 °C	hoch-schmelzende Lote	F−SW 31 (Harzbasis, Pulver, Flußmittel-seele im Lot)	nicht korrodierend	Elektro-technik, gedruckte Schaltungen

3.3.3 Lote

Weichlote bestehen aus niedrigschmelzenden Schwermetallen wie Blei (Pb), Zinn (Sn), Zink (Zn) und Cadmium (Cd). Beimengungen von Antimon (Sb), Silber (Ag), Kupfer (Cu) erhöhen die Festigkeitswerte.

Bezeichnung nach DIN 1707, Weichlote:

Weichlot L − PbSn40 Sb DIN 1707

B e s c h r e i b u n g :

Weichlot aus der Gruppe antimonarmer Lote, ≈40 % Zinn, ≈60 % Blei, 0,5...2,4 % Antimon.

Tab. 3.4a   Weichlote, Beispiele

Einteilung in Gruppen	Kurzzeichen	Verwendung, Arbeitstemperaturen
A Blei-Zinn- und Zinn-Blei-Lote Ah antimonhaltig	L-PbSn30Sb	Klempnerlot, Schmierlot, Arbeitstemperatur 250 °C
Aa antimonarm	L-PbSn40(Sb)	Verzinnen, Zinnblechlöten, Feinblechpackungen, 235 °C
Af antimonfrei	L-Sn50Pb	Verzinnen, Kupferrohrinstallation, Elektroindustrie, 210 °C
B Zinn-Blei-Lote mit Cu-, Ag- oder P-Zusatz	L-Sn50PbAg	Elektrogerätebau, Elektronik, 210 °C
C Sonderweichlote	L-SnAg5 L-PbAg5	Kupferrohrinstallation (Warmwasser), 240 °C Hohe Betriebstemperatur (Luftfahrt), 365 °C
D Weichlote für Al-Werkstoffe	L-CdZn20	Löten mit Flußmittel, 280 °C

Elemente: Ag = Silber, Cd = Cadmium, Cu = Kupfer, P = Phosphor, Pb = Blei
Sb = Antimon = Stibium (Härtende Wirkung), Sn = Zinn, Zn = Zink

Hartlote sind Legierungen aus den Metallen Kupfer, Zinn, Silber, Zink, Nickel, Cadmium, Mangan und Phosphor. Sie werden in Blöcken, Stäben, Drähten, Blechen, Körnern, Folien und als Pulver geliefert. Nach DIN 8513, Teil 1 bis 3 werden unterschieden:

Tab. 3.5   Hartlote für Schwermetalle

	Kupferlote	**silberhaltige Lote** mit weniger als 20% Silberanteil	**silberhaltige Lote** mit mindestens 20% Silberanteil
Arbeits- temperatur	710 °C … 1100 °C	710 °C … 860 °C	610 °C … 960 °C
Bezeich- nungs- beispiel	L—CuZn40 ≈ 60% Cu, ≈ 40% Zn, Arbeitstempera- tur ≈ 900 °C	L—Ag 12 11 … 13% Ag, 47 … 49% Cu, Rest Zn, Arbeitstempera- tur 830 °C	L—Ag50Cd ≈ 50% Ag, 15 … 19% Cd, 14 … 16% Cu, Rest Zink, Arbeitstemperatur 640 °C
Grundwerk- stoff	Stahl, Temperguß, Kupfer und Nickel sowie deren Legierungen		

Unfallschutz: Auf allen Packungen cadmiumhaltiger Lote ist aus Gründen der Arbeitssicherheit folgender Hinweis vorgeschrieben:

Cadmiumhaltiges Lot. Überhitzen ist schlechtes Löten und kann zu gesundheitsschädigenden Dämpfen führen.

Der Deutsche Verein des Gas- und Wasserfaches e. V. strebt an, in seinem Arbeitsbereich die cadmium-, antimon- und bleihaltigen Lote aus gesundheitlichen Gründen durch silber- und zinnhaltige Lote zu ersetzen.

3.4 Thermisches Schneiden (DIN 2310 Teil 1 bis 6)

Thermisches Schneiden umfaßt einfache und hochwertige Trennverfahren genormter Maß-toleranz und Schnittflächengüte. Es wird angewendet:

1. zum Herrichten beliebig geformter Schweißteile bei gleichzeitiger Vorbereitung der jeweils gewünschten Fugenform;
2. zum Herstellen von Werkstücken durch Formschnitt, z. B. Hebel, Zahnräder;
3. zum einfachen Trennen, z. B. zur Stahlverschrottung, wo grobe Schnitte ausreichen.

Schmelzschneiden ist ein vorwiegend physikalischer Vorgang, bei dem der Werkstoff im Gegensatz zum Brennschneiden nicht verbrennt (oxidiert), sondern abschmilzt.
Der Plasmalichtbogen (Abschnitt 5.2.8) und der Laserstrahl (Abschnitt 6.10) sind wegen ihrer hohen Energiekonzentration besonders geeignete Wärmequellen für das Schmelz- bzw. das Strahlschneiden.

Brennschneiden ist ein Zusammenwirken chemischer und physikalischer Vorgänge (Ver-brennen und Schmelzen).
Als Brenngas wird vor allem Acetylen (siehe Tab. 3.1 und 3.6) benutzt, ferner Erdgas, (Methan), Propan und Wasserstoff. Bei einem Kostenvergleich sind die sehr unterschiedlichen Ver-brauchsmengen für die einzelnen Brenngase und der jeweilige Sauerstoffbedarf zu berück-sichtigen (Tab. 3.7).

Brennschneiden ist bei Werkstoffen anwendbar, deren Entzündungstemperatur unter-halb ihrer Schmelztemperatur liegt

---

Ferner gelten folgende Voraussetzungen:

1. Der Werkstoff muß im Sauerstoff brennbar sein;
2. die Schmelztemperatur der entstehenden Schlacke muß niedriger sein als die Schmelz-temperatur des Werkstoffes;
3. die Wärmeableitung darf nicht zu groß sein; Kupfer hat beispielsweise eine zu große Wärmeleitfähigkeit.

Alles dies ist bei reinem Eisen, bei unlegierten und einigen legierten Stählen der Fall. Für das thermische Schneiden hochlegierter Stähle, Stahlguß, Guß und NE-Metalle sind beson-dere Verfahren anzuwenden. Siehe Abschnitt 3.4.7: **Pulverbrennschneiden**, 5.2.8: **Plasmaschnei-den**, 6.9.2: **Laserstrahlschneiden**.

3.4.1 Vorgang beim Brennschnitt

Die Anschnittstelle wird durch eine Heizflamme auf Zündtemperatur gebracht. Diese beträgt bei Stahl mit 0,5% Kohlenstoffgehalt 1230 °C. Alsdann wird zusätzlich reiner Sauerstoff auf die vorgewärmte Stelle geblasen, so daß der Werkstoff im Schneidsauerstoffstrahl ver-brennt und die entstehende Schlacke aus der Schnittfuge herausgeblasen wird. Die von der Heizflamme abgegebene Wärme und die bei der Verbrennung entstehende Wärme von etwa 54 kJ (12,9 kcal) je cm^3 Eisen reichen aus, um eine fortlaufende Verbrennung zu unterhalten und die durch den kalten Sauerstoffstrahl erfolgende Abkühlung des Werkstoffes zu er-setzen (Abb. 3.39).

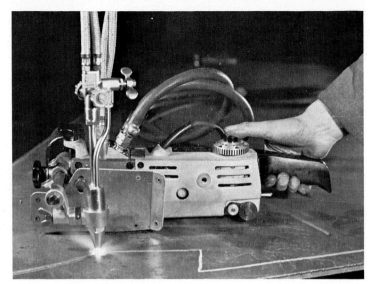

Abb. 3.39 Tragbare Brennschneidmaschine Schneidgeschwindigkeit von 100 ... 1000 mm/min stufenlos verstellbar. Schneidbereich von 3 ... 100 mm Werkstückdicke. Leistungsaufnahme ca. 40 Watt. Führung von Hand oder mechanisch auf Führungsschiene oder mit Kreisschneideinrichtung

Tab. 3.6 Betriebsdaten für autogenes Brennschneiden von unlegiertem Stahl bis 0,3 % C mit einer Schneiddüse S (schnell) laut Werksangaben, Schneidgas = Acetylen

| Schneid-dicke in mm | Nennbereich Stahlblech-dicke in mm) | Düsen-abstand in mm | Sauerstoff | | | Acetylen*-verbrauch in m³/h | Schneid-geschwin-digkeit in mm/min | Schnitt-fugen breite in mm |
			Schneid-druck in bar	Heiz-druck in bar	Ver-brauch in m³/h			
4	3 ... 5	3 .. 4	2,5	1,5	0,96	0,4	800	0,8
6	6 ... 10	4 ... 5	7,0	2,0	2,00	0,45	750	1,5
10			8,0	2,0	2,20	0,45	725	1,5
15	10 ... 25	5 ... 7	8,5	2,0	3,40	0,45	645	2,0
25			11,0	2,0	4,20	0,45	530	2,1
30	25 ... 50	5 ... 7	9,0	2,0	4,40	0,45	510	2,1
40			10,0	2,0	4,80	0,45	460	2,3
60	50 ... 80	5 ... 7	10,0	2,0	7,15	0,6	375	2,4
90	80 ... 100	7 ... 10	9,5	2,5	8,25	0,7	300	2,7
150	100 ... 200	10 ... 15	8,5	5,0	14,60	0,9	230	3,5
200	200 ... 250	15 ... 20	9,0	6,0	18,90	1,1	180	4,0
300	250 ... 300	15 ... 20	12,5	10,0	36,70	1,3	110	6,0

* Der Acetylendruck bleibt konstant 0,4 bar.
Die angegebenen Drücke sind Überdrücke. Die Schneidgeschwindigkeiten sind für Formschnitte um etwa 10 %, für Schrägschnitte von 30° um etwa 20 % herabzusetzen. Mit den Geschwindigkeiten werden Schnittflächen der Güteklasse 1 nach DIN 2310 Teil 3 erreicht.

Tab. 3.7   Schneidgeschwindigkeit, Brenngas- und Sauerstoffverbrauch im Vergleich

Werkstück-dicke	Acetylen			Erdgas (Methan)			Propan		
	Schneid-geschwindig-keit	Acetylen-verbrauch	Gesamt-sauerstoff-verbrauch*	Schneid-geschwindig-keit	Methan-verbrauch	Gesamt-sauerstoff-verbrauch*	Schneid-geschwindig-keit	Propan verbrauch	Gesamt-sauerstoff-verbrauch*
mm	mm/min	m³/h	m³/h	mm/min	m³/h	m³/h	mm/min	m³/h	m³/h
5	780	0,4	1,0	720	0,7	2,1	600	0,36	2,7
10	725	0,45	2,2	600	0,9	3,7	550	0,41	3,3
20	550	0,45	4,0	510	1,0	4,5	440	0,41	3,9
100	280	0,8	9,0	270	1,4	15,0	260	0,5	14,0
300	110	1,3	36,0	110	1,5	31,0	110	1,0	32,5

* Der Gesamtsauerstoffverbrauch setzt sich aus dem Heizsauerstoff und dem Schneidsauerstoff zusammen.

3.4.2 Verhalten des Werkstoffes beim Brennschneiden

Die Brennschneidbarkeit hängt im wesentlichen vom K o h l e n s t o f f g e h a l t und der Art, wie er im Eisen gelagert ist in Verbindung mit anderen Legierungselementen ab. Chrom, Molybdaen und Nickel setzen die Schneidbarkeit herab, Mangan hingegen wirkt begünstigend (Tab. 3.8). Gußeisen ist nicht ohne weiteres brennschneidbar, weil seine Entzündungstemperatur oberhalb der Schmelztemperatur liegt, siehe Abschnitt 3.4.7.

Tab. 3.8   Einfluß von Legierungsanteilen auf die Brennschneidbarkeit von Stahl

Legierungselement		obere Grenze des Anteils %	brennschneidgeeignet
Kohlenstoff	C	0,5 1,6	ohne Vorwärmung mit Vorwärmung
Silicium	Si	2,5	bei max. 0,2 % C
Mangan	Mn	13,0 1,3	und 1,3 % C bei reinen Manganstählen
Chrom	Cr	1,5	ohne Nickel-Gehalte
Wolfram	W	10,0	bei max. 0,5 Cr, 0,2 Ni und 0,8 % C
Nickel	Ni	7,0 35,0	wenn C < 0,3 %
Molybdaen	Mo	0,8	
Kupfer	Cu	0,7	

> **Vor- und Nachwärmen schützt beim Brennschneiden legierter Stähle vor Aufhärtung und Rißbildung**

Brennschnittflächen an legierten Stählen können wegen ihrer Aufhärtung oft nicht mehr spangebend bearbeitet werden. Abhilfe:

Die V o r w ä r m t e m p e r a t u r zwischen 150 °C und 450 °C wird am besten durch Probeschnitte für den jeweiligen Werkstoff ermittelt (Abb. 3.40).

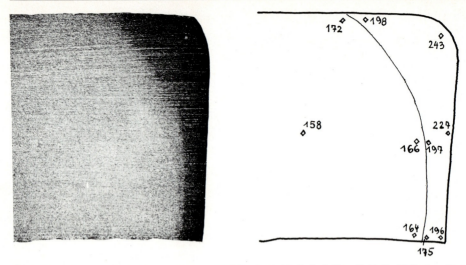

Abb. 3.40   Aufhärtung durch Brennschnitt am Stahlblech 10 Ni 14 (kaltzäher Stahl für Tieftemperaturen). Härte nach Vickers HV 5. Siehe auch Abschnitt 11.8.

3.4.3 Schneidbrenner

Man unterscheidet Einzelschneidbrenner und kombinierte Schweiß- und Schneidbrenner mit auswechselbaren Schweißeinsätzen und einem Schneideinsatz (Abb. 3.41). Sie werden vorwiegend als Injektorbrenner = Saugbrenner verwendet.

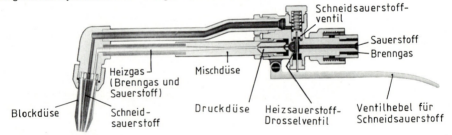

Abb. 3.41   Schneideinsatz
zum Auswechseln mit dem Schweißeinsatz in Abb. 3.13 bei gleichem Griffstück.

Die Leistung eines Schweißbrenners ist entscheidend von der Gestaltung der Schneiddüse abhängig. Werden Brenngas und Sauerstoff in der Mischkammer zwischen Griffstück und Düse des Brenners gemischt, so ist eine **außenmischende Düse** erforderlich. Findet die Gemischbildung in der Düse selbst statt, so spricht man von **gasemischenden Düsen,** die als besonders rückschlagunempfindlich gelten (Abb. 3.42).

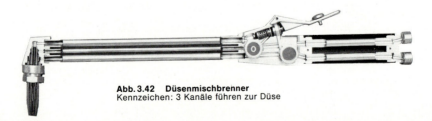

Abb. 3.42   Düsenmischbrenner
Kennzeichen: 3 Kanäle führen zur Düse

Heiz- und Schneiddüsen sind überwiegend konzentrisch, seltener hintereinander angeordnet (Abb. 3.43).

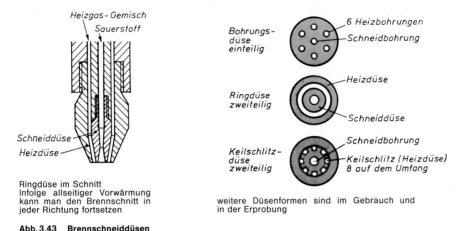

Ringdüse im Schnitt
Infolge allseitiger Vorwärmung kann man den Brennschnitt in jeder Richtung fortsetzen

weitere Düsenformen sind im Gebrauch und in der Erprobung

Abb. 3.43   Brennschneiddüsen

Für den Druck von Sauerstoff und Heizgas sind die Angaben der Hersteller genau zu beachten.

3.4.4 Das Brennschneiden von Hand

hat seine bleibende Bedeutung für grobschlosserische Arbeiten, für das Brennschneiden auf Baustellen, in der Schrottverarbeitung und im Rettungseinsatz. Mit dem Handschneidbrenner sind aber bei sehr guter Ausführung noch die Gütewerte der Klasse II erreichbar.

Güte der Schnittflächen für das thermische Schneiden

Schnittflächen werden nach DIN 2310 Teil 1 bis 4 unter Prüfung von Unebenheiten u und Rauhtiefe R_z im Rahmen zulässiger Abweichungen in Gütestufen und Genauigkeitsgrade unterschieden. Siehe Abb. 3.44

Rechtwinkligkeitstoleranz u Neigungstoleranz u Rauhtiefe R_z, Mittelwert

Anwendungsbeispiel für einen autogenen Brennschnitt nach DIN 2310 Teil 3:
Die Schnittfläche eines **20 mm** dicken Bleches wird z. B. eingestuft in

Güte I, wenn $u \leq 0{,}6$ mm und $R_z \leq$ 94 µm* und in
Güte II, wenn $u \leq 1{,}3$ mm und $R_z \leq 146$ µm.

---

* 1 µm (sprich Mikrometer) = 1/1000 mm

3.4.5 Maschinelles Brennschneiden

liefert genaue, glatte, scharfkantige Schnitte mit genormten zulässigen Abweichungen, die nur dann erreicht werden, wenn der richtige Abstand des Brenners vom Werkstück unverändert eingehalten und wenn der Brenner stetig und erschütterungsfrei fortbewegt wird.

> **Je zügiger der Brennschnitt, um so geringer ist die Gefügeveränderung in der Nähe der Schneidkanten**

Aus diesen Gründen ist der maschinelle Brennschnitt dem Handschnitt sosehr überlegen. Fehler an Brenn- und Plasmaschnitten siehe DIN 8518. Güte und Maßabweichungen beim Plasma-Schmelzschneiden siehe DIN 2310 Teil 4.
Maschinenschneidbrenner für Autogentechnik im Schneidbereich bis 300 mm Schneiddicke sind in DIN 8543 Teil 5 beschrieben.

Schmelzschneiden mit dem Plasmastrahl

Hochlegierte Stähle und NE-Metalle, die autogen nicht oder nur bedingt schneidbar sind, werden bei Dicken bis zu 120 mm erfolgreich mit dem Plasmastrahl geschnitten. Besonders erwähnenswert ist die **Wasser-Plasmaschneidanlage**, bei der das Werkstück entweder auf dem Wasser liegt oder sich sogar mit dem Brenner unter der Wasseroberfläche befindet. Daraus ergeben sich mancherlei Vorteile: weniger Wärmeeinfluß, weniger Verzug, weniger Lärm, keine Oxidation der Werkstückoberfläche z. B. an Chrom-Nickel-Stählen. Siehe auch Abschnitt 5.2.8, Plasmaschweißen und -schneiden.

Schneiden mit dem Laserstrahl

Das **Laserstrahlschneiden** bringt Schnitte von höchster Qualität zustande, beschränkt sich aber auf geringe Werkstoffdicken. Näheres siehe Abschnitt 6.9.2.

Abb. 3.45 Koordinaten-Brennschneidmaschine mit fotoelektrischer Steuerung für Linien- und Kantenabtastung

Steuerungsarten

Bei Brennschneidmaschinen, deren Führung = Steuerung des Schneidbrenners von Hand vorgenommen wird, wird die Bedienung oft durch ein Lichtkreuz erleichtert, mit dem man auf einer Zeichnung den Linienverlauf nachzieht, wobei die Bewegungsrichtung auf den Brenner übertragen wird.

Automatische Steuerungssysteme arbeiten mit Magnetrollensteuerung, fotoelektrisch (Abb. 3.45 und 3.46), oder numerisch über Datenträger, z. B. einen Lochstreifen.

Abb. 3.46 Automatisches Abtasten der Kanten von breiten Strichen (>2 mm). Strichmitten können von 0,5 bis 1,2 mm abgetastet werden.

3.4.6 Brennfugen (Fugenhobeln)

Mit dem Fugenhobler, einem Schneidbrenner mit Spezialdüse, werden muldenförmige Fugen in den Werkstoff gebrannt. Während beim Brennschneiden etwa 80 % des Werkstoffes verbrennen, ist das Fugenhobeln überwiegend ein physikalischer Vorgang, bei dem nur 20 % verbrennen und der größere Teil herausgeblasen wird.

Brennfugen dient unter anderem dem wurzelseitigen Aushobeln von Schweißnähten und dem Vorbereiten von Schweißfugen. Der Fugenhobel arbeitet entweder nach dem Injektorprinzip oder auch gasemischend.

Arbeitsweise: Man schneidet entweder gleichmäßig fortschreitend oder im Pilgerschritt. Letztere Methode ist zwar langsamer, sie gestattet aber ein leichteres Arbeiten beim Fugenhobeln von Hand, da die Fuge besser übersehbar ist, und da der Hobelstrahl nicht seitlich ausweicht (Abb. 3.47).

Vorteile des Fugenhobelns:

1. schneller als Schleifen und Aushauen;

2. weniger Geräusche;

3. Einschlüsse können gut beobachtet werden.

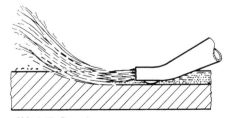

Abb. 3.47 Brennfugen

41

3.4.7 Pulverbrennschneiden

Pulverbrennschneiden ist ein Trennverfahren für Gußeisen, Stahlguß, legierte, nichtrostende und hitzebeständige Stähle, z. B. Chrom-Nickel-Stähle mit 18 % Cr und 8 % Ni, und für Nichteisenmetalle. Geschnitten werden Bleche ab etwa 5 mm Dicke und Werkstücke bis zu Dicken von 1 m. Anwendungsbeispiele: Trennen der Steiger und Trichter an Stahlguß, Trennen von Halbzeugen (Brammen, Bleche), Verschrotten von Guß und NE-Metallen.

Das kohlenstoffreiche Gußeisen läßt sich nicht wie Stahl autogen schneiden, weil seine Entzündungstemperatur über der Schmelztemperatur liegt. Außerdem bildet der Kohlenstoff um die Eisenkristalle des Gußeisens Häutchen von Graphit, die den Brennschnitt verhindern. Bläst man nun beim Pulverbrennschneiden mittels Druckluft beispielsweise Eisenpulver in die Schnittfuge, so bewirkt die durch den Schneidsauerstoff erzeugte Verbrennungswärme dieses Eisenpulvers, daß die sonst schwer schmelzende Schlacke, nunmehr dünnflüssig geworden, von dem Schneidsauerstoff aus der Schnittfuge geblasen wird.

Um Gefügeveränderungen zu vermeiden, verwendet man beim Pulverbrennschneiden von legiertem Stahl anstelle von Eisenpulver gegebenenfalls Mineralpulver (Spezialsand), der dem Schneidsauerstoff beigemischt wird.

3.4.8 Brennbohren (Sauerstoffbohren)

Brennbohren ist ein thermisches Verfahren zum Durchbohren und Zerlegen von Eisenwerkstoffen, Beton und Mauerwerk

Das Verfahren besteht darin, den Werkstoff an der Bohrstelle durch Verbrennung von Eisen im reinen Sauerstoffstrom zum Schmelzen zu bringen. Dazu benutzt man S t a h l r o h r l a n z e n , in die entweder Stahldrähte eingelegt sind (Kernlanze) oder durch die eisenreiches Pulver mittels Druckluft hindurchgeblasen wird (Pulverlanze, Abb. 3.48).

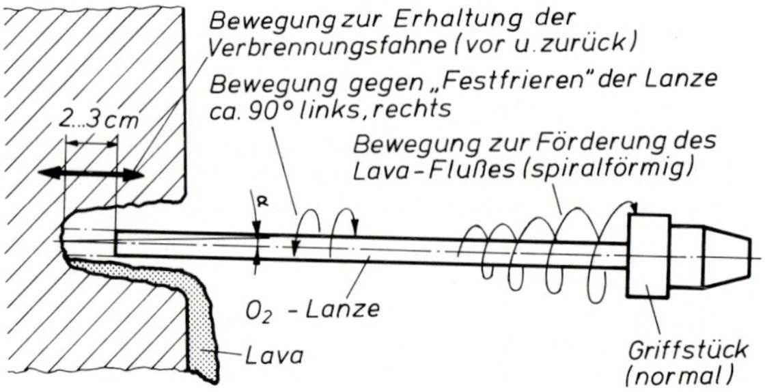

Zur Inbetriebnahme wird die Lanzenspitze mit Hilfe des Schweißbrenners auf Zündtemperatur erwärmt und durch dosierte Zugabe

Abb. 3.48 Bewegung der Lanze während des Brennvorganges. Brennbohren ist wegen erheblich geringerer Geräusche umweltfreundlicher als Preßluftbetrieb

von Sauerstoff gezündet. Die Lanze brennt nun nach rückwärts langsam ab. Der Abbrand einer 3/8″-Lanze beträgt etwa 75 cm/min bei einem Sauerstoffbedarf von 500 l/min.

Die **Kernlanze** wird mit leichtem Druck gegen die Schmelzstelle geführt. Der kinetische Druck der Gase schleudert die dünnflüssige Silikatschmelze des Betons aus dem Bohrloch heraus. Mineralische Werkstoffe lassen sich bis zu 4000 mm Dicke brennbohren.

Bei der **Pulverlanze** ist zwischen dem Bohrlochgrund und der Lanzenspitze wegen der Verbrennungsfahne ein Abstand von 100 bis 150 mm erforderlich.
Beide Lanzen arbeiten ohne Brenngas.

3.5 Flammstrahlen und weitere Verfahren der Autogentechnik

Mit dem Flammstrahl werden Oberflächen von Werkstücken (vornehmlich Stahl) gereinigt, zur Aufnahme von Schutzschichten vorbereitet, beschichtet (flammphosphatiert) oder abgetragen (z. B. Aufrauhen von Fahrbahnen, Beton).

Der **Flammstrahlbrenner** ist meistens ein R e i h e n - b r e n n e r , auch Flach- oder Kammbrenner genannt. Er wird von Hand oder mit einem Führungswagen unter einem Neigungswinkel von etwa 45° aufsitzend über die Werkstückoberfläche hinweggeführt (Abb. 3.49).

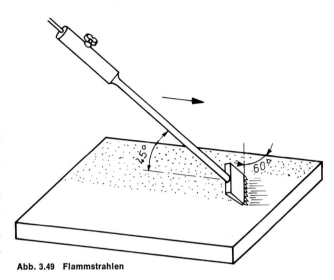

Abb. 3.49 Flammstrahlen

Flammhärten

Abschreckhärtbare Eisenwerkstoffe, Bau- und Vergütungsstähle mit mindestens 0,3 % C-Gehalt, können in der Randzone durch Flammhärten gegen Verschleiß geschützt werden. Die Härtetiefe beträgt 1 bis 8 mm.

Bei den mechanischen Verfahren werden F o r m b r e n n e r und A b s c h r e c k b r a u - s e n verwendet, die gleichzeitig (Vorschubhärten, Abb. 3.50) oder nacheinander (Umlauf-härten, Abb. 3.51) arbeiten.

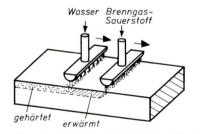

Abb. 3.50 Vorschubhärten (Linienhärten) z. B. für Gleitflächen, Zahnflanken

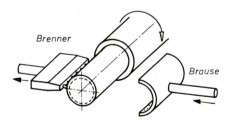

Abb. 3.51 Umlaufhärten (Mantelhärten) Sobald der Lagerzapfen erwärmt ist, wird der Brenner ab- und die Brause herangerückt

Die Brenngas-Sauerstoff- oder Brenngas-Luft-Flamme findet des weiteren als Wärmeträger zum **Beschichten** (S. 10), **Entspannen** (S. 159), **Richten** (S. 164) und **Wärmen** (S. 141 und 169) vielseitige Verwendung.

Übungen zu den Kapiteln 2, Einteilung der Schweißverfahren und 3, Autogentechnik

1. Erklären Sie den Unterschied zwischen Schmelzschweißen und Preßschweißen.
2. Nennen Sie Anwendungsbeispiele für einzelne Schweißverfahren.
3. Welche Fertigungsverfahren sind der Autogentechnik zugeordnet?
4. Nennen Sie Eigenschaften von Sauerstoff und Acetylen, die für die Autogentechnik von Bedeutung sind.
5. Erklären Sie den Zweck der porösen Masse in der Acetylenflasche.
6. Beschreiben Sie die Funktion von Sicherheitseinrichtungen bei Acetylenanlagen.
7. Skizzieren Sie das Flammenbild unterschiedlicher Brennereinstellungen für verschiedene Metalle.
8. Begründen Sie die Arbeitsfolge beim Zünden und Abstellen des Schweißbrenners.
9. Erklären Sie die Anwendung der Nachlinks- und der Nachrechtsschweißtechnik.
10. Zählen Sie auf, welche Schutzmaßnahmen und Unfallverhütungsvorschriften beim Gasschweißen zu beachten sind.
11. Skizzieren Sie gebräuchliche Fugenformen für das Gasschweißen von Stahl in Abhängigkeit von der Blechdicke des Werkstückes.
12. Welche Vorteile können Sie für das Gasschweißen von Rohren aufzählen und bis zu welchen Abmessungen überwiegen die Vorteile gegenüber dem Lichtbogenhandschweißen?
13. Geben Sie einen Überblick über die Arbeitsschritte für das Aushalsen eines Rohres und Schweißen eines Abzweigrohres.
14. Worin besteht der Unterschied zwischen Löten und Schweißen?
15. Nennen Sie die Voraussetzungen für eine einwandfreie Lötverbindung.
16. Erklären Sie den Zweck des Flußmittels.
17. Weshalb ist das Werkstück nach dem Löten unbedingt von Flußmittelresten zu reinigen?
18. Unterscheiden Sie Weich- und Hartlote nach Legierungsbestandteilen, Arbeitstemperaturen und Anwendungsbereichen.
19. Erläutern Sie den günstigen Einfluß des Spaltlötens auf die Festigkeit einer Lötverbindung.
20. Thermisches Schneiden wird in Schmelz- und Brennschneiden unterteilt. Erklären Sie den Unterschied.
21. Erläutern Sie den Schneidvorgang des Brennschneidens.
22. Ermitteln Sie mit Hilfe der Tab. 3.7 den annähernden Bedarf an Acetylen und Sauerstoff für die Trennschnitte von insgesamt 11,6 m Länge an einem Stahlblech von 10 mm Dicke.
23. Nennen Sie Maßnahmen, die beim Brennschneiden legierter Stähle Risse und Aufhärtungen vermeiden.
24. Welche Bedingungen sind für saubere und maßhaltige Brennschnitte zu erfüllen?
25. Außer Schweißen und Schneiden sind noch weitere Verfahren der Autogentechnik zugeordnet. Zählen Sie einige auf.

4 Lichtbogenhandschweißen

4.1 Grundlagen

4.1.1 Geschichtlicher Überblick

Gegen Ende des 19. Jahrhunderts war mit der Erzeugung des elektrischen Stromes im großen die Möglichkeit gegeben, elektrische Schweißverfahren zu entwickeln.

Der Erfinder des Elektroschmelzschweißens war B e n a r d o s (Patent 1885). Er schweißte mit Gleichstrom und verwendete Kohlestäbe als Elektroden, mit denen er einen Lichtbogen von mehr als 6000 °C auf ein Metall lenkte, bis dieses flüssig wurde. Fehlender Werkstoff wurde durch einen Zusatzdraht ergänzt. Heute benutzt man das Benardos-Verfahren gelegentlich noch bei Dünnblechschweißungen und beim Niederschweißen von Bördelnähten ohne Schweißzusatz (Abb. 4.1).

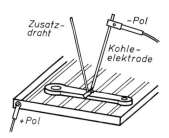

Abb. 4.1 Benardos-Verfahren
Die Kohleelektrode hält nur den Lichtbogen. Ein Zusatzstab liefert das Schweißgut

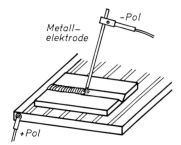

Abb. 4.2 Slavianoff-Verfahren
Die Metallelektrode schließt den Stromkreis mit dem Lichtbogen und bildet gleichzeitig das Schweißgut

S l a v i a n o f f , russischer Bergingenieur und Metallurge, benutzte zunächst die Leuchtkraft des Lichtbogens zwischen zwei Kohleelektroden in Gleichstrom-Bogenlampen zu Beleuchtungszwecken. Dann kam er auf den Gedanken, mit der Wärme des Lichtbogens einen Metallstab abzuschmelzen, um Lunker in Gußstücken zuzuschweißen. Er vereinigte damit nach Abb. 4.2 Kohleelektrode und Zusatzstab (Benardos) zu e i n e r in der Lichtbogenwärme abschmelzenden Metallelektrode und schuf so die Grundlage zur heutigen weltweiten Lichtbogenschweißung. Sein Verfahren wurde 1891 patentiert. Die umhüllte Elektrode wurde von Kjellberg 1907 entwickelt.

4.1.2 Lichtbogenschweißverfahren

Infolge ständig wachsender Ansprüche an Wirtschaftlichkeit und Sicherheit und auf Grund des Bemühens, möglichst alle Stahlsorten, Guß und Nichteisenmetalle zu schweißen, werden verschiedene Schweißverfahren angeboten und noch weiter entwickelt (Tab. 4.1).

Tab. 4.1   Lichtbogenschweißverfahren (Auswahl)

Verfahren	Prinzip	Anwendungsbeispiele
Kohlelichtbogen-schweißen (181)	Lichtbogen brennt zwischen einer Kohleelektrode und dem Werk-stück oder zwischen 2 Kohleelek-troden, Schweißzusatz wird ge-gebenenfalls stromlos zugeführt	Bleche von 0,5 bis 2 mm, Ausbessern von Silumin-gußteilen
Metall-Lichtbogen-schweißen (101)	Lichtbogen brennt zwischen einer abschmelzenden Elektrode und dem Werkstück	Stähle jeder Qualität, Stahlguß, Grauguß
Metall-Schutzgas-schweißen (13)	Schutzgas schirmt Elektrode, Lichtbogen und Schweißzone ab	Stähle, Kupfer und Kupfer-legierungen, Bronze, Aluminium und Aluminium-legierungen
Unterpulverschweißen (12)	siehe Kapitel Sonderverfahren	Schiffbau, Kesselbau, Spiralnahtrohre

4.1.3 Der Lichtbogen

Der Elektroschweißer benutzt als Energieträger den elektrischen Lichtbogen. Dieser entsteht beim Durchgang eines Stromes durch die ionisierten Gase der Luft. Er bringt sowohl die Schweißzone am Werkstück als auch das Ende einer Drahtelektrode (die Elektrode) auf eine Temperatur von etwa 4000 °C und damit zum augenblicklichen Schmelzen. Der Schweißstab wandert dabei in Tropfen in das Schmelzbad hinein und bildet hier mit dem geschmolzenen Grundmaterial nach dem Erstarren ein einheitliches Ganzes.

> **Der Lichtbogen entsteht sowohl beim Gleichstrom als auch beim Wechselstrom. Für das Schweißen sind beide Stromarten geeignet.**

Ihr unterschiedliches Verhalten wird an einem Versuch mit Kohleelektro-den beobachtet, die mit ihren lan-gen, elastischen Lichtbögen besser geeignet sind als Stahlelektroden (Abb. 4.3).

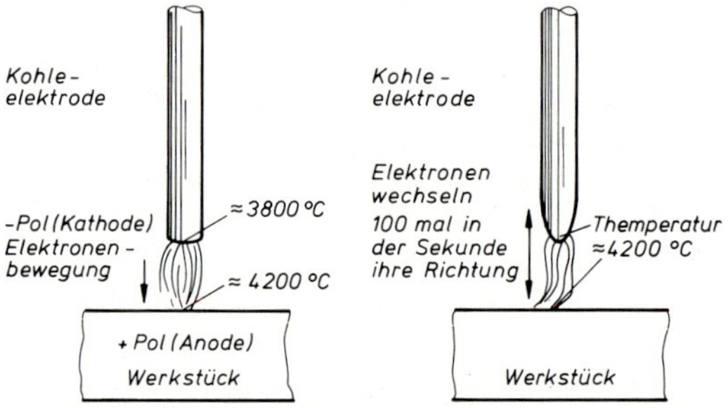

Abb. 4.3 Verhalten des Lichtbogens bei Gleich- und Wechselstrom

Kohle-elektrode

-Pol (Kathode)
Elektronen-bewegung
≈ 3800 °C
≈ 4200 °C
+Pol (Anode)
Werkstück

Kohle-elektrode

Elektronen wechseln 100 mal in der Sekunde ihre Richtung
Themperatur ≈ 4200 °C
Werkstück

Beobachtung:

Gleichstromlichtbogen zündet leicht, brennt ruhig

Wechselstromlichtbogen zündet schwer, brennt unruhig, Abhilfe durch umhüllte Elek-troden

Erklärung:
Atome der erhitzten Gase werden in Elektronen und Ionen aufgeteilt. Dieser Prozeß macht Gas zu einem elektrischen Leiter und wird Ionisation genannt.
Der ständige Wechsel der Elektronenströme im Wechselstromlichtbogen erschwert die Zündung und macht den Lichtbogen unbeständig.

Ablenkung des Lichtbogens

Bei der Gleichstromschweißung ist es manchmal schwierig, den Lichtbogen auf eine gewünschte Stelle zu lenken. Er wird von auftretenden magnetischen Kräften abgelenkt. Diese unangenehme Erscheinung bezeichnet man als „Blasen" des Lichtbogens (Abb. 4.4 bis Abb. 4.6).

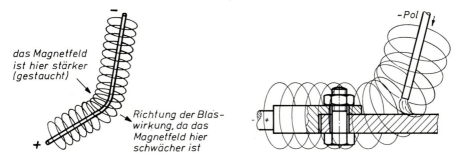

Abb. 4.4 Magnetfeld um stromführende Leiter

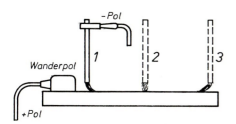

**Abb. 4.5 Blaswirkung bei Baustahl, d. h. magneti-
sierbarem Werkstoff**
Stellung 1: erklärt durch Abb. 4.4
Stellung 2: ausgeglichenes Magnetfeld in der
Werkstückmitte wirkt sich aus
Stellung 3: Verdichtung des starken Magnetfeldes
an den Kanten führt zum Blasen zur Werkstück-
mitte

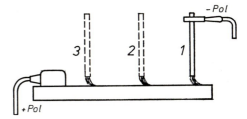

**Abb. 4.6 Blaswirkung bei Nichteisenmetallen und
unmagnetischem Stahl**
Stellung 1: an der Kante entsteht kein Magnetfeld
im Gegensatz zur Stellung 3 in Abb. 4.5
Stellung 2 und 3: Anschlußpol wirkt sich aus
Abhilfe: zwei gegenüberliegende Pole anbringen

Beim Wechselstromschweißen ist die Blaswirkung unbedeutend, weil sich das magnetische Feld bei einer Netzfrequenz von 50 Hertz (Hz) 100 mal in der Sekunde auf- und abbaut und sich daher kaum auswirken kann. Weiteres siehe im Abschnitt Elektroden.

Maßnahmen gegen das Blasen:

1. Elektrode in eine dem Blasen entgegengesetzte Richtung neigen;
2. Lichtbogen kurz halten;
3. Schweißnähte vorher „heften";
4. Werkstück auf dem Schweißtisch in eine andere Lage zum Stromdurchgang bringen;
5. Anschlußklemme (Polzwinge) an einer anderen Stelle des Schweißtisches oder in der Nähe der Schweißstelle anbringen; verschiebbaren Anschluß (Wanderpol) verwenden (Abb. 4.5); es werden magnetische Pole bis zu 400 N Haftkraft angeboten;

Maßnahmen gegen das Blasen (Fortsetzung)

6. Eisenmassen anlegen;
7. im Pilgerschritt schweißen;
8. zum Schwerpunkt, der größten Masse des Werkstückes, hin schweißen;
9. in Richtung bereits vorgeschweißter Nahtteile schweißen;
10. Wechselstrom anstatt Gleichstrom verwenden, insbesondere bei kurzen Nähten. Vorsicht: Nicht bei allen Elektroden anwendbar. Siehe Abschnitt 4.4.1 S. 62 und Tab. 4.7 S. 65.

4.1.4 Elektrotechnische Grundbegriffe

Der elektrische **Strom** wird mit dem Formelzeichen I bezeichnet und in Ampere (A) gemessen. Ampere ist das Maß für die Stärke des Stromes. Die elektrische **Spannung**, Formelzeichen U, gemessen in Volt (V), bezeichnet den Unterschied der elektrischen Ladung zwischen zwei Polen. Spannung ist die Voraussetzung für das Fließen des Stromes. Der **Widerstand,** den der Stromfluß in der elektrischen Leitung findet, wird mit R bezeichnet und in Ω gemessen.

Zwischen Spannung, Strom und Widerstand besteht folgende Beziehung, genannt **Ohmsches Gesetz:**

$$I = \frac{U}{R}, \quad \text{umgeformt: } U = I \cdot R \quad \text{oder } R = \frac{U}{I}$$

4.1.5 Der elektrische Strom

Stromstärke des Schweißstromes

Faustregel

$$\textbf{Stromstärke in Ampere} = \textbf{Elektrodendurchmesser in mm mal 40 bis 50}$$

Die Stromstärke ist nicht nur vom ϕ und der Elektrodenlänge abhängig, sondern auch von der Elektrodenart, der Schweißposition, der Nahtart und von den Werkstoffvorschriften. Eine Elektrode von 4 mm ϕ benötigt zum augenblicklichen Schmelzen etwa 160 Ampere. Dieser Wert kann nicht ohne weiteres dem Versorgungsnetz entnommen werden. Man muß besondere Schweißstromerzeuger dazwischenschalten. Soll das Schweißgerät an ein 220-Volt-Lichtstromnetz angeschlossen werden, so ist seine Größe lt. VDE-Vorschrift auf 4 KVA Leistungsaufnahme begrenzt und mit einem 16 A Haushaltsleitungs-Schutzschalter abzusichern. Größere Geräte werden zweckmäßiger mit Drehstrom betrieben.

Spannung des Schweißstromes

Im Versorgungsnetz stehen üblicherweise entweder 220 Volt (V) Wechselspannung oder 380 Volt in einem Drehstromnetz zur Verfügung. Diese Spannungen sind zum Schweißen lebensgefährlich.

Erkenntnis:

Man braucht Schweißstromerzeuger, welche Spannung und Stromstärke des elektrischen Versorgungsnetzes in Werte umformen, die den schweißtechnischen und unfallsichernden Erfordernissen gerecht werden

4.2 Schweißmaschinen

Schweißmaschinen haben die Aufgabe, die Energie des Versorgungsnetzes in die für den Lichtbogen geeigneten Stromstärken und Spannungen umzuformen.

Je nach ihrer Bauart erzeugen sie entweder Schweißgleichstrom oder Schweißwechselstrom.

Schweißgleichstrom erzeugen:

– Gleichrichter, Abb. 4.7
– Umrichter (Inverter-Gleichrichter), Abb. 4.16
– Umformer, ein Drehstrommotor treibt einen Generator, Abb. 4.24

Abb. 4.7 Elektronisch geregelter Schweißgleichrichter
Netzspannung 380 V, Einstellbereich von 20 A/20 V bis 250 A/30 V, Leerlaufspannung 48 V, Stabelektroden-∅ von 1,5 bis 5 mm

Schweißwechselstrom erzeugen:

– Transformatoren (Umspanner), Abb. 4.8
– Gleichrichter, die auf Wechselschweißstrom umschaltbar sind.
– Aggregate, Antrieb durch Diesel- oder Benzinmotor (Abb. 4.9)

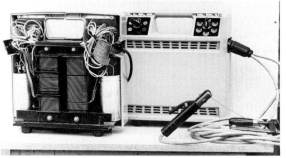

Abb. 4.8 Kleinschweißtransformator
für das Lichtbogen-Handschweißen, umschaltbar auf 220 oder 380 Volt, Leerlaufspannung 42 ... 46 V, Elektroden bis 4 mm ∅

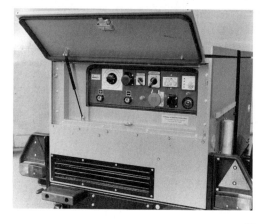

Abb. 4.9 Kombiniertes Schweiß- und Drehstromaggregat, Dieselantrieb, Schweißstrom 25 ... 280 A, Spannung 21 ... 31 V, Leerlaufspannung 72 V, Generatorleistung 10 kVA (Dreh- oder Wechselstrom) Schalldämmung: 90 dB (A)

Anforderungen an Schweißstromquellen

Die besonderen Anforderungen an alle Schweißmaschinen sind durch den Ablauf des Schweißvorganges gegeben.

1. Die Leerlaufspannung muß in ungefährlichen Grenzen bleiben, aber ein gutes Zünden zulassen. Die Spannung darf bei Wechselstrom 80 V, bei Gleichstrom 100 V nicht überschreiten. Unter erschwerten Arbeitsbedingungen, z. B. engen Räumen, ist die Wechselstromspannung auf 42 Volt begrenzt. Siehe Tab. 4.2 Seite 57 und Abschnitt 151.

2. Der Kurzschlußstrom beim Zünden der Elektrode und beim Tropfenübergang soll einen nach oben begrenzten Wert einhalten.

3. Nach dem Kurzschluß soll die Zündspannung jeweils schnell auf eine Arbeitsspannung (Schweißspannung) abfallen.

Diese Eigenschaften einer Schweißmaschine werden dem Benutzer durch statische oder dynamische Kennlinien kenntlich gemacht (Abb. 4.10).

Statische Kennlinien zeigen den Zusammenhang zwischen Schweißstromstärke und Lichtbogenstromquellenspannung bei langsamen Wechsel der Belastung an

---

Die dynamische Kennlinie ergibt sich bei schnellem Lastwechsel. Eine stark abfallende Kennlinie (Charakteristik) deutet auf eine besonders beim Handschweißen erwünschte möglichst gleichmäßige Stromstärke trotz schwankender Spannung hin. Die Spannungsschwankungen sind durch den Zündungsvorgang, den Tropfenübergang und den ungleichmäßigen Abstand der Elektrode unvermeidlich.

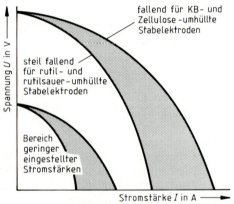

Abb. 4.10 **Einstellbare** fallende **Kennlinien** einer **Schweißstromquelle**

Arbeitsspannung

Stromquellen für das E- und UP-Schweißen erfordern fallende Kennlinien. Deren Arbeitsspannung ist lt. Richtlinie VDE 0543 nach folgender Formel zu ermitteln:

$$U \text{ (in Volt)} = 20 + 0{,}04 \times I \text{ (in Amp.)}$$

Beispiel:

Gegebene Stromstärke 120 A, gesucht Arbeitsspannung?

$U = 20 + 0{,}04 \times 120 = 20 + 4{,}8 = \underline{\textbf{24,8 V}}$

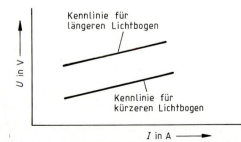

Abb. 4.11 **Lichtbogenkennlinien (Arbeitsspannungen) in Abhängigkeit von der Lichtbogenlänge**

Einfluß der Lichtbogenlängen auf Spannung und Stromstärke

Für die Schweißleistung ist vor allem die Stromstärke maßgebend. ΔI kennzeichnet den Abfall der Stromstärke bei längerem Lichtbogen, d. h., je steiler die Kennlinie der Schweißstromquelle, um so kleiner wird ΔI und um so gleichmäßiger bleibt die Stromstärke trotz schwankender Lichtbogenlänge. (Abb. 4.12).

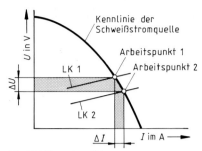

LK = Lichtbogenkennlinien

Abb. 4.12   Bewertung einer Kennlinie

Einschaltdauer und Schweißstrom

Um unzulässige Erwärmung eines Schweiß-gerätes durch zu hohe Schweißstromstärken zu verhüten, muß die vorgeschriebene Be-lastungszeit = **Einschaltdauer** unbedingt eingehalten werden, siehe Tab. mit Beispiel-werten.

Einschalt-dauer	Höchstzulässiger Schweißstrom	Arbeits-spannung
HSB 35 % ED	250 A	30 V
HSB 60 % ED	210 A	28 V
DB 100 % ED	170 A	27 V

HSB = Handschweißbetrieb, DB = Dauerbetrieb

Die Stärke des Schweißstromes wird mit einem Schweißstromregler stufenlos eingestellt. Die grobe Unterteilung in 2 oder 3 Einstellbereiche wird durch einen Stufenschalter vorgenommen, der nicht während des Schweißens bedient werden darf.

> **Einschaltdauer ist das prozentuale Verhältnis von Belastungsdauer zu der auf 5 Minuten festgesetzten Spieldauer (Belastungsdauer + Pausendauer)**

Beim Handschweißen mit der Stabelektrode wird der Schweißstromkreis immer wieder für längere oder kürzere Zeit unterbrochen, weil die Elektrode gewechselt wird, die Schweißnaht gesäubert oder das Werkstück gewendet werden muß. Während der Schweißpause läuft die Maschine im Leerlauf und kühlt ab.

Ein sog. **Nenn-Handschweißbetrieb** von 60 % besagt, daß innerhalb eines Zeitraumes von 5 Minuten für das Schweißen 3 Minuten und für die Unterbrechungen (Pausen) 2 Minuten verwendet werden. Es wurde festgestellt, daß selbst ein geübter Schweißer die ED von 55 % bei sinnvollem Betrieb kaum überschreitet. **Dauerbetrieb** bezieht sich auf vollmechanisches Schweißen.

4.2.1 Schweißgleichrichter

Der Gleichrichter wandelt dreiphasigen Wechselstrom (Drehstrom) aus dem Kraftnetz oder, bei kleineren Leistungen, einphasigen Wechselstrom aus dem Lichtnetz in schwachpulsierenden Gleichstrom um.

Abgesehen von Steuerorganen, besteht das Schweißgerät zur Hauptsache aus einem Transfor-mator und einer Reihe von Dioden für die Gleichrichtung und einem Kühlgebläse.

Dioden sind elektrisch wirkende Ventile, die durch Sperrschichten den Wechselstrom nur in einer Richtung durchlassen und die entgegengesetzte Richtung sperren. Als Sperrschicht wird meistens Silicium verwendet, ein Halbleiter, der auf Metallplatten aufgetragen ist. Durch geeig-

51

Stadtbibliothek
Eberbach

nete Schaltung (Vollwegschaltung) mehrerer Dioden wird erreicht, daß beide Halbwellen des Wechselstromes nutzbar gemacht werden und in den Gleichstrom einmünden. Dioden und Kühlkörper bilden im Schweißgerät eine Einheit.

Traditionelle Schweißgleichrichter haben fest installierte dynamische Eigenschaften (siehe Abb. 4.13), die während des Schweißens nicht beeinflußbar sind.

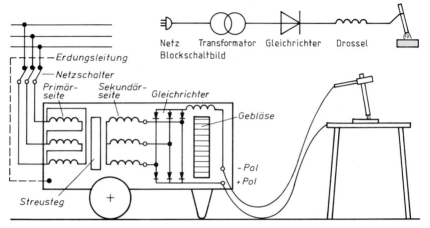

Abb. 4.13   Schema eines Drehstromgleichrichters
Mit dem Streusteg wird die Schweißstromstärke reguliert. Das Gebläse dient zur Kühlung der Gleichrichterplatten. Die Drossel dämpft die Stromstöße bei Troptenkurzschlüssen.

Vollelektronische Schweißgleichrichter reagieren durch die Anwendung der Halbleitertechnik, Thyristoren (d. h. steuerbare Dioden) oder Transistoren, so schnell, daß die während des Schweißvorganges wechselnden Strom- und Spannungswerte stets zur Verfügung stehen (Abb. 4.14 und 4.15, S. 53).

Abb. 4.14   Thyristorgeregelter Dreiphasen-Schweißgleichrichter
Einstellbereich 15 ... 400 A,
Arbeitsspannung 20 ... 36 V
Höchstzulässiger Schweißstrom:
400 A bei 35 % ED, 315 A bei 60 % ED,
240 A bei 100 % ED
Leerlaufspannung 100 V,
Stabelelektroden 1,5 ... 6 mm ∅

Dadurch ergeben sich beim Lichtbogenhandschweißen beispielsweise folgende Vorteile und Erleichterungen:

– geregelte Schweißstromstärke mit Ausgleich evtl. schwankender Netzspannungen,
– stufenlos verstellbare Schweißstromstärken,

- wählbare Kennlinienneigungen,
- Unterstützung des Fallnahtschweißens durch Lichtbogenverstärkung,
- Heißstarteinrichtung, genannt Hot-Start. Während der Zündphase des Lichtbogens wird der Schweißstrom für kurze Zeit erhöht, um Bindefehler am Nahtanfang zu verhindern. Die Hot-Start-Zeit ist in der Regel von 0,5 bis 5 s einstellbar.
- Anti-Stick-Einrichtung, d. h. Absenken der Stromstärke bei Dauerkurzschluß, um ein Festkleben der Elektrode zu vermeiden.

Abb. 4.15   Blick von oben in den Steuerungsbereich des Gleichrichters der Abb. 4.14

Inverter-Schweißgleichrichter, Umrichter

Im Umrichter wird Netzspannung von z. B. 380 Volt in 540 Volt Gleichspannung umgeformt. Alsdann wird über einen Wechselrichter (Inverter) der Strom in schneller Folge ein- und ausgeschaltet (getakt = zerhackt), so daß sich eine Wechselspannung hoher Frequenz, z. B. 20 kHz, ergibt. Diese Wechselspannung wird wieder herabtransformiert und endgültig gleichgerichtet.

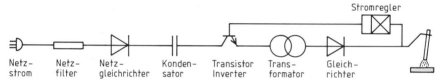

Blockschema einer Inverterstromquelle: Sie ist primär getaktet, weil der Inverter vor dem Transformator geschaltet ist. Das Netzfilter vermindert Rückwirkung auf das Netz. Der Stromregler vergleicht den Ist- mit dem Sollwert des Schweißstromes und steuert damit die Stromflußzeiten des Inverters.

Dieser „Umweg" hat den Sinn, einen optimal geglätteten Gleichstrom zu erzielen, der einen sehr weichen Lichtbogen und nahezu spritzerfreies Schweißen mit sich bringt.

Gewicht und Volumen der Invertergeräte sind dank der hohen Frequenz, verglichen mit herkömmlichen Schweißgleichrichtern, um ein Mehrfaches geringer.

Weitere Vorteile sind:

- schnell reagierende Stromregelung
- gut kontrollierbare Wärmeeinbringung
- große Lichtbogenstabilität
- günstiger Wirkungsgrad von etwa 80 %
- für Roboterbetrieb gut geeignet.

Abb. 4.16   Inverter-Gleichrichter

Der Montage-Invertergleichrichter (Abb. 4.16) arbeitet mit einer Netzspannung von 220 Volt. Einstellbereich: 2 A/20 V bis 130 A/25 V Leerlaufspannung: 42 V Elektroden bis 3,25 mm ⌀ zum Metallichtbogenschweißen, und für das WIG-Schweißen sind Stromstärken von 5 bis 130 A einstellbar.

4.2.2 Schweißtransformatoren

Für das Wechselstromschweißen benutzt man T r a n s f o r m a t o r e n , auch U m s p a n n e r genannt. Der Transformator besteht aus einem Eisenkern und zwei Wicklungen (Spulen) (Abb. 4.18). Die Primärspule (Eingangsspule) mit vielen Windungen (W_1) aus dünnem Draht wird vom Dreh- oder Wechselstrom gespeist. Dabei bildet sich ein elektromagnetisches Kraftlinienfeld, das mit jedem Wechsel der Stromrichtung in der zweiten Spule, der Sekundärspule (Ausgleichsspule), mit wenigen Windungen (W_2) aus dickem Draht eine Spannung U_2 erzeugt. Eingangsspannung (U_1) und Ausgangsspannung verhalten sich (abgesehen von Umspannverlusten) wie die Windungszahlen der Spulen, d. h.

$$\frac{U_1}{U_2} = \frac{W_1}{W_2} \text{ oder } U_2 = \frac{U_1 \cdot W_2}{W_1}$$

Die Sekundärwicklung bildet mit dem Werkstück und dem Lichtbogen einen zweiten Stromkreis mit geringer Spannung und großer Stromstärke.

Da das Produkt aus Spannung und Stromstärke in beiden Spulen gleich ist (abgesehen von dem Umspannverlust von etwa 10 %), sinkt die Spannung mit steigender Stromstärke. Die gewünschte Stromstärke ist vielfach stufenlos mit Hilfe eines Streusteges einstellbar.

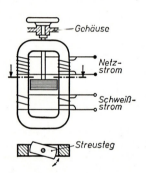

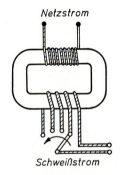

Abb. 4.17   Regelung des Schweiß-
stromes durch Streusteg

Abb. 4.18   Regelung des Schweiß-
stromes durch Stufenschalter

Abb. 4.19   Schweißtransformator
mit 20 Schaltstufen

Der Streusteg beeinflußt die wirksame Stärke des Magnetfeldes. Ein quergestellter Steg läßt das Magnetfeld in der Schweißstromwicklung zur vollen Wirkung kommen, die Stromstärke erreicht den Höchstwert. In der skizzierten Stellung wird das Magnetfeld an der Schweißstromwicklung vorbeigelenkt, die Stromstärke ist annähernd auf den geringsten Wert eingestellt (Abb. 4.17).

Die Stromstärke kann auch durch Anzapfen je einer oder beider Wicklungen des Transformators über einen Stufenschalter eingestellt werden, der einen Teil der Windungen ausschaltet (Abb. 4.18 und 19).

Die Stufenschaltung darf während des Schweißens nicht geschaltet werden, da der Schalter sonst zerstört würde

---

Leerlaufverlust

Im eingeschalteten Zustand (Leerlauf) verbraucht der Schweißtrafo bereits Strom, der bei einer Maschine mittlerer Größe einen Leerlaufverlust von etwa 0,4 kW verursacht.

Wirkungsgrad

Der Wirkungsgrad ist das Wirkleistungsverhältnis von Sekundärstromkreis (Schweißstrom) zu Primärstromkreis (Netzstrom). Er liegt bei 0,8 bis 0,9.

Die Maschine ist beim Schweißen z. B. auf 180 A und 30 V eingestellt. Die Leistung im Schweißstromkreis beträgt demzufolge 180 A · 30 = 5400 Watt = 5,4 kW. Bei einem Wirkungsgrad von 0,9 werden im Primärstromkreis 5,4 : 0,9 = 6 kW gebraucht. Diese Leistung wird als W i r k l e i s t u n g bezeichnet. In dieser Leistung ist die Magnetisierungsleistung für das Magnetfeld, genannt B l i n d l e i s t u n g , noch nicht enthalten.

Leistungsfaktor cos φ (Kosinus Phi)

> **Das Verhältnis von Wirkleistung und Scheinleistung wird als Leistungsfaktor cos φ bezeichnet.**

Abb. 4.20 Zusammenhang der 3 Leistungswerte Scheinleistung, Blindleistung und Wirkleistung am rechtwinkligen Dreieck veranschaulicht

Die begonnene Rechnung muß nun zu Ende geführt werden: Angenommen der cos-Wert des Winkels φ (der Leistungsfaktor) beträgt 0,6, so gilt:

$$\text{Scheinleistung} = \frac{\text{Wirkleistung}}{0,6} = \frac{6\ \text{kW}}{0,6} = 10\ \text{kW}$$

Leider ist der Leistungsfaktor bei einem Transformator zunächst sehr niedrig. Das bedeutet aber, daß eine hohe Scheinleistung sehr starke Maschinen und starke Zuleitungen mit beträchtlicher Beanspruchung des Energienetzes erfordert. In diesem Fall läßt sich das Elektrizitätswerk neben der Wirkleistung auch die Blindleistung, die über besondere Zähler berechnet wird, bezahlen. Erreicht der cos φ mit Hilfe eines K o m p e n s a t i o n s k o n d e n s a t o r s den Wert 0,8, so wird eine zusätzliche Bezahlung eingespart.[1]

Der Kondensator

Der Kondensator hat die Aufgabe, den Leistungsfaktor eines Umspanners zu verbessern. Er ist ein E n e r g i e s p e i c h e r , der den Blindstrom herabsetzt. Mit seiner Hilfe erreicht der Leistungsfaktor im günstigsten Falle den Wert 1 (d. h. Wirkleistung = Scheinleistung), im Regelfalle 0,7 bis 0,8.

Arbeitsschutz

> **VDE-Bestimmung 0541 „Regeln für Lichtbogen-Schweißtransformatoren", VDE 0543 „Bestimmungen für Lichtbogen-Kleinschweißtransformatoren für Kurzschweißbetrieb" und die Unfallverhütungsvorschrift VBG 15.** Siehe auch Abschnitt 4.2.5 und Kapitel 15.

4.2.3 Schweißumformer

Umformer sind Generatoren, die entweder von einem Drehstrommotor oder von einem Verbrennungsmotor angetrieben werden. Ihre Bedeutung beschränkt sich heute auf **Aggregate** mit Diesel- oder Benzinmotoren für Baustellen ohne ausreichende Stromversorgung. In solchem Falle werden vielfach **kombinierte Stromerzeuger** eingesetzt, die sowohl den elektrischen Betrieb von Werkzeugen, Pumpen oder Licht übernehmen als auch als Schweißaggregate voll nutzbar sind. Moderne Aggregate sind mit besonderem Schutz gegen Schallemissionen ausgestattet, die einen Pegel von 90 dB (A) nicht überschreiten.

---

[1] Berechnung des Bedarfs an elektrischer Energie s. auch S. 198.

4.2.4 Schweißroboter

Roboter werden heute überwiegend zum Widerstands-Punktschweißen und Metall-Schutzgasschweißen verwendet und zwar im wesentlichen bei größeren Serien. Aber auch in der Schneid- und Spritztechnik sind Roboter anzutreffen. Der Einsatz in Einzel- und Kleinserienfertigung ist nur empfehlenswert, wenn eine volle Auslastung gegeben und die Zeit für das Programmieren noch weiter verkürzt wird.

Bei der Programmierung unterscheidet man 2 Systeme, und zwar zwischen

---

On-line[1]-Verfahren und **Off-line-Verfahren**
Tastenprogrammierung   textuelle Programmierung

Beim On-line-System werden die einzelnen Bewegungsbahnen des Roboters von Hand am Bedienfeld des Steuerschrankes oder mit einem Tastengerät (Abb. 4.21) bei reduzierter Geschwindigkeit angefahren und per Knopfdruck gespeichert, d. h. programmiert nach dem **Teach[2]-in-Verfahren.** Während des Schweißens können dann Stromstärke, Spannung, Geschwindigkeit und Verweilzeit kontinuierlich gesteuert und ggf. in einen Datenspeicher aufgenommen werden. Dieses Programmierverfahren ist heute noch am häufigsten anzutreffen, obgleich der Roboter selbst zum Programmieren benutzt wird, d. h. blockiert ist.

Beim **Off-line-Verfahren** wird das Programm z. B. im Büro mit einem Personalcomputer und Bildschirm vorbereitet, am Roboter getestet und ggf. ergänzt. Der Vorteil dieses Verfahrens liegt darin, daß sich die Stillstandzeit des Roboters während des Programmierens erheblich verkürzt.

Programmierungszeiten können auf verschiedene Weise eingespart werden, wie z. B. durch Kombination des on-line- mit dem off-line-Verfahren, Verwendung von gespeicherten Programmteilen oder von Programmen auf Disketten und durch Verwendung und Weiterentwicklung der Mikroprozessortechnik.

Das Schweißen mit Robotern kann folgende Pluspunkte verbuchen:

– Schweißfehler werden reduziert, die Maßhaltigkeit gesteigert, d. h. hohe Güteanforderungen werden erfüllt;
– weniger Spritzer, weniger Verzug, d. h. kaum Nacharbeit am geschweißten Werkstück;
– verringerte Schweißzeiten und Lohnkosten, d. h. Wettbewerbsfähigkeit kann steigen;
– Arbeitsbedingungen werden leichter, der Arbeitsschutz verbessert.

Abb. 4.21   Steuereinheit in Pultbauweise und zusätzlichem tragbaren Programmierhandgerät. Auf dem Bildschirm werden Eingaben und Programmdaten angezeigt. Anzahl der speicherbaren Programme: 32; Anzahl programmierbaren Achsen: 9; Disketten können rechts vom Bildschirm eingelegt werden.

---

[1] line: sprich lein,
[2] teach: sprich titsch

Bedingungen zum Robotereinsatz

- hoher Nutzungsgrad
- geringe Maßabweichungen der Werkstücke
- periphere Einrichtungen in die Kalkulation einbeziehen, z. B. Vorrichtungen zum Positionieren der Werkstücke, leistungsfähige Schweißstromquellen, Steueranlagen
- ausgebildete Fachkräfte, siehe Richtlinie DVS 1184 T. 2.

Abb. 4.22 Roboterschweißen im Waggonbau
Der Arbeitsbereich des Roboters wird mit 2 linearen Verfahrensachsen des Portals und mit 2 Werkstückspositionsachsen des Dreh- und schwenkbaren Einspanntisches erweitert.

Abb. 4.23 Roboterschweißen von Ladeschaufeln
Die Abb. zeigt die Gesamteinrichtung einer Roboter-Schweißanlage wie Positioniereinrichtung für die Roboter (oben) und für das Werkstück (unten), Schweißstromquelle, Schutzgas, Steuerschrank, Sicherheitabgrenzung. Die textuellen Ablaufprogramme können off-line erstellt werden. Während des Schweißens auftretende Abweichungen gleicht das mit **Lichtbogensensoren** gesteuerte Nahtsuchprogramm aus.

57

4.2.5 Betrieb der Schweißstromerzeuger

Jede Schweißanlage muß mit H e b e l s c h a l t e r n , die im Falle der Gefahr ein unver-
zügliches Abschalten der Maschinen gestatten, ausgerüstet sein. Der Anschluß von Maschinen
darf nur im stromlosen Zustand vorgenommen werden. Die Schweißanlagen und die Gehäuse der Schweißstromerzeuger sind sorgfältig zu e r d e n .

In der Werkstatt ist die Erdungsleitung mit der Netzleitung verlegt und das Gehäuse in der
Regel über das Anschlußkabel mit Schuko-Steckvorrichtung geerdet. In diesem Falle ist das
Gerät für S c h u t z k l a s s e I der VDE-Vorschrift gebaut.

Bei schutzisolierten Geräten der K l a s s e I I , Kennzeichen ▣, ist keine Erdung vorgesehen.

Auf der Baustelle müssen Schweißaggregate, siehe Tab. 4.2, gesondert geerdet werden.

Sollen Schweißmaschinen neu aufgestellt werden, darf nur ein Elektriker die Installation
vornehmen. Er muß die Leitungsquerschnitte nach den genormten Vorschriften des VDE
(Verband Deutscher Elektrotechniker) bemessen und alle Sicherheitsvorschriften beachten.

Vor der Einrichtung von Schweißanlagen ist es dringend geboten, mit dem Elektrizitätswerk
wegen der Anschlußbedingungen zu sprechen, um u. a. festzustellen, daß das Stromnetz
den Belastungen gewachsen ist.

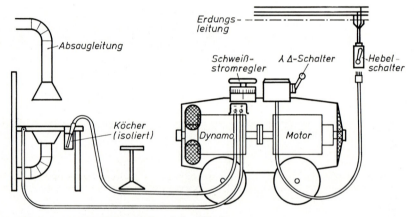

Abb. 4.24   Schweißumformer mit Anschluß am Schweißtisch

Kabelquerschnitt

Der Querschnitt des Schweißkabels ist
nach der maximalen Stromstärke auszuwählen (siehe Tab.). Zu schwache Kabel
erwärmen sich im Schweißbetrieb und
setzen die Spannung herab. Dadurch
wird das Zünden des Lichtbogens
schwierig und der Einbrand ungenügend.
Daraus folgt:

Stromstärke im HSB (Handschweißbetrieb)	Querschnitt bis ~ 20 m für Hin- u. Rückleitung
bis 100 A	35 mm²*
bis 200 A	50 mm²
bis 300 A	70 mm²
bis 500 A	95 mm²

* Bei längeren Kabeln ist ein Querschnitt von mindestens
50 mm² zu empfehlen.

Das Schweißgerät soll möglichst dicht an den Arbeitsplatz herangeholt werden.

Tab. 4.2 Schweißstromerzeuger für das Lichtbogenschweißen

Bauweise	Transformator = Umspanner	Umformer = Elektro-Motor mit Generator gekuppelt*	Schweiß-gleichrichter
Energiequelle Licht- oder Kraftnetz	Wechselstrom	Drehstrom	Drehstrom
Schweißstromart	Wechselstrom	Gleichstrom	
Leistungsfaktor cos φ	ohne Kondensator 0,3 ... 0,4 mit Kondensator 0,7 ... 0,9	≈ 0,8	0,7 ... 0,8
Wirkungsgrad	≈ 90 %	50 % ... 60 %	70 % ... 80 %
Leerlaufverbrauch	0,25 kW ... 0,3 kW	1 kW ... 2 kW	0,5 kW ... 1 kW
Elektroden	nur umhüllte Elektroden, aber keine rein basischen Elektroden	sämtliche Elektrodenarten	
Vorteile	Anlagekosten etwa 50 % geringer als bei Umformern und Gleich-richtern, Strombedarf 30 % ge-ringer als bei Umformern. Pflege-aufwand gering. Keine oder ge-ringe Blaswirkung.	zündwillig, freie Wahl in der Plus- oder Minuspolung des Werk-stückes (rein basische Elektro-den am Pluspol.) Für Nichteisen-metalle geeignet. Für Kessel-schweißungen mit max. 100 V Leerlaufspannung** zugelassen.	
Nachteile	Leerlaufspannung auf 80 V be-grenzt, erhöhte Unfallgefahr. Für Schweißarbeiten in engen und feuchten Räumen (Kesseln) mit max. 48 V Leerlaufspannung** zu-gelassen. Dafür geeignete Trans-formatoren sind mit dem Zeichen (48 V) versehen.	Schweißgleichrichter, die für enge Räume zugelassen sind, tragen das Kennzeichen Ⓚ. Umformer benötigen wegen der umlaufenden Teile mehr Wartung als Gleichrichter und Transforma-toren. Stromverbrauch höher als bei Trafos. Blaswirkung des Lichtbogens manchmal störend. Der Gleichrichter hat nur Lüfter-geräusche.	

* Diese Spalte gilt auch für Schweißaggregate, deren Generator meistens von einem Diesel- oder Benzinmotor angetrieben wird.

** Die Schweißstromerzeuger müssen in jedem Falle außerhalb der „engen Räume" aufgestellt werden. Unter engen Räumen sind auch beengte Arbeitsplätze zu verstehen, die dem Schweißer keinen Bewegungs-spielraum gewähren, wie z. B. das Schweißen auf einem Stahlgerüst.

Mehrstellen-Anlagen

Sind mehrere Schweißplätze an einem Schweißstromerzeuger angeschlossen, so muß die Stromquelle mit Konstantspannung ausgestattet sein. Um aber die fallende Kennlinie zu erreichen und den Strom an den einzelnen Arbeitsplätzen individuell einstellen zu können, befindet sich an jedem einzelnen Arbeitsplatz ein Einstellwiderstand.

Kombinationsanlagen

Kombinationsanlagen gestatten die wahlweise Entnahme von Gleich- oder Wechselstrom zum Schweißen, z. B. durch Abschalten des Gleichrichtersatzes bei einem Gleichrichter, der dann als Transformator Wechselstrom abgibt.

Pflege der Schweißstromerzeuger

Staub und Schmutz sind aus dem Inneren der Gehäuse zu entfernen. Wicklungen und Schaltelemente werden mit dem Staubsauger abgesaugt. Kohlebürsten – soweit vorhanden – haben als gute Stromleiter die Aufgabe, den Strom auf den Kollektor (Schleifring) zu übertragen oder von ihm abzunehmen. Zeigen sich Funken oder kleine Flammen, so sind das Warnzeichen für zu erwartende Betriebsstörungen. Ihre Beseitigung sollte der Betriebselektriker übernehmen.

Moderne bürstenlose Umformer haben keinen Kollektor und sind nahezu wartungsfrei. Die entstehende Wechselspannung wird in einer Zusatzwicklung induziert und dann durch Dioden gleichgerichtet.

Man schützt die Stromquellen vor Feuchtigkeit, hält sie sauber und sorgt für gute Kontakte.

4.3 Schweißanlage und Zubehör

4.3.1 Der Arbeitsplatz

Der Arbeitsplatz des Elektroschweißers soll einen trockenen Fußboden aufweisen. Der Raum muß licht und luftig sein. Der Schweißplatz wird durch Schutzwände abgeteilt. Die Wände sind mit dunkler, stumpfer Farbe gestrichen, damit die schädlichen Strahlen des Lichtbogens aufgefangen werden. Schädliche Gase werden durch Absaugvorrichtungen vom Schweißer ferngehalten. Ein Pol des Schweißstromes ist am Schweißtisch angeschlossen (Abb. 4.25).

Abb. 4.25   Moderne Schweißkabine, Eternitwände, Ober- und Unterhandabsaugung, durchsichtige Schutzvorhänge, die UV-Strahlen absorbieren, schirmen die Vorderfront ab (nicht auf dem Bild).

4.3.2 Ausrüstung des Schweißers

Elektrodenhalter, auch Schweißzangen genannt, sollen vollisoliert und der Schweißstromstärke angepaßt sein. Sie sind nach DIN 8569 zwischen 100 ... 400 A abgestuft (Abb. 4.26).

Abb. 4.26   Leichter vollisolierter Elektrodenhalter für Elektroden von 1 bis 3,25 mm ⌀

N e t z a n s c h l u ß l e i t u n g e n für die Schweißmaschine der Schutzklasse I sind mit Schutz-leiter ausgestattet, d.h. 3adrig für 1-Phasen-Anschluß und 4adrig für 3-Phasen-Anschluß. Der Querschnitt eines jeden einzelnen Leiters reicht von 2,5 bis 25 mm² und ist von der Netzspannung und der Nennspannung abhängig.

Niedrige Netzspannungen erfordern dicke Zuleitungsquerschnitte

---

Bei schutzisolierten Geräten der Schutzklasse II sind nur zweiadrige Leitungen erforderlich z.B. Klein-Schweißtransformatoren mit 220 V Netzanschluß.

S c h w e i ß k a b e l sollten im Querschnitt nicht zu schwach und möglichst kurz gewählt werden, um Spannungsverluste so gering wie möglich zu halten. Empfehlenswerter Mindest-querschnitt 35 mm², siehe Tab. 4.3.

Zur weiteren Ausstattung gehören verschiedene W e r k z e u g e wie Schlackenhammer und Drahtbürsten (Abb. 4.27 a und b), Hämmer, Meißel, Feilen, eine Handschleifmaschine und ein Schraubstock.

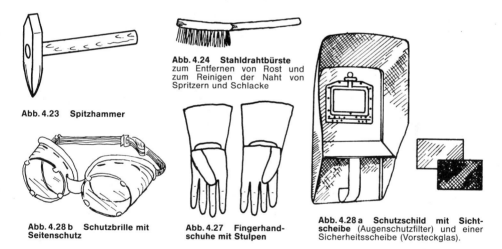

Abb. 4.24   Stahldrahtbürste zum Entfernen von Rost und zum Reinigen der Naht von Spritzern und Schlacke

Abb. 4.23   Spitzhammer

Abb. 4.28 b   Schutzbrille mit Seitenschutz

Abb. 4.27   Fingerhand-schuhe mit Stulpen

Abb. 4.28 a   Schutzschild mit Sicht-scheibe (Augenschutzfilter) und einer Sicherheitsscheibe (Vorsteckglas).

S c h u t z h a u b e n nach DIN 4655 mit dunkelfarbigem Fenster aus Spezialglas, das durch ein einfaches Vorsteckglas vor Schweißspritzern geschützt wird.

S c h w e i ß e r s c h i r m e oder S c h u t z s c h i l d e sind zwar billiger als Schutzhauben, doch müssen diese stets mit einer Hand vor das Gesicht gehalten werden (Abb. 4.28 a).

S c h u t z b r i l l e mit Seitenschutz. Sie ist beim Schlackeentfernen und Schleifen unent-behrlich. Der Seitenschutz schützt außerdem vor reflektierenden Strahlen (Abb. 4.28 b).

Schirm- und Brillengläser sind nach DIN 4647 genormt und je nach Lichtdurchlässigkeit in Schutzstufen eingeteilt. Für Stabelektroden mit einem Kerndrahtdurchmesser von 3,25 bis 5 mm wird beispielsweise Stufe 9 empfohlen. Die Stufen 14 bis 16 gewähren Schutz gegen intensivste Strahlung, z. B. beim Schutzgasschweißen.

Fünffinger-Stulpenhandschuhe aus Leder, eine Lederschürze und hochgeschlossene Schuhe sind unentbehrliche Kleidungsstücke (Abb. 4.28 c, S. 61).

Atemschutzmasken mit auswechselbaren Filtern schützen vor Gasen und Dämpfen.

4.4 Elektroden

Das unaufhaltsame Vordringen des Lichtbogenschmelzschweißens stützt sich neben Vervollkommnung in besonderem Maße auf die Entwicklung zuverlässiger Elektroden, an die je nach Verwendungszweck die verschiedensten Anforderungen gestellt werden.

Grundsätzlich unterscheidet man

Drahtelektroden	**Stabelektroden**

Daneben werden Kohle- und Wolfram-Elektroden als nicht abschmelzende sog. Dauerelektroden verwendet.

Drahtelektroden sind stromführende, abschmelzende Schweißzusätze für mechanisches und automatisches Schweißen. Sie werden auf Spulen oder in Ringen geliefert und sind vornehmlich im Gebrauch als

Nacktdraht	**oder**	**Fülldraht**

Stabelektroden sind entsprechende Schweißzusätze für das Lichtbogenhandschweißen, anzutreffen als

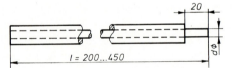

Abb. 4.29   Umhüllte Stabelektrode
Kernstab-Nenndurchmesser d = 1,5 bis 8 mm

umhüllte Stabelektrode	**oder**	**Füllstab (sehr selten)**

Je nach dem Zweck des Schweißens oder nach der Art des Grundwerkstoffes sind verschiedene Normen maßgebend:

Stablektrode	DIN-Nummer
für das Verbindungsschweißen von Stahl, unlegiert und niedriglegiert	1913 Teil 1
zum Auftragschweißen	8555 Teil 1
zum Schweißen hochfester Feinkornbaustähle	8529 Teil 1
zum Schweißen nichtrostender und hitzebeständiger Stähle	8556 Teil 1
zum Schweißen von Gußeisen	8573 Teil 1
zum Schweißen warmfester Stähle	8575 Teil 1

4.4.1 Umhüllte Stabelektroden

Umhüllte Elektroden – Kurzzeichen je nach Umhüllungscharakter, Tab. 4.7 – sind mit einer aufgepreßten Hülle versehen, die aus mineralischen und organischen Stoffen besteht.

Sie werden je nach der Umhüllungsdicke eingeteilt in

    d ü n n u m h ü l l t bis zur Gesamtdicke von 120 %,

    m i t t e l d i c k u m h ü l l t über 120 bis 155 %,

    d i c k u m h ü l l t über 155 %,

jeweils bezogen auf den Kernstab-Nenndurchmesser. Die Umhüllung schmilzt unter der Einwirkung des Lichtbogens ab und erfüllt mehrere Aufgaben (Abb. 4.30):

1. Sie umgibt den Lichtbogen mit einem Gasmantel, wodurch Sauerstoff und Stickstoff und die Feuchtigkeit der Luft vom Schmelzgut ferngehalten werden;

2. sie enthält stahlbegleitende Elemente und ersetzt teilweise herausgebrannte Stoffe (z. B. Kohlenstoff und Mangan), um die Gütewerte einer Schweißverbindung zu gewährleisten;

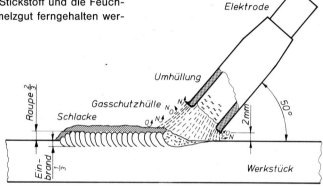

Abb. 4.30   **Das Abschmelzen einer umhüllten Elektrode**

3. sie stabilisiert den Lichtbogen, indem sie die Lichtbogensäule ionisiert;

4. die Schlacke der Umhüllung hat die Verunreinigungen aus dem Schmelzbad aufzunehmen; zu diesem Zweck muß sie schnell aus dem Schmelzgut aufsteigen und Zusammenhalt haben;

5. die Schlacke soll sich über die Schweißraupe legen und durch das Abdecken ein zu schnelles Abkühlen der Naht verhindern. Außerdem schützt die Schlacke das Schweißgut während des Werkstoffüberganges im Lichtbogen und das Schmelzbad während des Erstarrens vor der Aufnahme von Sauerstoff, Stickstoff und Wasserstoff aus der Luft. Längeres Warmhalten fördert eine bessere Entgasung, es entstehen weniger Poren und ein besseres Gefüge, kein Martensit, die Schlacke formt auch die Oberfläche der Raupen;

6. Eisenpulver in der Umhüllung erhöht das Ausbringen bis 220 % und mehr.

Während bei nichtumhüllten Elektroden der Lichtbogen in der Schweißrichtung vorausbläst, soll er bei umhüllten Elektroden auf die Raupe blasen, damit die Schlacke aufgetrieben wird und nicht vorläuft.

4.4.2 Stabelektroden nach DIN 1913 Teil 1

Die Norm regelt die Bezeichnung umhüllter Stabelektroden zum Metall-Lichtbogenschweißen von unlegierten und niedriglegierten Stählen mit folgenden Kennzeichen:

- Benennung: Elektrode
- DIN-Nummer
- Kurzzeichen E für das Lichtbogenhand-
  schweißen
- Kennzahl für Zugfestigkeit
  Streckgrenze und Dehnung

- Kennziffer für Kerbschlagarbeit
- Typ-Kurzzeichen für die Umhüllung
- Kennzeichen für die Klasseneinteilung
- ggf. Kennzahl für das Ausbringen

Kennzahl für Zugfestigkeit, Streckgrenze und Dehnung

Mechanisch-technologische Gütewerte des reinen Schweißgutes werden in Kennzahlen ausgedrückt. Die Werte werden mit Hilfe von Probestücke nach DIN 32525 Teil 1 festgestellt.

Tab. 4.5   Kennzahlen für Zugfestigkeit, Streckgrenze und Dehnung

Kennzahl	Zugfestigkeit N/mm²*	Streckgrenze N/mm²	Mindestdehnung $L_0 = d_0$
	bei Raumtemperatur		
43	430 ... 550	≥ 360	22 %
51	510 ... 650	≥ 380	22 %

* sprich Newton je mm²

E r l ä u t e r u n g :

Die Kennzahl 43 besagt, daß die zu garantierende Zugfestigkeit des aus dem Schweißstab erschmolzenen reinen Schweißgutes zwischen 430 und 550 N/mm² (43 bis 55 kp/mm²) betragen soll. Die Streckgrenze soll den Wert 360 N/mm² nicht unterschreiten.

Kennziffern für Kerbschlagarbeit

Mindestwerte temperaturabhängiger Kerbschlagarbeit von 28 bzw. 47 Joule (Dschul) haben besonders für Schweißverbindungen, die niedrigen Temperaturen ausgesetzt sind, zunehmende Bedeutung (Tab. 4.6). Manche Stähle sind bei Kälte sehr sprödbruchempfindlich.

Tab. 4.6   Kennziffern für Kerbschlagarbeit

1. Kennziffer Mindestkerbschlag- arbeit 28 Joule	2. Kennziffer für erhöhte Mindest- kerbschlagarbeit 47 Joule	bei °C
ISO-Spitzkerbprobe		
0	0	keine Angaben
1	1	+ 20
2	2	± 0
3	3	− 20
4	4	− 30
5	5	− 40

E r l ä u t e r u n g : Die Arbeit 1 Joule (J) entspricht 0,102 kp m

4.4.3 Einteilung der Stabelektroden in Klassen

Die Stabelektroden sind durch Kennziffern in die Klassen 2 ... 12 eingeteilt, Tab. 4.7. Kennziffer und Umhüllungstyp bezeichnen ihre Qualifikation und geben Hinweise auf anwendbare Schweißpositionen und Stromeignung.

* siehe auch Bezeichnungsbeispiel auf S. 67

Tab. 4.7 Klasseneinteilung der Stabelektroden

Klasse	Typ	Schweiß-position[2]	Strom-eignung[3] s. Tab. 4.9	Umhüllung Gesamtdicke der Elektrode in % bezogen auf den Kernstabnenndurchmesser	Eigenschaften der Stabelektrode
2	A2	1	5	**dünn:** sauer-umhüllt	Beide Typen sind für alle Schweiß-positionen geeignet, Dicke $\leq 120\%$
	R2	1	5	rutilumhüllt	
3	R3	2(1)	2	**mitteldick:** rutilumhüllt	nicht für Fallnahtposition geeignet, Dicke $> 120 \leq 155\%$
	R(C)3	1	2	rutilcellulose-umhüllt	auch für Fallnahtposition geeignet, Dicke $> 120 \leq 155\%$
4	C4	1[4]	0$^+$(6)	mitteldick cellulose-umhüllt	insbesondere für Fallnahtschweißen (Rohrleitungsbau) geeignet, starke Rauchentwicklung, größere Spritz-verluste, schuppige Naht, Dicke $> 120 \leq 155\%$
5	RR5	2	2	**dick:** rutil-umhüllt	verbesserte Schweißeigenschaften gegenüber den Typen der Klasse 3, z. B. Benetzungsverhalten, Nahtaus-sehen, Wiederzündverhalten. RR5 bevorzugt für Blechdicken bis 10 mm
	RR(C)5	1	2	rutilcellulose-umhüllt, Dicke $> 155 \leq 165\%$	
6	RR6	2	2	**dick:** rutil-umhüllt	Eigenschaften wie Typen der Klasse 5; Schweißverhalten weiter verbes-sert durch noch dickere Umhüllung und etwa 50% Massenanteil Rutil. Dicke $> 165\%$
	RR(C)6	1	2	rutilcellulose-umhüllt	
7	A7	2	5	**dick:** sauer-umhüllt	hoher Gehalt an Eisenerz in der Um-hüllung: feintropfiger Übergang erheblicher Anteil des Eisenoxids ist durch Rutil ersetzt Eisenerzgehalt bis gegen Null redu-ziert, sehr gute mechanische Eigen-schaften
	AR7	2	5	rutilsauer-umhüllt	
	RR(B)7	2	5	rutilbasisch-umhüllt $> 155\%$	
8	RR8	2	2	dick rutil-umhüllt	Eigenschaften ähnlich dem Typ RR6, Formänderungsvermögen des Schweißgutes verbessert
	RR(B)8	2	5	dick rutilbasisch-umhüllt $> 155\%$	enthält mehr Mangan als Typ RR(B)7, dadurch höhere Festigkeitswerte
9	B9	1[4]	0$^+$(6)	B-Typ = dick basischumhüllt	Umhüllungen bestehen überwiegend aus Carbonaten, z. B. Calciumcarbo-nat; Kalt- und Heißrißgefahr am ge-ringsten, Rücktrocknen vorausge-setzt. Bei den Typen BR wird durch höhere Gehalte an nichtbasischen Stoffen das Schweißverhalten insbe-sondere an Wechselstrom verbes-sert. Dicke $> 155\%$
	B(R)9	1[4]	6	B(R)-Typ = dick basisch- mit nichtbasischen Anteilen um-hüllt	
10	B10	2	0$^+$(6)		
	B(R)10	2	6		
11	RR11	4(3)	5	rutilumhüllt	Hochleistungselektroden, vorzugs-weise für Wannenposition von Stumpf- und Kehlnähten oder für Horizontalposition von Kehlnähten verwendbar, Ausbringen: $\geq 120\%$
	AR11	4(3)	5	rutilsauer-umhüllt	
				Dicke $> 155\%$	
12	B12	4(3)	0$^+$(6)	basischumhüllt	Hochleistungselektroden, Dicke $> 155\%$
	B(R)12	4(3)	0$^+$(6)	basisch- mit nichtbasischen Anteilen umhüllt	Schweißpositionen wie Stabelektro-der Klasse 11, Ausbringen: $\geq 120\%$

[2] Eingeklammerte Ziffern gelten für kleine Kernstab-∅ oder niedrige Ausbringstufen.
[3] Eingeklammerte Kennziffern bedeuten bedingte Eignung.   [4] Bevorzugt für Fallnaht.

4.4.4 Arbeitspositionen für Schweiß- und Lötnähte

Die Arbeitspositionen sind in DIN 1912 T. 2 mit kleinen Buchstaben gekennzeichnet. In der **DIN EN 287** ist die Bezeichnung der **Schweißpositionen** durch Großbuchstaben ersetzt, deren Abkürzung sich aus dem Englischen herleitet. In der Tab. 4.8 und in Abb. 4.31 sind die entsprechenden Kennzeichen miteinander verglichen.

Tab. 4.8 Kennzeichen für Schweißpositionen

Benennung	Beschreibung	Kennzeichen bisher	künftig
Wannenposition	waagerechtes Arbeiten, Nahtmittellinie senkrecht, Decklage oben	w	PA
Horizontalposition	horizontales Arbeiten, Decklage nach oben	h	PB
Fallposition	fallendes Arbeiten	f	PG
Steigposition	steigendes Arbeiten	s	PF
Querposition	waagerechtes Arbeiten, Nahtmittellinie horizontal	q	PC
Überkopfposition	waagerechtes Arbeiten, Überkopf, Nahtmittellinie senkrecht, Decklage unten	ü	PE
Horizontal-Überkopfposition	horizontales Arbeiten, Überkopf, Decklage nach unten	hü	PD

PA = w = waagerechtes Schweißen:

einer V-Naht am Stumpfstoß

einer Kehlnaht an einem Eckstoß in Wannenlage

PB = h = horizontales Schweißen von Kehlnähten

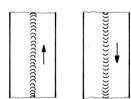

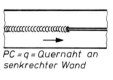

PC = q = Quernaht an senkrechter Wand

PF = s = Steignaht   PG = f = Fallnaht   PE = ü = Stumpfnaht, überkopf

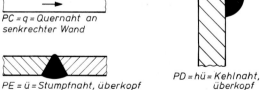

PD = hü = Kehlnaht, überkopf

Abb. 4.31 Schweißpositionen nach DIN 1912 und DIN EN 287

4.4.5 Kennziffer bzw. Kennzeichen für die Stromart

Die für eine Elektrode empfohlene Stromeignung und Polung werden durch Kennziffern bzw. Kennzeichen nach Tab. 4.9 angegeben. Unabhängig davon sind insbesondere mit Bezug auf die Leerlaufspannung dringend zu beachten:

Tab. 4.9   Kennziffer bzw. Kennzeichen für die Stromart

Gleich- oder Wechselstrom			Gleichstrom
Leerlaufspannung bei Wechselstrom in Volt mindestens			
50*	70	80	
Kennziffer bzw. Kennzeichen			**Polung der Stabelektrode**
1	4	7	0 jede Polung
2	5	8	0^- negativ
3	6	9	0^+ positiv

* Die zugeordneten Kennziffern gelten auch für Stabelektroden, die für eine Leerlaufspannung von 42 V geeignet sind.

4.4.6 Kennzahl für das Ausbringen

Wird der Umhüllung einer Elektrode Eisenpulver zugesetzt, so kann man die Masse des Schmelzgutes steigern; man spricht von erhöhtem Ausbringen.

> **Ausbringen ist das Verhältnis aus der Masse des abgeschmolzenen Schweißgutes zur Masse des Kernstabes der Stabelektrode**

Es wird meistens in Prozenten angegeben.
Bei Standardelektroden liegt das übliche Ausbringen zwischen 90 und 95 %, bei basischen Elektroden zwischen 105 und 120 %, hoch eisenpulverhaltige Elektroden haben ein Ausbringen von mehr als 120 bis zu 250 % und mehr.
Kennzahlen für das Ausbringen werden nur bei Hochleistungselektroden angewendet.

4.4.7 Bezeichnungsbeispiel

Stabelektrode	DIN 1913	E	51	3	2	RR	11	160

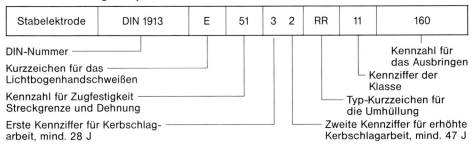

DIN-Nummer
Kurzzeichen für das Lichtbogenhandschweißen
Kennzahl für Zugfestigkeit Streckgrenze und Dehnung
Erste Kennziffer für Kerbschlagarbeit, mind. 28 J

Kennzahl für das Ausbringen
Kennziffer der Klasse
Typ-Kurzzeichen für die Umhüllung
Zweite Kennziffer für erhöhte Kerbschlagarbeit, mind. 47 J

A u s w e r t u n g :

Die Stabelektrode für das Lichtbogenhandschweißen der Klasse 11 hat folgende Merkmale:
Zugfestigkeit des Schmelzgutes zwischen 510 und 650 N/mm², Tab. 4.5
Streckgrenze des Schmelzgutes $\geq$ 380 N/mm² (Tab. 4.5), Mindestdehnung 22 %, Tab. 4.6
Kerbschlagarbeit des Schmelzgutes 28 Joule bei $-20\,°C$ und 47 Joule bei $0\,°C$ (Tab. 4.6)
Umhüllungstyp rutilumhüllt, Schweißposition „w", mindestens 70 Volt Leerlaufspannung bei Wechselstrom, bei Gleichstrom am Minuspol zu verschweißen (Tab. 4.7). Ausbringen 160 %.

4.4.8 Abstimmung zwischen Elektrode und Grundwerkstoff

Elektroden und Grundwerkstoffe müssen aufeinander abgestimmt sein. Tab. 4.10 enthält Hinweise auf die vom Grundwerkstoff abhängigen Mindestanforderungen an das Schweißgut.

Die allgemeinen unlegierten Baustähle wurden bisher nach DIN 17100 bezeichnet. Diese Norm wurde zurückgezogen und durch eine DIN EN 10025 ersetzt, so daß für Baustähle beträchtlich veränderte Kurzzeichen anzuwenden sind. Für eine Übergangszeit werden beide Bezeichnungen noch nebeneinander auftreten, so daß sie in der folgenden Tabelle einander gegenübergestellt sind. Siehe auch S. 135 und S. 137.

Tab. 4.10 Mindestanforderungen der Grundwerkstoffe (Stahlsorten) an das Schweißgut der Stabelektroden

Grundwerkstoff		Mindestanforderungen an das Schweißgut, siehe Tab. 4.5 und 4.6
Stahlart	Stahlsorte	
Allgemeine Baustähle nach DIN 17100	bisher neu St 37-2 = S 235 JR USt 27-2 = S 235 JR RSt 27-2 = S 235 JR	43 10
	St 37-3U = S 235 JO St 44-2 = S 235 J2	43 30
	St 52-3U = S 275 JR	43 30 (5130)
	St 52-3N = S 355 JO St 50-2 = E 295 St 60-2 = E 335 St 70-2 = E 360	53 30 Diese Stahlsorten dürfen nur unter besonderen Bedingungen geschweißt werden, s. S. 137. Nur basischumhüllte Elektroden verwenden
Druckbehälterstähle bisher nach DIN 17155 neu = DIN EN 10028 T. 2	HI = P 235 GH HII = P 265 GH	43 00 43 22
Warmfeste Rohre neu = DIN EN 10028 T. 2 noch mit DIN 17175	17 Mn 4 = P 295 GH 19 Mn 6 = P 355 GH	43 22 (51 22)
Rohre für Fernleitungen DIN 17172	StE 210.7, StE 290.7	43 22
	StE 320.7, StE 360.7	43 22 (51 22)*
	StE 385.7, StE 415.7 StE 445.7, StE 480.7	51 22
Schiffbaustähle Gütegrade	A	43 11
	B, D	43 22
	E	43 33
	A 32, A 36 D 32, D 36	51 22
	E 32, E 36	51 33
Feinkornbaustähle normalgeglüht bisher nach DIN 17102 neu = DIN EN 10113 T. 1	StE 285 = P 275 N WStE 285 = P 275 NH StE 355 = P 355 N	43 22
	WStE 355 = P 355 NH	43 32 (51 32)*

* Mindestanforderungen an das Schweißgut, falls die Zugfestigkeit des Grundwerkstoffes erreicht werden muß.

Erläuterung der Stahlbezeichnungen

S = Stähle für den allgemeinen Stahlbau; E = Maschinenbaustähle; P = Druckbehälterstähle
3stellige Ziffer = Mindeststreckgrenze R_e in N/mm², Nenndicke = 16 mm
Buchstaben JR = Kerbschlagarbeit mit 27 Joule, Prüftemperatur 20 °C
Buchstaben JO = Kerbschlagarbeit mit 27 Joule, Prüftemperatur 0 °C

4.4.9 Schmelzproben umhüllter Stabelektroden

Schmelzprobe einer mitteldick rutilumhüllten Elektrode der Klasse 3. R3-Typ, $\emptyset = 4\,mm$ (Abb. 4.32 und 4.33).

Die Elektrode enthält in der Umhüllung als Hauptbestandteil Titanoxid in Form von Rutil. Sie ist vielseitig verwendbar, hat gute bis sehr gute Spaltüberbrückung und eignet sich für schweißempfindliche Stähle und für Dünnblechschweißungen. Falls als Mischtyp Cellulose hinzugefügt wurde, R(C)3-Typ, ist sie auch für das Fallnahtschweißen geeignet. Die Schlacke ist leicht entfernbar.

Abb. 4.32 Schmelz-probe einer mitteldick rutilumhüllten Elek-trode, 160 A. Die Schlackendecke ist dicht und gleichmäßig verteilt, z. T. entfernt und daneben gelegt. Die Naht ist gering-fügig überwölbt

Abb. 4.33 Schlacke entfernt, Schmelzprobe gesäubert

Schmelzprobe einer dick basischumhüllten Elektrode der Klasse 10, B10-Typ, 4 mm $\emptyset$ (Abb. 4.34 und 4.35). Ausführliche Beschrei-bung siehe S. 70.

Abb. 4.34 Schmelz-probe einer dick basischumhüllten Elektrode, 160 A, zäh-flüssiges Bad, Schlacke zur Hälfte entfernt, z. T. daneben gelegt

Abb. 4.35 Probe nach dem Entfernen der Schlacke, Naht ge-bürstet, Aussehen: gering überwölbt, mittelgroßschuppig

Beschreibung der basischumhüllten Elektrode vom Typ B10, siehe Schmelzprobe Abb. 4.35

Die Umhüllung besteht überwiegend aus natürlichen Carbonaten der Erdalkalimetalle, z. B. Calciumcarbonat, und Zusätzen von Flußspat. Im Lichtbogen bilden sich Kalk und Kohlenstoffdioxid. Das Kohlenstoffdioxid schützt das Schmelzbad vor dem Zutritt von Gasen. Kalk und Flußspat bilden gemeinsam mit den Verunreinigungen des Schmelzbades eine dichte, noch gut lösbare Schlacke.

Das Schweißgut ist zäh und rißfest auch bei tiefen Temperaturen. Die Elektrode ist für hochwertige Schweißverbindungen sowie für Automaten- und unlegierten Stahl, C-Stähle bis max. 0,4 % C und für dicke Nähte geeignet. Ferner eignet sie sich für Stähle, die starr eingespannt verschweißt werden, z. B. für unelastische Schweißkonstruktionen.

Die Elektrode hat gegenüber den übrigen Elektroden große Vorzüge, so daß sie ziemlich universell anwendbar ist. Nachteilig ist ihre Feuchtigkeitsempfindlichkeit. Ist die Elektrode feucht, verliert sie einen bedeutenden Teil ihrer Vorzüge. Sie muß dann mindestens 2 Std. bei 250 °C getrocknet werden. Die Schweißrauche enthalten Fluorverbindungen und erfordern einwandfreie Entlüftung des Arbeitsplatzes. Die Elektrode ist nicht stromüberlastbar und muß mit kurzem Lichtbogen (etwa halber Kerndurchmesser), möglichst in senkrechter Stellung zum Werkstück, verschweißt werden. Sie ist, soweit in Klasse 9 eingeordnet, zum Schweißen in allen Lagen geeignet und muß in der Regel mit Gleichstrom am Plus-Pol verschweißt werden.

4.4.10 Tiefeinbrandelektroden (nicht genormt)

Eine Elektrode kann als Tiefeinbrandelektrode bezeichnet werden, wenn sie ermöglicht, Bleche bis zu einer Dicke von 2 x Kernstabdurchmesser + 2 mm in einer Lage und Gegenlage zu schweißen. Beim Schweißen von beiden Seiten müssen sich die Einbrände überschneiden, so daß eine einwandfreie Naht ohne Fehlstelle in der Mitte entsteht (Abb. 4.36).

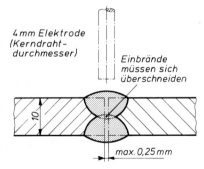

Abb. 4.36 Leistungsprobe einer Tiefeinbrandelektrode

Tiefeinbrandschweißungen erfordern mindestens 40 Volt Arbeitsspannung

---

Diese Spannung erfordert besondere Spannungsquellen. Die Schweißung zeigt grobkörniges Gefüge. Es fehlt der Normalisierungseffekt der Mehrlagenschweißung.

4.4.11 Auswahl der Elektroden

Für die Güte einer Naht ist die Wahl der richtigen Elektrode von ausschlaggebender Bedeutung. Richtunggebende Gesichtspunkte sind in folgendem zusammengefaßt:

Die zur Verfügung stehende Schweißstromart. Gleichstrom erlaubt Verschweißen sämtlicher Elektrodensorten. Wechselstrom erfordert eine gut leitende Lichtbogenbrücke, die von den vergasenden Stoffen der Umhüllung der Elektrode gebildet wird.

Die Leistung des Schweißstromerzeugers. Die Leistung des Gerätes ist durch Bauart und Größe begrenzt. Mit wachsendem Elektrodendurchmesser steigt auch die erforderliche Stromstärke. Sollte trotz maximal eingestellter Stromstärke der Einbrand ungenügend bleiben, ist die Elektrode für dieses Gerät zu dick.

Die Metallart des Werkstückes. Während bei der Autogenschweißung der Zusatzstab mit der Zusammensetzung des Grundwerkstoffes ziemlich übereinstimmt, sind bei den Elektroden der Lichtbogenschweißung die Abweichungen etwas größer. Dieses ergibt sich aus den stofflichen Veränderungen des Elektrodenmaterials durch die Wärme des Lichtbogens.

Der Zweck des Schweißens. Grundsätzlich wird man zu unterscheiden haben zwischen Elektroden für Auftragschweißungen und für Verbindungsschweißungen. Nicht jede Elektrode kann in jeder Position verschweißt werden. Für dünne Bleche wählt man dünne Elektroden, um stärkere Erwärmung zu vermeiden. Bei Auftragschweißung ist allgemein eine leicht fließende Elektrode angebracht, um größere Wärmestauungen zu verhüten. Nicht jede Elektrode ist kletterwillig, d. h. für Steig- oder gar Überkopfnähte geeignet.

Der Elektrodenpreis. Gelegentlich ist die Verwendung billiger Elektroden ein Fehler in der Gesamtkostenrechnung. Nebenarbeiten, wie z. B. schwieriges Entfernen der Schlacke, teures Bearbeiten spröder Nähte und zeitraubendes Nachrichten verzogener Werkstücke, sind einschneidende Faktoren in der Gesamtrechnung.

Elektrodenlager

Bei der Vielzahl der Spezialelektroden kann der Schweißer die richtige nicht erst durch Ausprobieren ausfindig machen. Er ist auf die Anweisung seines Betriebes oder die Angaben der Lieferfirmen angewiesen. Um die Elektroden nach Verwendungsart und Güte unterscheiden zu können, müssen sie mit einem Aufdruck oder am Kopfende mit einer farbigen Marke gekennzeichnet sein. Es wird jedem Schweißer peinliche Ordnung im Elektrodenlager empfohlen. Die gleichen Kennfarben sind zusammenzuhalten und angebrochene Elektroden an ihren Platz zurückzulegen. Feuchtigkeit zerstört die Umhüllung und bildet Rost auf den Elektroden. Der Vorrat ist trocken zu lagern und darf nicht zu alt werden, sonst zerbröckelt die Umhüllung und schmilzt ungleichmäßig ab.

Stabelektroden müssen nach Anlieferung mindestens 6 Monate gebrauchsfähig bleiben, vorausgesetzt, daß sie in einem Raum unter 60% Luftfeuchtigkeit und einer Temperatur von mindestens 18 °C gelagert werden. Celluloseelektroden hingegen erfordern eine bestimmte Feuchtigkeit, sie dürfen z. B. nicht nachgetrocknet werden.

4.5 Technik des Lichtbogenhandschweißens

4.5.1 Schweißplatz

Beim Schweißen mit Gleichstrom ist der Schweißtisch am Pluspol des Schweißumformers oder Gleichrichters angeschlossen, die Schweißzange mit dem Handkabel am Minuspol.

Alle Elektroden werden in der Regel am Minuspol verschweißt

A u s n a h m e n :

basisch- und celluloseumhüllte Elektroden und Elektroden für Grauguß und Aluminium sowie alle nichtrostenden Elektroden, auch wenn sie rutilumhüllt sind.

Der Schweißtisch ist von Spritzern und Schlackenresten mit der Drahtbürste sauber zu halten, damit die Übungsstücke satt aufliegen und guten Stromkontakt haben.

4.5.2 Vorbereitung des Schweißstückes

Die zum Üben verwendeten Blech- und Flacheisenstücke müssen an den Schweißstellen sauber sein. Sie werden mit der Drahtbürste von Rost, Zunder, Farbe und Schmutz gereinigt, Öl und Fett müssen ebenfalls entfernt werden. Unsaubere Werkstücke erschweren den Stromdurchgang und damit das Zünden und Halten des Lichtbogens. Verunreinigungen können Schlackeneinschlüsse und sonstige Fehler (z. B. Poren) in der Schweißung ergeben.

Schweißstellen müssen sauber sein

Werden die Schweißstöße der Blechstücke durch Brennschneiden vorbereitet, so braucht der Zunder nur mit Pickhammer und Drahtbürste entfernt zu werden. Da die Übungsbleche meist nur aus schwachgekohltem Stahl mit weniger als 0,22 % Kohlenstoff bestehen, ist eine Aufhärtung der Brennkanten und damit eine Rißanfälligkeit nicht zu befürchten. Die Rißgefahr bei sehr dicken Blechen und niedrigen Außentemperaturen während des Schweißens dürfte an Übungsblechen nicht gegeben sein.

Übungsbleche werden vor dem Zusammenschweißen an den Enden geheftet

---

Dabei hält man sie in der erforderlichen Lage durch eine aufgelegte Feuerzange, durch einfache Hilfsmittel oder auch Spannvorrichtungen. Die Heftstellen dürfen beim eigentlichen

Schweißen nicht einfach „überschweißt" werden, sondern sie müssen durch den Lichtbogen bis auf den Grund mit aufgeschmolzen werden, damit wirkliche Bindung entsteht.

Feinbleche (Blechdicke ≤ 3 mm) werden mit mitteldick- oder dünnumhüllten Elektroden bei mäßiger Schweißstromstärke geschweißt

---

Je nach Werkstückdicke und Stromstärke werden die Spaltbreiten zwischen max. 3 mm bis herab zu 0 mm gewählt.

Damit der mit mäßiger Stromstärke einschmelzende Werkstoff der umhüllten Elektrode nicht durchläuft, verwendet man neben Einspannvorrichtungen für die Feinbleche zweckmäßig als Unterlage eine gerillte Kupferschiene, die im Gegensatz zu einer Stahlschiene wegen der Artfremdheit des Werkstoffes nicht mitverschweißt wird.

4.5.3 Polarität

Die Schweißkabelanschlüsse sind am Umformer und Gleichrichter als Plus- und Minuspol gekennzeichnet. Fehlt diese Bezeichnung, so kann die Polarität des Gleichstromes leicht festgestellt werden.

Beide Kabelenden werden nach Abb. 4.40 in einen Eimer mit Wasser getaucht, ohne daß sie sich berühren. Der Schweißstrom zerlegt das Wasser in Sauerstoff (Pluspol) und Wasserstoff (Minuspol). Am Minuspol tritt eine stärkere Gasentwicklung ein als am Pluspol. Bei ungenügender Gasblasenbildung ist der Abstand der Kabelenden zu verringern.

Einfacher und zuverlässig kann die Polarität mit einem Polprüfer festgestellt werden.

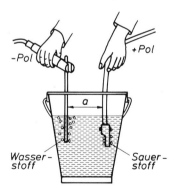

Abb. 4.40 Prüfen der Polarität im Wasser

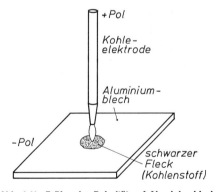

Abb. 4.41 Prüfen der Polarität auf Aluminiumblech

Eine weitere Möglichkeit, die Polarität zu prüfen:
Schließt man eine Kohleelektrode nach Abb. 4.41 an den Minuspol an und zieht auf einem Aluminiumblech einen Lichtbogen, so bleibt das Blech hell. Die Schweißkohle am Pluspol hingegen färbt infolge des Überganges von Kohlenstoff die Schweißzone sofort schwarz. Am Minuspol brennt der Kohlelichtbogen ruhig und lang, am Pluspol tanzt er und reißt leicht ab, sobald die Elektrode bewegt wird.

4.5.4 Stromstärken für Elektroden

Die Hersteller geben auf ihren Elektrodenpackungen den Bereich der Stromstärke für die jeweilige Elektrode an. Damit sich aufgeschmolzener Grundwerkstoff und Schweißzusatz innig miteinander vermischen, sollen die angegebenen Mindestwerte der Schweißstromstärke nicht unterschritten werden. Im Normalfalle gilt:

Stromstärke = Kerndraht-$\emptyset$ (in mm) · 30 A, wenn $d \leq 2,5$ mm

---

40 bis 50 A sind in die Formel einzusetzen, wenn der Durchmesser $\geq$ 3,25 mm ist.

Maßgebend ist nicht die eingestellte Stromstärke, sondern der tatsächlich fließende Strom. Dieser kann durch zu dünne oder zu lange Schweißkabel, durch Wackelkontakte, verschmutzte Ansatzpunkte der Werkstückklemmen u. dgl. erheblich herabgesetzt werden.

Die richtige Stromstärke ist am E i n b r a n d zu erkennen (Abb. 4.42)

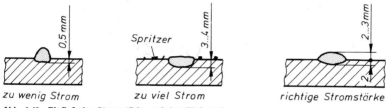

zu wenig Strom   zu viel Strom   richtige Stromstärke

Abb. 4.42   Einfluß der Stromstärke auf den Einbrand

Unter Einbrand versteht man den Bereich des Grundwerkstoffes, der unter der Einwirkung des Lichtbogens aufgeschmolzen wird. Die Einbrandtiefe ist also mit der Schmelzbadtiefe identisch. Sie kann durch die Schweißstromstärke und den Elektrodentyp (z. B. Tiefeinbrandelektrode) beeinflußt werden.

Es genügt nicht, daß der flüssige Elektrodenwerkstoff auf den Grundwerkstoff des Übungsbleches ohne Bindung nur auftropft oder aufklebt. Der Elektrodenwerkstoff muß sich beim Verbindungsschweißen mit dem aufgeschmolzenen Grundwerkstoff genügend tief und innig vermischen, der Einbrand muß tief genug sein.

Beim Auftragschweißen von Panzerungen und Plattierungen hingegen ist wegen der erwünschten geringen Vermischung des teuren Zusatzwerkstoffes nur ein minimaler Aufschmelzgrad anzustreben.

4.5.5 Elektrodenführung

Unter Elektrodenführung versteht man die Gesamtheit der Bewegungen, die der Schweißer mit der Elektrodenspitze ausführen muß, um eine gleichmäßige Ausbildung des Schmelzbades in Schweißrichtung herbeizuführen. Jede unbeabsichtigte Ungleichmäßigkeit dieser Bewegung kann Kaltstellen, Schlackeneinschlüsse, Poren oder fehlerhafte Wiederansatzstellen verursachen.

Die Elektrodenführung hängt ab:

a) von der Art der Elektrode (nichtumhüllt, dünn-, mitteldick- und dickumhüllt)

b) vom Grundwerkstoff (Stahl, Gußeisen, NE-Metalle)

c) von der Stromart (magnetische Blaswirkung bei Gleichstrom)

d) von der Schweißposition (waagerecht, senkrecht, horizontal, überkopf)

e) von der Nahtform (Kehlnaht, V-Naht, I-Naht, Ecknaht, Auftragschweißung)

f) vom Nahtaufbau (Wurzellage, Zwischenlage, Decklage)

4.6 Schweißübungen

4.6.1 Zünden des Lichtbogens und Ziehen waagerechter Schweißraupen ohne Pendelbewegung (Strichraupen)

Werkstück: Unlegiertes oder niedriglegiertes Stahlblech, wie es auch in allen folgenden Übungen verwendet wird, etwa 200 bis 250 mm lang, 6 bis 12 mm dick, Abfallblech. Elektrode: 4 mm ∅, umhüllt, Typ A 2 mit Gleichstrom am Minuspol, 140 bis 160 A.

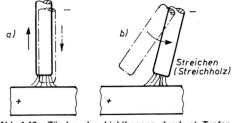

Das Zünden des Lichtbogens kann durch Tupfen oder Streichen erfolgen (Abb. 4.43).

Abb. 4.43 Zünden des Lichtbogens durch a) Tupfen oder b) Streichen

Der Schweißer muß die Elektrode unter Sichtkontrolle dicht über die vorgesehene Zündstelle bringen, etwa 20 mm in der Schweißrichtung voraus — Gesichtsschutz vorhalten oder herunterklappen — auftupfen und zünden — Elektrode mit langem Lichtbogen auf den Ansatzpunkt führen und mit richtigem Abstand (halber Kernstabdurchmesser) in Schweißrichtung mit geradliniger Bewegung ruhig abschmelzen (Abb. 4.44). Die Zündstelle wird dabei übergeschweißt. Neigung der Elektrode 70 bis 80° (Abb. 4.45). Am Ende der Schweißraupe etwas verharren, damit das Einbrandloch durch tupfende Bewegung der Elektrode aufgefüllt wird, erst dann die Elektrode über die Raupe nach oben abziehen. Dennoch erstarrt bei jeder Unterbrechung des Lichtbogens das Schmelzbad unter Bildung eines Kraters.

Abb. 4.44 Anfängerübung

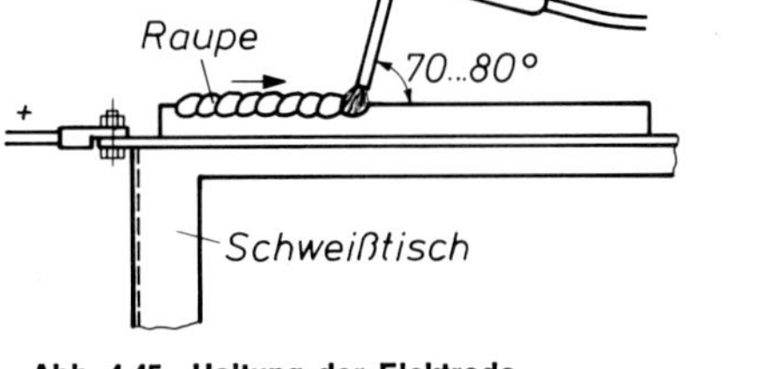

Abb. 4.45 Haltung der Elektrode

> **Damit keine Fehlstellen entstehen, muß der Lichtbogen beim Neuansetzen vor dem Krater gezündet und die Elektrode bei brennendem Lichtbogen in den Krater zurückgeführt werden**

Die Elektrode wird möglichst pausenlos bis auf eine Restlänge von 30 mm, bis zur Schweißzange gerechnet, abgeschmolzen. Dieses entspricht einem Elektrodenstummel von max. 50 mm Länge.

Mit dem Schweißen der Raupen beginnt man nicht am Rande des Bleches (Abb. 4.46), sondern auf der Mittellinie und legt die Übungsraupen in der gezeichneten Reihenfolge (Abb. 4.47). Durch die entsprechende Elektrodenhaltung wird der Blasrichtung entgegengewirkt (Abb. 4.48). Es sei daran erinnert, daß diese Art der Blaswirkung nur bei magnetisierbarem Werkstoff auftritt.

Abb. 4.46 Ungünstiger Übungsbeginn

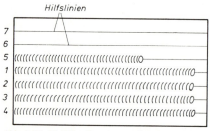

Abb. 4.47 Richtige Raupenanordnung

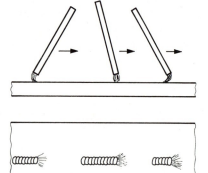

Abb. 4.48 Die Elektrodenhaltung soll der Blasrichtung entgegenwirken

Erklärung:

1. Der Blechrand erwärmt sich wegen der ungleichen Wärmeabfuhr schnell bis zur Rotglut. Dadurch würde die Schweißraupe verlaufen. Der Schweißer soll sich jedoch auf kaltem Blech an die richtige Schweißgeschwindigkeit gewöhnen.

2. Die Blaswirkung wird den Lichtbogen besonders beim Schweißen mit Gleichstrom zu sehr ablenken.

> **Der Lichtbogen bläst stets zur Masse des Werkstückes hin**

Er bläst also bei einer Randraupe nicht in Schweißrichtung, sondern er würde nach Abb. 4.46 seine Richtung dauernd zum Schwerpunkt des Bleches, d. h. zu dessen Mittelpunkt hin ändern.

Der Schweißer hat bei dieser Übung erfahren:

Die Elektrode muß ruhig und geradlinig mit kurzem Lichtbogen fortbewegt werden

---

Wer den Arm zu stark an die Brust drückt, verursacht eine sog. Atemraupe, deren Breite ständig wechselt.

Unerwünschtem Blasen des Lichtbogens kann man durch die Neigung der Elektrode, Lage der Raupe und durch die Wahl der Schweißrichtung entgegenwirken (Abb. 4.48). Anfangs übt man das Ziehen der Raupen von links nach rechts, dann von rechts nach links, vom Körper fort und zum Körper hin.

4.6.2 Ziehen waagerechter Pendelraupen von 10 mm Breite mit umhüllten Elektroden

Um eine breite Raupe zu erzielen, muß die Elektrodenspitze regelmäßig hin- und hergependelt werden. Die Bogenführung ergibt sich aus dem Bemühen, die Schlacke aus dem Schmelzbad herauszuhalten (Abb. 4.50). Auf beiden Seiten der Raupe ist ein kurzes Anhalten geboten, damit sich genügend Elektrodenwerkstoff absetzen kann und somit Einbrandkerben vermieden werden (Abb. 4.51).

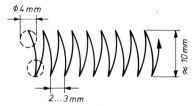

Abb. 4.50 Ziehen einer Pendelraupe mit umhüllter Elektrode

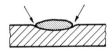

Abb. 4.51 Einbrandkerben

Eine Hin- und Herbewegung dauert etwa eine Sekunde

Je langsamer man die Pendelbewegung ausführt, desto mehr trägt die Schweißraupe auf. Ein Vorlaufen der Schlacke ist die Folge einer zu langsamen Führung der Elektrode in Schweißrichtung.

4.6.3 Auftragschweißen, Aufschweißen einer zusammenhängenden Fläche durch Strich- oder Pendelraupen

Für Übungszwecke werden umhüllte Elektroden, Typ R 3 bis RR 6 verwendet. Mit der Auftragschweißung soll das Werkstück durch eine zusammenhängende Fläche vergrößert oder mit einer verschleiß- oder korrosionsfesten Schicht versehen werden. Schweißzusatz für das Auftragschweißen ist in DIN 8555 genormt.

Legt man mehrere Pendelraupen nebeneinander, wird die zuletzt geschweißte Raupe zu einem Drittel oder bis zur Hälfte wieder aufgeschmolzen. Riefen und Einbrandkerben sollen möglichst vermieden werden. Dieses wird dadurch erreicht, daß man die Elektrode quer zur Schweißrichtung, je nach der Dicke der vorhergehenden Raupe mehr oder weniger neigt (Abb. 4.52 und Abb. 4.53).

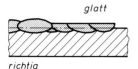
glatt

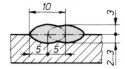

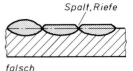
Spalt, Riefe

richtig   *falsch*

Abb. 4.52   Raupenanordnung beim Auftragschweißen

> **Vor jeder neuen Raupe müssen die bereits aufgetragenen Raupen mit Drahtbürste und Pickhammer von Spritzern oder Schlacke gereinigt werden**

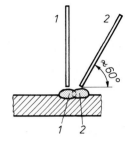

Abb. 4.53   Haltung der Elektrode quer zur Schweißrichtung

4.6.4 Aufschweißen eines Steges auf eine Grundplatte in 3 unterschiedlichen Ausführungen

Die Bleche werden durch eine Kehlnaht miteinander verbunden. Kehlnähte unterscheidet man je nach Nahtquerschnitt in Flachnaht, Wölbnaht oder Hohlnaht. Ihre Dicke wird mit dem Buchstaben a bezeichnet, wobei a die Höhe des umschriebenen gleichschenkligen Dreiecks sein soll. Das Maß der Schenkeldicke wird mit dem Buchstaben z abgekürzt (Abb. 4.54).

 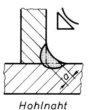 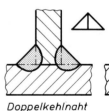

Flachnaht   *Wölbnaht*   *Hohlnaht*   *Doppelkehlnaht*

Abb. 4.54   Querschnitte von Kehlnähten

1. Ausführung

Horizontale Kehlnaht, Nahtdicke $a = 5$ mm, in 2 Lagen mit mitteldickumhüllter Elektrode geschweißt.

Werkstück: Grundplatte 250 x 150 x 8 mm,
Steg 250 x 60 x 8 mm.

Elektrode: 4 mm ϕ Typ R 3, Stromstärke etwa 150 A.

Arbeitsfolge
Steg abstützen und an den Enden auf die Grundplatte heften (Abb. 4.55). Dann zündet man die Elektrode neben dem Steg auf der Grundplatte und zieht die 1. Raupe gleichmäßig auf einer Strecke a so weit,

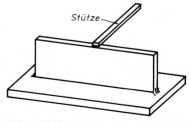
Stütze

Abb. 4.55 Vorbereitung zum Aufschweißen des Steges

bis der Lichtbogen umzuschlagen beginnt (Abb.4.56). Jetzt folgt in gleicher Weise das Nahtstück b. Beim Schweißen mit Wechselstrom ist die Aufteilung der Naht in a und b nicht unbedingt erforderlich. Die Decklage wird in einem Zuge geschweißt, weil das Blasen des Lichtbogens durch die 1. Raupe unterbunden ist (Abb. 4.57). Der Endkrater muß tupfend aufgefüllt werden.

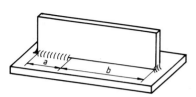

Abb. 4.56 Führung der Elektrode in der Kehlnaht (1. Lage)

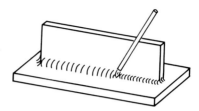

Abb. 4.57 Schweißen der Decklage, Elektrodenführung in einem Zug

2. Ausführung

Kehlnaht, Nahtdicke $a = 4$ mm, in einer Lage mit dickumhüllter Elektrode geschweißt. Elektrode: 3,25 mm ∅, Typ RR 6, Stromstärke 120 ... 130 A, oder nach Daten des Lieferanten.

Arbeitsfolge

Man heftet nach Abb. 4.58 bei a und b, schweißt das kurze Nahtstück c und dann in einem Zuge ohne Pendelbewegung von links nach rechts die Naht a bis c. Beim Schweißen mit Wechselstrom kann auf die Unterteilung der Naht gegebenenfalls verzichtet werden. Die gewünschte Nahtdicke muß durch die Vorschubbewegung und wechselnde Neigung der Elektrode erreicht werden. Das Schmelzbad wird etwas gestaut.

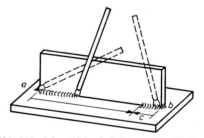

Abb. 4.58 Schweißfolge bei dickumhüllter Elektrode

Beim Schweißen muß man die Elektrode etwas aus der Winkelhalbierenden senken (Abb. 4.59), damit im Steg keine Einbrandkerben entstehen. Unter dem Steg haben sich infolge unsauberen Zusammenpassens Schlackenzeilen gebildet (Abb. 4.60).

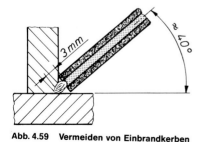

Abb. 4.59 Vermeiden von Einbrandkerben

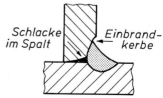

Schlacke im Spalt | Einbrand- kerbe

Abb. 4.60 Fehler in der Kehlnaht

Der Lichtbogen muß bei allen dickumhüllten Elektroden auf die Raupe blasen, damit die Schlacke nicht vorläuft

---

3. Ausführung

Kehlnaht, Nahtdicke $a = 6$ mm, in 3 Lagen mit dickumhüllter Elektrode geschweißt. Elektrode: 4 mm ϕ, Typ RR 6.

Arbeitsfolge

Die Raupen werden mit einer 4-mm-Elektrode mit etwa 50 A je mm Durchmesser ohne Pendelbewegung in glatten Zügen von links nach rechts geschweißt. Der Querschnitt wird von unten nach oben aufgebaut (Abb. 4.61), damit das dünnflüssige Schweißgut nicht nach unten wegfließt (Abb. 4.62).

Abb. 4.61 Aufbau der Lagen in einer Kehlnaht

Abb. 4.62 ungleichschenklige Kehlnaht durch falsche Elektrodenführung

Abb. 4.63 Naht mit fehlerhaftem Knick

Bei Nähten mit mehreren Raupen ist ein Knick im Querschnitt zu vermeiden (Abb. 4.63) und auf gleichschenklige Ausführung zu achten.

Die einzelnen Raupen sorgfältig von Schlacke säubern und Spritzer entfernen. Beim Schweißen der Grundraupe wird die Elektrode mit ihrer Umhüllung in die Kehle des T-Stoßes regelrecht aufgesetzt (Abb. 4.64). Für das Schweißen der weiteren Lagen ist die generelle Regel zu beachten (Abb. 4.65):

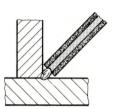

Abb. 4.64 Elektrodenhaltung bei der Grundraupe

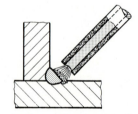

Abb. 4.65 Elektrodenabstand beim Schweißen der Decklagen

Lichtbogenlänge = Kernstabdurchmesser

Überprüfen der Kehlnähte

Um das Bruchgefüge der Kehlnaht nachprüfen zu können, taucht man das Übungsstück einige Sekunden in einen Wasserbehälter und bricht den angeschweißten Steg nach Abb. 4.66 ab. In einem schweren Stahlprisma kann die Schweißprobe auch nach Abb. 4.67 mit einem Vorschlaghammer mit wenigen Schlägen unfallsicher zerbrochen werden.

Die vorherige Abkühlung ist nötig, weil das Bruchgefüge sonst blau anläuft und man zu wenig erkennen kann.

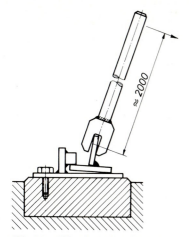

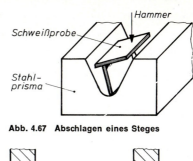

Abb. 4.67 Abschlagen eines Steges

Abb. 4.66 Abbrechen eines Steges   **Abb. 4.68 Bindefehler**

Der Bruch ist auf folgende Mängel zu untersuchen:

Bindefehler (Abb. 4.68), vor allem in der Wurzel, Schlackeneinschlüsse, Poren (evtl. durch zu langen Lichtbogen entstanden), ungleichmäßige Nahtdicke (Abb. 4.62) und Einbrandkerben (Abb. 4.60).

4.6.5 Aufschweißen eines Steges auf eine senkrechte Platte in 2 Lagen, Schweißposition „s"

Allgemeines

Steignähte an dicken Blechen schweißt man als Kehl-, V- oder Ecknaht von unten nach oben. Man vermeidet dadurch ein Vorlaufen des Schmelzbades und der Schlacke. Bei dicken Nähten wird eine Wurzelraupe vorgezogen, über die dann weitere Lagen geschweißt werden. Es besteht die Gefahr, daß die eingebrachte Wärme leicht zu groß wird und daß das Schmelzbad herunterläuft.

Somit gilt grundsätzlich:

> **Die Steignaht schweißt man mit geringerer Stromstärke als die entsprechende Naht in waagerechter Position**

Vorübung

Als Vorübung empfiehlt sich das Ziehen einer Anzahl gependelter Raupen an einem senkrecht eingespannten Blech (Abb. 4.69) mit möglichst kurzem Lichtbogen. Zu Beginn der Raupe ist etwas langsamer zu schweißen, damit sich mehr Schweißgut absetzt und auf dieser Verdickung sich das weitere Elektrodenmaterial leichter aufbaut.

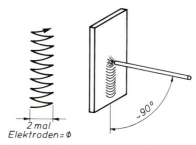

Abb. 4.69 Pendelraupen an senkrechter Wand

1. Ausführung

Senkrechte Kehlnaht, $a = 6$ mm, in 2 Lagen mit mitteldickumhüllter Elektrode geschweißt, Blechdicke $t = 12$ mm.

Elektrode: 3,25 mm ϕ, Typ R 3, Stromstärke 80 bis 100 A oder wie der Elektrodenlieferant angegeben hat, gegebenenfalls aber wie es das Schmelzbad erfordert.

Arbeitsfolge

Man heftet bei a und b und zieht das kurze Nahtstück c, wenn nötig auch noch d, steigend mit einer möglichst dünnen Raupe (Abb. 4.70). Nun setzt man unten am Steg an und schweißt die Naht e mit der Elektrodenführung nach Abb. 4.71 in einem Zuge nach oben.

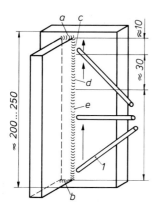

Abb. 4.70 Schweißfolge bei der Steignaht

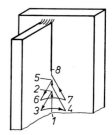

Abb. 4.71 Führung der Elektrodenspitze bei der Steignaht

Man beginnt im Grund bei 1, zieht bis 2 aufwärts, verweilt hier einen Augenblick, damit der Lichtbogen im Scheitel die beiden Bleche zusammenschweißt und genügend Schweißgut absetzt. Dann geht man mit der Elektrodenspitze mit etwas Gefälle nach 3 zum linken Blech und zieht von 3 die Verbindung über 1 zum rechten Blech 4. Nun steigt die Elektrodenspitze nach Punkt 5 und 6, 7 und 8 folgen. Um eine flache Raupe zu erhalten, muß die Bewegung 3–4, bzw. 6–7 usw. in einem nach oben gewölbten Bogen ausgeführt werden.

Um seitliche Einbrandkerben zwischen den Raupen und den beiden Blechen zu vermeiden, muß man dem Schweißgut Zeit lassen, sich abzusetzen. Man darf nicht zu schnell arbeiten und muß bei den Punkten 3/6 und 4/7 kurz verweilen. Die Elektrode wird senkrecht zur Naht geführt und dann schräg nach oben gehalten, um der Blaswirkung zu begegnen. Gegebenenfalls wird die Raupe noch mit einer Pendelung nach Abb. 4.69 überschweißt.

2. Ausführung

Senkrechte Kehlnaht, $a = 6$ mm, in 2 Lagen mit dickumhüllter Elektrode geschweißt. Elektrode: 3,25 mm ϕ, Typ RR 6, etwa 110 A.

Schweißen der Wurzelraupe

Bei a und b gut heften. Dann entsprechend Abb. 4.72 die Raupe c mit ganz kurzem Lichtbogen in leichter Dreiecksführung hochziehen (Abb. 4.73). Die Wurzelraupe muß möglichst sauber und flach ausfallen, damit sich zwischen ihr und den seitlichen Blechen keine Schlackenteile festsetzen (Abb. 4.60).

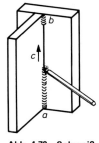

Abb. 4.72 Schweißfolge

Abb. 4.73
Elektroden-
führung bei der
Wurzelraupe

Abb. 4.74
Elektroden-
führung bei
der Decklage

Schweißen der Decklage

Beim Schweißen der Decklage die Mitte der Grundraupe mit der Elektrodenspitze rasch schneiden und links und rechts kurz verhalten, damit sich genügend Schweißgut absetzen kann und keine Einbrandkerben entstehen (Abb. 4.74). Die Führung der Elektrode ist zugleich nach oben gewölbt, damit die Schlacke gut ablaufen kann.

4.6.6 Schweißen einer Bocknaht, Schweißposition „w"

Werkstück: 2 Bleche, 200 x 60 mm, 10 mm dick

Elektrode: 4 mm ϕ, Typ R 3, 150 A

Vorbereitung zum Heften

Man legt die beiden Stege zum Heften zwischen zwei Hilfswinkel, läßt einen Spalt von 2 mm Breite und heftet an beiden Enden (Abb. 4.75). Dann dreht man das geheftete Teil in die richtige Schweißlage um, so daß eine Bocknaht entsteht (Abb. 4.76).

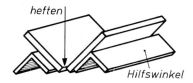

Abb. 4.75 Vorbereitung zum Heften

Abb. 4.76 Eckstoß in Schweißposition „w"

**Schweißen der
Wurzelraupe**

Man schweißt mit geneigter Elektrode das Nahtstück c und anschließend d, Abb. 4.77.

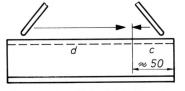
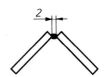

Abb. 4.77 Schweißfolge bei der Wurzelraupe der Naht

83

Der Lichtbogen soll in Schweißrichtung blasen, damit die Wurzel vorgewärmt wird

---

Schlacke sorgfältig abklopfen und Spritzer mit Hammer und Meißel entfernen.

Schweißen der Decklage

Die Decklage wird nach Abb. 4.78 bei sichelför-
miger Führung der Elektrode in einem Zuge von
links nach rechts durchgeschweißt, da die Wurzelraupe die Nahtflanken vorgewärmt hat und
die Blaswirkung dadurch weitgehend aufge-
hoben ist. Bei Bedarf ist die Decklage in 2 Zügen zu ziehen (Abb. 4.79).

Abb. 4.78 Elektro-
denführung bei der
Decklage

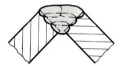

Abb. 4.79 Aufbau der
Bocknaht mit einer
Wurzelraupe und 2
Lagen

4.6.7 Schweißen einer Ecknaht in mehreren Zügen, Position „h"

Elektrode: 4 mm $\emptyset$, Typ R 3 oder R(C) 3,
etwa 150 A

Man heftet beide Stege nach Abb. 4.80
unter Einhaltung eines Spaltes von 2 bis
3 mm an den beiden Enden zusammen und
wendet das geheftete Teil in die gewünschte Schweißposition um.

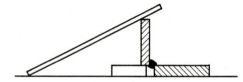

Abb. 4.80 Vorbereitung zum Heften

Schweißen der Wurzelraupe

Man zieht wie bei der waagerechten Kehlnaht das Raupenstück 1 von dem rechten Ende nach innen, und zwar so weit,
bis der Lichtbogen umschlägt. Dann vollendet man mit dem
Nahtstück 2 die Wurzelraupe in einem Zug (Abb. 4.81).

Um den Spalt nicht zu weit durchzuschweißen, muß man mit
der Elektrodenspitze stauchende Bewegungen machen. Fällt
der Spalt versehentlich zu knapp aus, z. B. nur 1 mm, so muß
man die Schweißstromstärke etwas erhöhen, für die Deck-
raupen jedoch wieder auf etwa 160 A zurückstellen. Schlacke
sorgfältig abklopfen und Schweißspritzer entfernen.

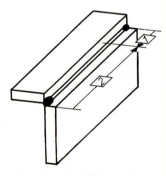

Abb. 4.81 Schweißfolge bei der
Ecknaht in Schweißposition „h"

Schweißen der weiteren Lagen

Zwischen- und Decklagen werden kreisend oder pendelnd geschweißt (Abb. 4.82). Sie sollen
keine Kerben bilden und nicht herunterhängen, sondern müssen gut hochgezogen werden
(Abb. 4.83).

Wird die Pendelbreite zu groß, empfiehlt es sich, die einzelnen Lagen in mehreren Zügen als Strichraupen mit leichter Pendelung zu ziehen (Abb. 4.84)

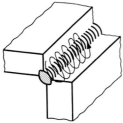

Abb. 4.82 Elektroden-
führung bei Zwischen- und
Decklagen

Abb. 4.83 Fehler-
hafte Ausführung
der Deckraupe, die
Schweißnaht hängt
über

Abb. 4.84 Einwand-
freie Ausführung
der Ecknaht

4.6.8 Schweißen einer V-Naht mit dickumhüllter Elektrode, Position „w"

Werkstück: 2 Bleche 250 x 100 mm, 10 . . . 12 mm dick

Elektroden: 3,25 mm ϕ, etwa 90 . . . 100 A, für die Wurzelraupe; 4 mm ϕ, etwa 160 . . . 200 A, für Füll- und Decklagen

V o r b e r e i t u n g

Die beiden Bleche werden nach Abb. 4.85 vorbereitet und umgekehrt auf den Schweißtisch gelegt. Auf jeder Seite wird ein abgeklopfter Elektrodenstummel unter die Bleche geschoben, um den zu erwartenden Winkelverzug auszugleichen (Abb. 4.86). Auf der Rückseite werden an den Enden kurze Heftstellen angebracht.

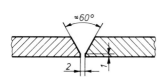
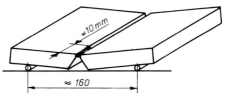

Abb. 4.85 Vorbereitung einer V-Naht

Abb. 4.86 Ausgleich des Winkelverzugs beim
Heften einer Naht

Der Stegabstand von 2 bis 3 mm muß sorgfältig eingehalten werden

Die Schulter, die durch das Brechen der Längskanten entsteht, sollte nicht höher als 1 mm sein.

S c h w e i ß e n d e r W u r z e l r a u p e

Um tief genug in die V-Fuge einzudringen, wird eine Elektrode mit einem $\emptyset$ von höchstens 3,25 mm verwendet. Falls sich Blaswirkung zeigen sollte, wird zuerst ein kurzes Raupenstück 1 und dann die Raupe 2 in einem Zuge geschweißt (Abb. 4.87). Wurzelraupe nicht wölben

85

(Abb. 4.88), weil sich in den Ecken leicht Schlackenzeilen festsetzen, und zwar besonders dann, wenn außerdem Einbrandkerben entstanden sind (Abb. 4.89). Schlacke und Spritzer wie immer sorgfältig entfernen.

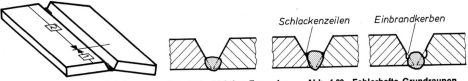

Abb. 4.87 Schweißfolge bei der Wurzelraupe

Abb. 4.88 Richtige Form der Grundraupe

Abb. 4.89 Fehlerhafte Grundraupen

Der Blaswirkung muß durch die richtige Neigung der Elektrode begegnet werden (Abb. 4.90). Pilgerschritte können bei langen Nähten zweckmäßig sein (Abb. 4.91). Man pendelt bei der Wurzelraupe ein wenig mit der Elektrodenspitze, und zwar in Richtung der Nahtfuge vor und zurück. Dabei muß die Vorwärtsbewegung etwas schneller als die Rückwärtsbewegung sein (Abb. 4.97).

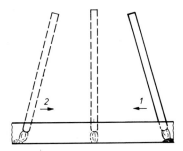

Abb. 4.90 Neigung der Elektrode

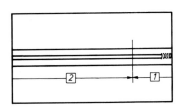

Abb. 4.91 Schweißfolge bei der Wurzelraupe

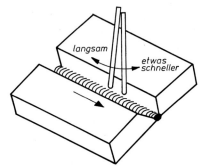

Abb. 4.92 Elektrodenführung bei der Wurzelraupe

> **Stegabstand, Elektrodentyp, Elektrodendurchmesser, Schweißgeschwindigkeit und Schweißstromstärke müssen so aufeinander abgestimmt werden, daß die Wurzel so eben durchgeschweißt wird**

Schweißen der Füll- und Decklagen

Die folgenden ein bis zwei Füllagen und eine Decklage werden mit 4-mm-Elektroden, Typ RR 6 mit 180 bis 200 A sichelförmig oder auch geradlinig pendelnd von links nach rechts durchgeschweißt (Abb. 4.93). Die Elektrode wird so geneigt, daß die Schlacke zurückgedämmt wird. Die Kanten gut hochschweißen (Abb. 4.94). An den seitlichen Umkehrpunkten kurz verweilen. Zwischen den einzelnen Lagen müssen Schlacke und Spritzer unbedingt entfernt werden. Abb. 4.95 zeigt den Aufbau der Naht in gependelten Lagen, in Abb. 4.96 wurden die Lagen in einzelnen Zügen geschweißt. Füllage = 3 Züge, Decklage = 2 Züge.

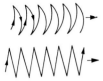

Abb. 4.93 Sichelförmig und geradlinig gependelte Führung der Elektrode bei Füll- und Decklagen

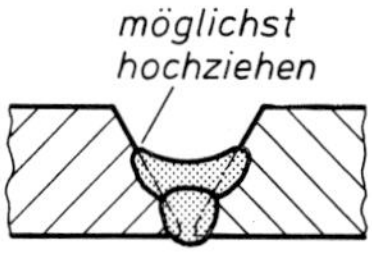

Abb. 4.94 Wurzelraupe und erste Füllage bei der V-Naht

Abb. 4.95 Aufbau der Naht in gependelten Lagen

Abb. 4.96 Aufbau der Naht in Zügen

Die letzte Füllage sollte 1 bis 1,5 mm unter der Blechoberfläche liegen, damit das Schmelzbad und die Schlacke der Decklage seitlich gut geführt werden. Bei der Decklage die Elektrode möglichst lotrecht zum Blech halten, um einen schönen, leicht gewölbten Nahtrücken zu erhalten (Abb. 4.97).

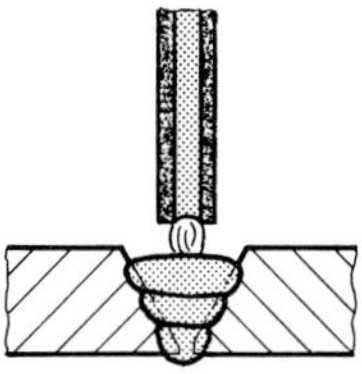

Abb. 4.97 Elektrodenhaltung beim Schweißen der Decklage

> **Die Elektrode sollte in der Decklage so steil wie möglich und so schräg wie nötig gehalten werden**

In der V-Naht wird durch jede neue Lage die darunterliegende teilweise normalgeglüht und dadurch feinkörnig (Abb. 4.98).

Der Bruch einer Schweißprobe, der nach Abkühlung im Wasserkasten durch Einkerben der Naht mittels eines Kaltschrotmeißels und durch Zerbrechen mit dem Vorschlaghammer erreicht wird, läßt die Gefügebeschaffenheit gut erkennen.

Abb. 4.98 Kornverfeinerung bei der Mehrlagenschweißung

S c h w e i ß e n   d e r   G e g e n l a g e (Kapplage)

Bei beanspruchten V-Nähten wird die Wurzelraupe nachträglich ausgearbeitet, sorgfältig gesäubert und nachgeschweißt. Das Auskreuzen geschieht mit dem Meißel, von Hand oder mit Preßluft, durch Fugenhobeln oder Ausschleifen. Eine so hergestellte Naht nennt man mit Kapplage gegengeschweißt (Abb. 4.99).

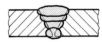

Abb. 4.99 V-Naht mit Kapplage

4.6.9 Schweißen eines Stumpfstoßes als I-Naht, Position „w"

Werkstück: 2 Bleche, 200 x 250 mm, 2,5 mm dick
Elektrode: 2,5 mm ϕ, Typ R 3, Stromstärke etwa 60 A
Ausführung: Die Naht soll von einer Seite geschweißt werden, ohne Luftspalt.

> **Vor dem Schweißen wird das Blech geheftet, Abb. 4.100, um ein Verwerfen zu vermeiden**

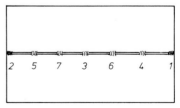

Der Heftabstand richtet sich nach der Blechdicke (Tab. 4.12).

Abb. 4.100 Heftpunkte beim Dünnblechschweißen

87

Tab. 4.12   Richtwerte für Heftabstände beim Dünnblechschweißen

Dicke des Bleches	0,5	1,0	2	3 mm
Abstand der Heftstellen	25	35	60	100 mm

Die Heftstellen dürfen nicht zu dick sein; ihre Länge soll mindestens 5 x Blechdicke betragen. Man schweißt zweckmäßig in kurzen Abschnitten, Pilgerschritt (Abb. 4.101), um zu hohe Erwärmung und damit Spannungsspitzen zu vermeiden.

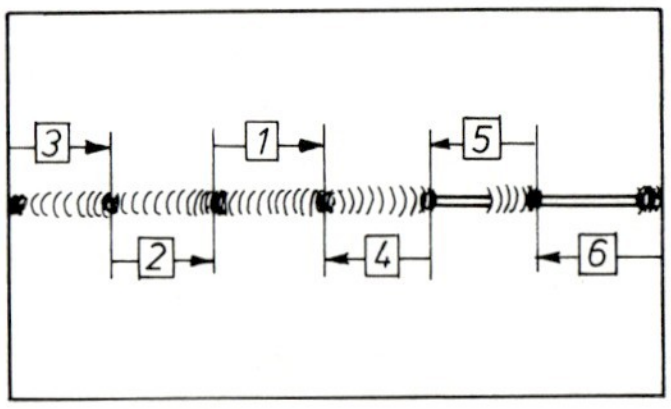

Abb. 4.101   Schweißen im Pilgerschritt

4.6.10   Schweißen einer senkrechten V-Naht, Position „s" mit dickumhüllter Elektrode

Elektrode: 3,25 mm ϕ, Typ RR 6, Stromstärke 80 bis 100 A.

Die Steignaht wird wie eine waagerecht zu schweißende V-Naht vorbereitet. Spalt 2 bis 3 mm, Öffnungswinkel 60°, Kanten an der Schleifscheibe gebrochen, beide Bleche auf der Rückseite etwa 10 mm lang geheftet. Das geheftete Übungsstück wird entweder in ein Stativ senkrecht eingespannt oder auf ein Grundblech geheftet (Abb. 4.102 und 4.103).

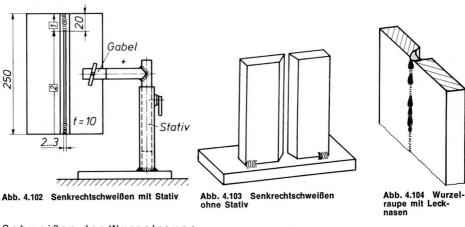

Abb. 4.102   Senkrechtschweißen mit Stativ

Abb. 4.103   Senkrechtschweißen ohne Stativ

Abb. 4.104   Wurzelraupe mit Lecknasen

Schweißen der Wurzelraupe

Zunächst wird ein kurzes Raupenstück 1 von etwa 20 mm Länge aufwärts geschweißt. Nachdem die beiden Bleche Verbindung haben, zieht der Lichtbogen willig nach oben, so daß sich das Nahtstück 2 schweißen läßt (Abb. 4.102).

> **Der Schweißer muß darauf achten, daß sich keine Kaltstellen bilden und daß die Wurzel sauber durchgeschweißt wird (Abb. 4.104)**

Schweißen der Füll- und Decklagen

Nach Abklopfen und Abbürsten der Wurzelraupe und Entfernen der Spritzer werden Füll- und Decklagen geschweißt. Die Anzahl der Füllagen richtet sich nach Elektrodentyp und Umhüllungsdicke. Die Füllagen werden pendelnd geschweißt, wobei links und rechts etwas angehalten wird, um genügend Elektrodenwerkstoff abzusetzen. Die Führung der Elektrode ist nach oben gewölbt, damit die Schlacke gut ablaufen kann (Abb. 4.105).

Abb. 4.105 Elektroden-führung in der Draufsicht

4.6.11 Schweißen einer senkrechten Kehlnaht von oben nach unten, Schweißposition „f", Fallnaht

Elektrode: 3,25 mm ϕ, Typ C 4, Stromstärke 90 bis 110 A.

> **Für das Fallnahtschweißen eignen sich nur mitteldicke Elektroden mit zähflüssiger Schlacke geringerer Menge, die sich oberhalb des Schweißbades halten kann**

Normalerweise wird die Celluloseelektrode am Pluspol, beim Wurzelschweißen jedoch auch am Minuspol verschweißt.

Die Maßtoleranzen für die Nahtfugen sind eng, wenn eine gute Wurzelschweißung erzielt werden soll. Es wird in mehreren Lagen geschweißt. Fallnahtschweißungen haben beachtliche mechanische Gütewerte (Folge der Mehrlagenschweißung), sind ohne Einbrandkerben und an der Nahtoberfläche sauber und glatt. Die Schweißgeschwindigkeit liegt höher als bei Steignähten (Folge höherer Stromstärke).

Hauptanwendung: Dünnblechschweißung, Rohrrundnähte im Rohrleitungsbau bis zu 15 mm Wanddicke.

Übungen zum Kapitel 4, Lichtbogenhandschweißen

1. Berichten Sie über die Entwicklung des Lichtbogenschweißens.
2. Erklären Sie den Lichtbogen als Wärmeträger.
3. Beschreiben Sie den Unterschied zwischen Gleich- und Wechselstromlichtbogen mit Vor- und Nachteilen.
4. Kennzeichnen Sie die verschiedenen Bauarten von Schweißstromerzeugern.
5. Welchen Zweck hat der Kondensator bei Transformatoren?
6. Nennen Sie die höchstzulässige Leerlaufspannung bei Transformatoren, die man a) unter normalen Bedingungen, b) in engen und feuchten Räumen benutzen darf.
7. Beurteilen Sie, wie sich die Länge eines Schweißkabels auf die Arbeit des Schweißers auswirken kann.
8. Nennen Sie wichtige Ausrüstungsgegenstände des Schweißers.
9. Zählen Sie einige Elektrodenarten auf.
10. Welchen Zweck hat die Umhüllung einer Elektrode?
11. Erläutern Sie eine Stabelektrode mit der Bezeichnung E 43 11 R3.
12. Nach welcher Faustformel kann die Stromstärke für das Abschmelzen einer Elektrode ermittelt werden?
13. Zählen Sie mehrere Möglichkeiten auf, um dem sog. Blasen des Lichtbogens entgegenzuwirken.
14. Beschreiben Sie, von welchen Faktoren die Auswahl einer Elektrode abhängig ist.
15. Erläutern Sie das Schweißen im Pilgerschritt, und nennen Sie den Sinn dieser Arbeitsweise.
16. Welche Fehler sind bereits am äußeren Bild einer Naht zu erkennen, und wie sind sie zu vermeiden?

5 Schutzgasschweißen

5.1 Grundlagen

5.1.1 Prinzip

Beim Schutzgasschweißen (Schutzgas-Lichtbogenschweißen), Kurzzeichen SG, werden Elektrode, Lichtbogen und Schmelzbad von zusätzlich zugeführtem Schutzgas eingehüllt, das die Schweißstelle von der atmosphärischen Luft völlig abschirmt. Auf diese Weise wird das Schweißen von NE-Metallen, nichtrostenden und säurebeständigen Stählen, die gegen Einflüsse der Umgebungsluft besonders empfindlich sind, erheblich erleichtert. Ein weiterer Vorteil des Schutzgasschweißens ist die gute Eignung für vollmechanisches und automatisches Schweißen. Beim Schweißen im Freien ist die Anwendung allerdings gefährdet, wenn Seitenwind ungehindert einwirken kann und die Schutzgasabdeckung des Lichtbogens fortbläst.

5.1.2 Schutzgase und Schweißzusätze

Als Schutzgase kommen in Betracht

inertes Gas (I)	**aktives Gas (A)**
Argon, Helium oder deren Gemische	Kohlendioxid (CO_2) oder Mischgase

Inertes Gas ist ein Edelgas, das sich, da reaktionsträge, an den metallurgischen Vorgängen im Schweißbad nicht beteiligt, während Aktivgase am Schweißprozeß teilnehmen (siehe Abschnitt 5.2.4).

Schweißargon und Mischgase auf Argonbasis werden gasförmig in Leichtstahlflaschen mit einem Fülldruck von 200 bar geliefert. Üblicher Inhalt: 10 m³. Für Großverbraucher werden Anlagen mit Flüssiggas angeboten.

Kohlenstoffdioxid wird in Stahlflaschen mit Füllgewichten von 10 kg, 20 kg und 30 kg in flüssigem Zustand geliefert. 1 kg CO_2 ergibt etwa 540 l Schutzgas.
Kennfarbe der Flaschen für nichtbrennbare Gase: grau.

Vereinzelt wird noch Wasserstoff als Schutzgas verwendet, Wolfram-Wasserstoff-Schweißen, Kurzzeichen WHG. Der Wasserstoff bewirkt u. a. eine schnelle Übertragung der Lichtbogenwärme auf das Werkstück. Dieses Verfahren wurde weitgehend durch die meist wirtschaftlicheren WIG- und MIG-Verfahren abgelöst. Siehe Seite 92 und 95.

> **Die Schutzgase müssen auf den Werkstoff, die Schweißverfahren und die geforderten Schweißnahteigenschaften abgestimmt sein (Tab. 5.1)**

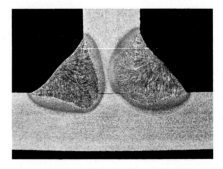

Abb. 5.1 Einfluß der Schutzgase
Beide Kehlnähte sind durch Kippen des T-Stoßes jeweils in Wannenlage geschweißt

links: Argon-Mischgas	rechts: CO_2
$I = 300$ A, $U = 32$ V	$I = 265$ A, $U = 32$ V
Drahtvorschub: 9,68 m/min	Drahtvorschub: 9,44 m/min
Verbrauch: 18 l/min	Verbrauch: 18 l/min

Die Schutzgase beeinflussen bei gleichen Strom- und Spannungswerten Form und Länge des Lichtbogens und bestimmen damit das Bild der Schweißnaht entscheidend (Abb. 5.1, Seite 90).

Mit der Wahl des Gases sind Lichtbogenverhalten, Tropfenübergang, Abschmelzleistung, Raupenprofil, Einbrandtiefe und die Beschaffenheit des Schweißgutes vorentschieden. Schweißzusätze (Drahtelektroden, Schweißdrähte und Massivstäbe) sind in DIN 8559 Teil 1, Schutzgase in DIN 32526 genormt.

Als Elektroden kommen in Betracht

Dauerelektroden (W)	**abschmelzende Elektroden (M)**
W = Wolfram	M = Metall
für das Wolfram-Schutzgasschweißen	für das Metall-Schutzgasschweißen

Tab. 5.1   Eigenheiten der Gase für das Schutzgasschweißen mit abschmelzenden Draht- elektroden

Schutzgas	Naht	Einbrand- form	Anmerkungen
Argon (Ar) Preisfaktor 4	breit, flach		Verwendet für Nichteisenmetalle (NE-Metalle) MIG-Verfahren
Kohlenstoff- dioxid (CO_2) Preisfaktor 1	überhöht einzelne Spritzer		verwendet für unlegierten und niedrig- legierten Stahl, nicht für NE-Netalle und hochlegierte Stähle MAGC-Ver- fahren
Mischgas $Ar + O_2$ $Ar + CO_2$ $Ar + CO_2 + O_2$ Preisfaktor 2	weniger Spritzer als bei CO_2		verwendet für unlegierte und niedrig- legierte Stähle. Für hochlegierte Stähle Argon mit max. 3 % O_2, MAGM-Ver- fahren, nicht für NE-Metalle

5.1.3 Schutzgasschweißverfahren

Einteilung der Schutzgasschweißverfahren mit Kurzzeichen nach DIN 1910 T4 und Kennzahlen nach DIN ISO 4063 für Fertigungsangaben in technischen Zeichnungen:

Metall-Schutzgasschweißen **MSG = 13**	**Wolfram-Schutzgasschweißen** **WSG = 14**	**(Wolfram-) Plasmaschweißen** **WP = 15**
mit Inertgas: **MIG = 131** mit Aktivgas: **MAG[1] = 135**	Inertgas **WIG[2] = 141**	Plasma-Lichtbogenschweißen **mit Inertgas = 151**

[1] **MAGC bei Verwendung von Kohlenstoffdioxid = CO_2, MAGM** bei Verwendung von Mischgas, siehe Tab. 5.1
[2] Im Englischen als **TIG-Schweißen** = Tungsten-Inert-Gas bezeichnet, Tungsten = Wolfram

Der Tropfenübergang beim Abschmelzen einer Elektrode wurde in DIN 1910 Blatt 4 in Abhängigkeit von der Art des Lichtbogens zu folgenden weiteren Merkmalen des Schutzgas- schweißens zugrunde gelegt (Tab. 5.2).

Tab. 5.2   Arten des Lichtbogens

Benennung und Kurzzeichen	Tropfen-form	Werkstoff-übergang	Anwendungsbeispiele
Sprühlichtbogen (-schweißen) **s**	fein- bis feinsttropfig	praktisch kurzschlußfrei	MIG- und MAG-Schweißen bei hoher Ab-schmelzleistung, Kehlnähte in Wannenlage und waagerechte Füllagen an Grob- und Mittelblechen, siehe 5.2.3, S. 95
Langlichtbogen (-schweißen) **l**	grobtropfig	unregelmäßig im Kurzschluß	MAGC-Schweißen (Metall-Aktivgasschwei-ßen mit CO_2-Kohlenstoffdioxid) im oberen Leistungsbereich, siehe Anmerkung
Übergangs-lichtbogen (-schweißen) **ü**	fein- bis grobtropfig	teils im Kurz-schluß, teils kurz-schlußfrei	MIG-/MAG-Schweißen im Einstellbereich zwischen Kurz- und Sprüh- oder Langlicht-bogen mit Argon oder argonreichen Misch-gasen
Kurzlichtbogen (-schweißen) **k**	feintropfig	nur im Kurzschluß, gleichmäßig	MIG-MAG-Schweißen an Feinblechen, Zwangslagen- und Wurzelschweißen an Mittel- und Grobblechen, siehe 5.2.3, S. 95
Impulslichtbogen (-schweißen) **p**	feintropfig	praktisch kurz-schlußfrei, gleich-mäßig nach der Pulsfrequenz	MIG-Schweißen und Wolframschutzgas-schweißen, Aluminiumschweißen, Chrom-Nickelstähle im Dünnblechbereich, siehe 5.2.4, S. 96

Anmerkung: Obgleich der sog. Langlichtbogen eher relativ kurz ist, wird seine Benennung als tra-
ditionelles Kennzeichen für das Schutzgasschweißen mit CO_2 weiterhin beibehalten.

5.2 Technik des Schutzgasschweißens

5.2.1 WIG-Schweißen (141)

Lichtbogen und Schmelzbad sind von einem Argonschleier eingehüllt. Der Brenner ist ent-
weder gas- oder wassergekühlt. Die W o l f r a m - E l e k t r o d e dient lediglich zur Füh-
rung des Lichtbogens, während der nackte Zusatzstab wie beim Gasschmelzschweißen von
Hand seitlich an das Schmelzbad herangeführt wird (Abb. 5.2). Der Zusatzdraht kann dem
Schweißbrenner auch mit Hilfe eines Drahtvorschubmotors mechanisch zugeführt werden
(Abb. 5.3).

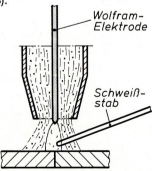

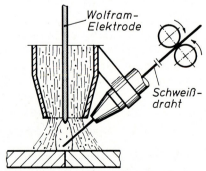

**Abb. 5.2 WIG-Schweißen mit Schweißstab,
auch ohne Schweißzusatz möglich**

**Abb. 5.3 WIG-Schweißen mit zugeführtem
stromlosen Schweißdraht**

Wegen der völligen Abschirmung des Schweißgutes von der Atmosphäre ist das WIG-Schweißen für Aluminium und Kupfer sowie für hochlegierte Stähle besonders geeignet (Abb. 5.4). Der optimale Anwendungsbereich liegt bei hochlegierten Stählen, die durch I-Nähte verbunden werden, zwischen 1 und 5 mm Dicke. Für größere Dicken sind andere Schweißverfahren mit höherer Abschmelzleistung wirtschaftlicher. Bei Rohren wendet man zum Ziehen der Wurzelraupen gern die WIG-Schweißung an, die sehr saubere Nähte ergibt. Die Mittellagen und die Decklagen der Rundnähte werden dann mit Stabelektroden geschweißt. Siehe auch Kapitel 8, Schweißeignung der Metalle, insbesondere das Aluminiumschweißen in den Abschnitten 8.8 bis 8.10.

> **Aluminium und Magnesium, d. h. Werkstoffe mit hochschmelzenden Oxidhäuten werden mit Wechselstrom geschweißt, alle übrigen metallischen Werkstoffe mit Gleichstrom**

Begründung:

Bei der positiven Polung reißen die Oxidhäute auf und bei der negativen Halbwelle wird ein Kühleffekt erreicht.

Das Anschärfen der Elektroden ist stromabhängig. Bei Wechselstrom ist die Spitze stumpfer, bei Gleichstrom ist sie spitzer.

Beim Schweißen mit Gleichstrom wird die Wolframelektrode am Minuspol angeschlossen, um guten Einbrand zu erhalten und die Elektrode nicht mehr als nötig zu erhitzen. Das Werkstück liegt an dem heißeren Pluspol.

Abb. 5.4   Handschweißen am Aluminiumgehäuse mit dem WIG-Verfahren

5.2.2 Metall-Schutzgasschweißen (13)

Beim MSG-Schweißen ist der Zusatzdraht als Drahtelektrode an die Stelle der Wolframelektrode gerückt (Abb. 5.5).

Da der Schweißstrom dem Draht durch schleifenden Kontakt im luft- und wassergekühlten Schweißbrenner kurz vor dem Lichtbogen zugeführt wird, ist der Draht in seinem kurzen stromführenden Teil stark strombelastbar.

Begründung:

Der Draht setzt dem Strom (dem Strömen der Elektronen) einen Widerstand entgegen. Um diesen Widerstand zu überwinden, muß Arbeit aufgewendet werden, die sich durch Erwärmen des Drahtes bemerkbar macht.

Gesetzmäßigkeit

Der Widerstandswert R wächst proportional mit der Länge des Drahtes. D. h.: Halbiert man die Länge, so ist auch der Widerstandswert halb so groß.

Je näher die Stromzufuhr an das Ende der abschmelzenden Drahtelektrode heranrückt, um so geringer ist der Widerstand, und die Stromstärke I kann bei gleicher Spannung U dem Ohmschen Gesetz entsprechend zunehmen, da

$$U = I \cdot R$$

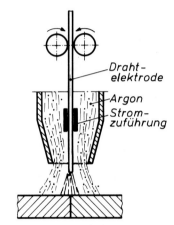

Abb. 5.5   Schema des MSG-Schweißens

Daher ist beim MSG-Schweißen mit höheren Stromstärken eine höhere Abschmelzleistung als beim WSG-Schweißen zu erzielen.

> **MSG-Schweißen erweitert den Anwendungsbereich des WSG-Verfahrens durch höhere Abschmelzleistung auf größere Blechdicken bei Nichteisenmetallen**

5.2.3 MIG- (131) und MAG-Schweißen (135)

Das MAG-Schweißen unterscheidet sich vom MIG-Verfahren lediglich durch das Schutzgas. Beim Metall-Aktivgasschweißen werden verwendet Kohlenstoffdioxid, Zweikomponentengase aus Argon und O_2 oder Argon und CO_2 und Dreikomponentengase aus Ar, CO_2 und Sauerstoff. Beim Metall-Inertgasschweißen ist das Schutzgas inert wie Argon, Helium oder ihre Gemische.

Dem Gas entsprechend wird der Schutzgasschweißer an seiner MIG/MAG-Anlage die Lichtbogenspannung und die Drahtvorschubgeschwindigkeit für den Sprühlichtbogen- oder den Kurzlichtbogenbereich einstellen. Die zugehörige Schweißstromstärke wird dann von dem Regeleffekt der Schweißstromquelle geliefert (Abb. 5.6).

Für das MIG/MAG-Schweißen kommen Gleichrichter mit Konstantspannung (CP-Charakteristik) in Betracht.

> Konstantspannung ist dann gegeben, wenn $\varDelta$ u pro 100 A im Bereich von 2 ... 7 V liegt.

Im Sprühlichtbogen geht der Werkstoff in einzelnen schnell aufeinander folgenden Tropfen in das Schmelzbad über (Abb. 5.7). Mit ihm sind hohe Wärmeeinbringung und hohe Abschmelzleistung verbunden.

Daraus folgt:

> MAG-Schweißen mit Sprühlichtbogen wird für Kehlnähte in Wannenlage und waagerechte Füllagen an Mittel- und Grobblechen angewendet

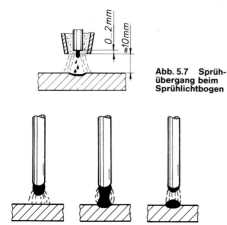

Abb. 5.7 Sprühübergang beim Sprühlichtbogen

a) Tropfen bildet sich   b) geht im Kurzschluß über   c) bildet sich erneut

Abb. 5.8 Kontaktübergang beim Kurzlichtbogen

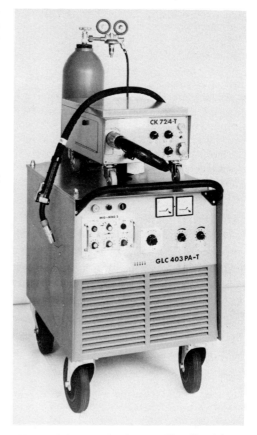

Abb. 5.6   **Schutzgasschweißanlage**, Einstellbereich: 40 ... 400 A, Anschlußleistung: 18 kVA, Anschlußspannung: 220/380 V, max. Leerlaufspannung: 53 V

Im Kurzlichtbogen entsteht durch den flüssigen Metalltropfen im Augenblick des Überganges von der Elektrode zum Schmelzbad ein Kurzschluß (Abb. 5.8). Der Lichtbogen erlischt und baut sich nach dem Kontaktübergang des Werkstoffes sofort neu auf. Dieses Wechselspiel wiederholt sich je nach Einstellung der MAG-Anlage zwischen 20- und 200mal in der Sekunde. Der Tropfenkurzschluß würde Schweißspritzer verursachen, wenn nicht einstellbare Drosseln im Schweißstromkreis den Kurzschlußstromspitzen entgegenwirkten.

Mit dem Kurzlichtbogen sind eine geringere Wärmeeinbringung und geringere Abschmelzleistungen verbunden. Daraus folgt:

> MAG-Schweißen mit dem Kurzlichtbogen wird für Dünnbleche in allen Schweißpositionen, Zwangslagen- und Wurzelschweißungen an Mittel- und Grobblechen verwendet

Kohlenstoffdioxid ist das billigste Schutzgas. Es ist allerdings nur zum Schweißen unlegierter und niedriglegierter Stähle geeignet. Fälschlicherweise wird Kohlenstoffdioxid (CO_2) vielfach als Kohlensäure bezeichnet. Kohlensäure entsteht aber aus Kohlenstoffdioxid und Wasser und hat die Formel H_2CO_3.

Beim Schweißen mit CO_2 zerfällt das Gas unter den hohen Temperaturen des Lichtbogens in **Kohlenstoffmonoxid** (CO) und Sauerstoff (O). Der Sauerstoff oxidiert vor allem das flüssige Ende der Elektrode, und zwar bevorzugt Mangan und Silicium. Dieser Abbrand muß durch entsprechend hohe Beimengungen in der Drahtelektrode ausgeglichen werden. Die Oxidation des flüssigen Teils der Elektrode bewirkt ferner die Ausbildung großer taumelnder Tropfen, die meistens leider nicht im Zentrum des Schweißbades landen. Dieses Ausweichen der Tropfen ist um so größer, je länger der Lichtbogen gehalten wird. Die unerwünschte Folge des sog. **Langlichtbogens** ergibt sich besonders bei unlegiertem Stahl unter CO_2-Schutzgas. Daraus folgt:

Beim Schutzgasschweißen mit CO_2 muß mit kurzem Lichtbogen gearbeitet werden

---

Außerdem werden durch Senken der Lichtbogenspannung die Größe der Tropfen und die Tendenz zu Spritzern verringert.

Z u s a m m e n f a s s u n g :

Hauptanwendungsgebiet für MAG-Schweißen liegt bei unlegierten und niedriglegierten Stählen. Aluminium und Kupfer sowie deren Legierungen können nicht mit aktivem Schutzgas geschweißt werden, da Sauerstoffanteile eine besondere Affinität zu Aluminium und Kupfer haben.

Für das MAG-Schweißen sind speziell legierte Zusatzdrähte zu verwenden, wobei im wesentlichen Mangan und Silicium den zugeführten oder den sich bildenden Sauerstoff abbinden.

Zunehmende Beachtung gewinnt das MAG-Schweißen mit Fülldrahtelektroden, siehe Abschnitt 6.4.

Für hochlegierte Stähle eignen sich Gasgemische aus Argon mit 1 bis 3 % Sauerstoffanteil.

5.2.4 Impulslichtbogenschweißen

Das Impulslichtbogenschweißen ist ein Schutzgasschweißen mit pulsierendem Strom, der zwischen zwei verschieden hohen Werten regelmäßig wechselt. Der zeitliche Abstand zwischen dem Wechsel der Stromstärken ist **eine** Frequenz. Die Anzahl der Frequenzen in einer Sekunde wird mit Hz (Hertz) bezeichnet. Impulsfrequenz, Impulsbreite und -höhe und die Grundstromeinstellung sind mit transistorgesteuerten Schweißautomaten stufenlos regelbar (Abb. 5.9).

Während des Impulses mit hohem Strom wird der Schweißstelle viel Wärme zugeführt; in der Phase mit geringerem Strom kann das

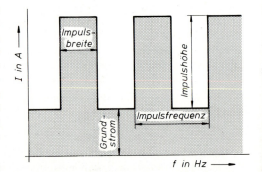

Abb. 5.9 Stromverlauf beim Impulsschweißen
Regelwerte: Impulsfrequenz: bis 100 Hz
Impulshöhe: bis 400 A

Schweißbad abkühlen. Mit dem gesteuerten Pulsen wird eine gezielte Wärmeeinbringung, eine höhere Schweißgeschwindigkeit und die Verwendung dickerer Drahtelektroden erreicht.

Impulstechnik macht die Tropfenbildung (Größe der Tropfen) und den Tropfenübergang (Anzahl der Tropfen in der Zeiteinheit) regelbar und dadurch wird ein fast spritzerloses Schweißen, auch bei unlegiertem Stahl, möglich. Impulsanlagen können im gesamten Bereich der MIG/-MAG-Technik angewendet werden und haben dem Schutzgasschweißen erweiterte Anwendungsgebiete erschlossen, siehe auch Abschnitt 8.8.10.

> **Mit der transistorgesteuerten Impulsstromquelle ist ein hoher technischer Entwicklungsstand erreicht.**

5.2.5 Punktschweißen unter Schutzgas

Das übliche Widerstandspunktschweißen setzt eine Preßkraft voraus, die von einer Gegenelektrode aufgenommen wird. Wenn die Unterseite des Schweißpunktes jedoch unzugänglich ist, wird mit Stoßpunktern gearbeitet (siehe Abschnitt 7.2.1) oder das Schutzgaspunktschweißen angewendet. Ober- und Unterblech müssen lediglich satt aufeinander liegen. Die Schutzgas-Schweißpistole wird fest auf die gewünschte Punktstelle aufgesetzt und eingeschaltet (Abb. 5.10).

Beim WIG-Schweißen wird der Lichtbogen mit Hilfe einer Hochfrequenzspannung in der Pistole gezündet, er schlägt dann auf das Oberblech durch. Er schmilzt das Oberblech auf, das durch Wärmeleitung auch das Unterblech anschmilzt.

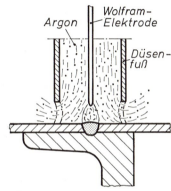

Abb. 5.10   Lichtbogenpunktschweißen

Nach dem Erkalten sind beide Bleche fest miteinander verbunden.

> **Das WIG-Punkten wird bei unlegiertem und Chromnickelstahl angewendet. Max. Dicke des oberen Bleches etwa 2 mm**

Auch mit dem MIG/MAG-Verfahren ist Punktschweißen ohne gelochtes Oberblech bis etwa 4 mm Dicke möglich; bei dickeren Blechen wird das Oberblech gelocht.

A n w e n d u n g : Garagentore, Karosseriebau.

5.2.6 Vollmechanisches Schutzgasschweißen in Schweißposition „q"

Das Schweißen von Quernähten an senkrechten Wänden, z. B. beim Bau von großen Tanks, ist mit dem Lichtbogenhandschweißverfahren sehr zeitaufwendig.

Die Vollmechanisierung findet hier ein lohnendes Feld. Eine portalförmige Maschine mit 2 Schweißköpfen für die CO_2-Fülldrahtschweißung bewegt sich auf dem oberen Rand des Behälterschusses und schweißt die Quernaht gleichzeitig von beiden Seiten. Fülldrahtdurchmesser 2,4 bis 4 mm. Unterhalb der Naht wälzt sich eine Gliederkette an der Behälterwand ab, die zur Abstützung der Schlacke dient (Abb. 5.11 und 5.12).

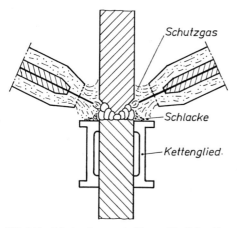

Abb. 5.11 Prinzip des zweiseitigen CO₂-Schweißens mit Fülldrahtelektroden

Abb. 5.12 Schweißkabine für das zweiseitige MAGC-Schweißverfahren

5.2.7 Elektrogasschweißen (73)

Elektrogasschweißen ist ein vollmechanisches Schutzgasschweißen für Stumpfnähte in s-Position, d. h. steigend an senkrechter Wand, mit CO_2. Das Schweißbad wird von den Fugenflanken und wassergekühlten Kupfergleitschuhen begrenzt (Abb. 5.13).

I- und V-Nähte werden mit einer Fülldrahtelektrode (s. Abschnitt 6.4) in einer Lage geschweißt, breitere Fugen mit Pendelbewegung.

> **Elektrogasschweißen wird bei unlegierten und niedriglegierten Baustählen zwischen 10 und 40 mm Dicke angewendet**

Die Kerbschlagwerte sind besser als beim Elektroschlackeschweißen. Das Verfahren ist u. a. von Klassifikationsgesellschaften für Schiffbaustähle bis DH-36 zugelassen.

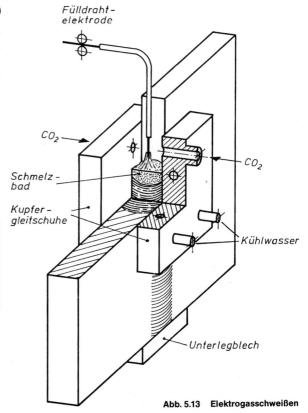

Abb. 5.13 Elektrogasschweißen

Tab. 5.3 enthält Schweißdaten laut Angaben eines Elektrodenherstellers:

Tab. 5.3 Schweißdaten für Elektrogasschweißen

Blechdicke in mm	Spannung in V	Stromstärke in A	Schweißgeschwindigkeit in cm/min
12	30 ... 31	550	10,2
25	32 ... 34	650	8,5
36	35 ... 37	700	7,4

Die Abschmelzleistung beträgt etwa 15 kg/h.

5.2.8 Plasmaschweißen und -schneiden

(Wolfram-Plasmaschweißen) Kurzzeichen WP (15), DIN 1910 Teil 4

Als Energieträger dient ein Plasmastrahl mit Temperaturen von 5000 °C bis 20 000 °C. Dieser wird in einem Brenner durch die Einschnürung eines Lichtbogens erzeugt, der die Atome eines zugeführten Gases ionisiert (in elektrisch geladenen Zustand versetzt) und dissoziiert (in Ionen und Elektronen aufspaltet).

Als Trägergas wird meistens das Edelgas Argon verwendet.

Plasmabrenner unterscheiden sich in 3 Ausführungen:

1. Der Lichtbogen brennt zwischen Elektrode und Werkstück: übertragener Lichtbogen, Kurzzeichen WPL, Abb. 5.14
Kennzeichen: Der Lichtbogen erlischt, wenn man den Brenner vom Werkstück abhebt.
Anwendung: Zum Schneiden und Verbindungsschweißen

2. Der Lichtbogen brennt zwischen Elektrode und Kupferdüse: nichtübertragener Lichtbogen, Kurzzeichen WPS = Plasmastrahlschweißen

Kennzeichen: Der Lichtbogen brennt auch ohne Kontakt mit dem Werkstück weiter. Der Plasmastrahl ist als kleine „Fackel" vor dem Brennermundstück erkennbar
Anwendung: Zum thermischen Spritzen

3. Kombination der Ausführung 1) und 2), Kurzzeichen: WPSL = Plasmastrahl-Plasmalichtbogenschweißen

Anwendung: Zum Auftragen

B e s o n d e r h e i t :

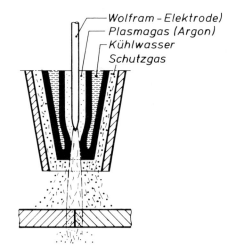

Wolfram - Elektrode)
Plasmagas (Argon)
Kühlwasser
Schutzgas

Abb. 5.14 Plasmalichtbogenschweißen mit wassergekühltem Schweißbrenner
Das Schutzgas ist meist ein Gemisch aus Argon/Wasserstoff und Argon/Helium, bei unlegierten Stählen auch aus Argon/Kohlenstoffdioxid.

> **Mit Mikro-Plasmaschweißanlagen können Folien, Bleche und Drähte ab 0,01 bis etwa 1,5 mm Dicke geschweißt werden**

Bevorzugte Werkstoffe:

Hochlegierte Stähle, Nickel und Nickellegierungen, Titan, Zirkon, Kupfer und Kupferlegierungen. Hochlegierte Stähle werden bis zu 8 mm Dicke im I-Stoß ohne Schweißzusatz geschweißt (Abb. 5.15). Die Schweißgeschwindigkeit übertrifft die des WIG-Verfahrens um das Doppelte, doch ist die Wirtschaftlichkeit von Fall zu Fall zu prüfen.

Weitere Anwendungsgebiete:

Auftragschweißen (Abb. 5.16) und Plasmaschneiden

Abb. 5.15 Plasmaschweißen ohne Schweißzusatz
Werkstoff: X 10CrNiMoTi 18 10, Schweißgeschwindigkeit 40 cm/min, Bildvergrößerung: 8 : 1

Plasmaschneiden

Mit Plasmaschneiden werden hohe Schnittleistungen und saubere Schnittflächen erreicht (Abb. 5.17). Werkstoffe, die autogen nicht brennschneidbar sind, lassen sich plasmaschmelzschneiden, z. B. Aluminium bis 100 mm, Kupfer bis 60 mm. Güte, Begriffe und Maßabweichungen beim Plasma-Schmelzschneiden siehe DIN 2310 Teil 4.

Abb. 5.16 Plasma-Auftragschweißen an einem Ventilteller

Wasser-Plasmaschneiden

Das Verfahren ist eine Erweiterung bisheriger Plasmaschneidtechnik. Der Unterschied besteht in folgendem:

1. In den Plasmastrahl wird Wasser eingespritzt, wodurch der Energiegehalt des Strahles noch zunimmt; weiteres Wasser umhüllt den Plasmastrahl wie eine Glocke;
2. das zu schneidende Blech wird mit Hilfe eines Rostes so in ein Wasserbecken gelegt, daß es unter der Wasseroberfläche liegt.

Abb. 5.17 Plasma-Schmelzschneidbrenner an einer numerisch gesteuerten Maschine zum Schneiden von legierten Stählen und NE-Metallen

Gesundheitliche Vorteile (Umweltschutz):
Schadstoffe steigen nicht in die Luft, sondern lösen sich in Wasser auf. UV-Strahlung wird wesentlich eingeschränkt, der Lärm des Schneidvorganges wird gedämpft.

Technische Vorteile:
Die hohe Energie gestattet das Schneiden von legierten und niedriglegierten Baustählen bis 25 mm Bleckdicke mit mehrfach höheren Geschwindigkeiten als beim Brennschneiden; bis etwa 15 mm Dicke werden diese Stähle bartfrei geschnitten. Bartfreie Schnitte werden auch an hochlegierten Stählen, Aluminium und Kupfer bis 40 mm Dicke erzielt. Das Wasser bleibt kalt, Wärmeverzug entfällt, die Wärmeeinflußzone ist sehr schmal.

5.2.9 Hinweise für die Betriebspraxis

Der Erfolg des Schutzgasschweißens ist von einer Summe von Faktoren abhängig. Dazu gehören Arbeitsregeln von allgemeiner Gültigkeit und solche, die sich auf einzelne Metalle und Schweißverfahren beziehen (siehe auch Richtlinie DVS 0912).

1. Die Auswahl des geeigneten Verfahrens ist vom Werkstoff und der verlangten Güte der Schweißverbindung abhängig. Soll eine Schweißverbindung vor allem entweder ansehnlich, dicht, fest, zäh, hart, hitzebeständig, säurebeständig oder beständig, d. h. geschützt gegen interkristalline Korrosion sein? Bei konkurrierenden Verfahren entscheidet die Wirtschaftlichkeit.

2. Bei Wirtschaftlichkeitsberechnungen ist neben dem Anschaffungspreis einer Anlage ihre Lebensdauer und ihr Nutzungsgrad zu beachten und in die Kalkulation einzubeziehen. Beschränkt man sich auf die Einsparung reiner Schweißzeit, lediglich gestützt auf Abschmelzleistung, so kann sich der mutmaßliche Zeitgewinn in Zeitverlust umwandeln, wenn der Zeitanteil von Vor- und Nacharbeiten außer acht gelassen wird. Der Zeitbedarf für die Inbetriebnahme der Anlage, für das Herrichten der Schweißfugen (welche Toleranz gestattet das Schweißverfahren?), für das Entfernen der Schlacke und der Spritzer, für das Nacharbeiten von Fehlstellen und für Richtarbeiten ist in die Kostenrechnung einzusetzen. Mehrkosten für Gase und Schweißzusatz reduzieren oftmals die Lohnkosten. Über die Anwendung der einzelnen Verfahren und die Rentabilität einer Anlage muß infolgedessen von Fall zu Fall entschieden werden.

3. Die Auswahl des Schweißzusatzes, der Elektroden und Drähte, ist vom Grundwerkstoff abhängig. Weitere Auswahlkriterien sind unter 1. genannt. Verwechslungen der Stäbe sind folgenschwer und müssen durch narrensichere Maßnahmen unbedingt vermieden werden.

4. Das Einstellen der Schweißdaten (Parameter): Strom, Drahtvorschubgeschwindigkeit, Spannung und Schweißgeschwindigkeit (Vorschub des Brenners) sind nach Betriebsanleitung und Erfahrungswerten vorzunehmen.

5. Saubere Schweißkanten sind für das Schutzgasschweißen äußerst wichtig. Dämpfe, die sich aus Verunreinigungen bilden, machen den Sinn des Schutzgases zunichte. Unerwünschte Legierungsbestandteile verändern das Schweißgefüge. Verbrennungsrückstände bleiben im Schweißgut zurück und bilden Schlacken und Poren.

6. Oxidschichten, die als Anlauffarben sichtbar sind, müssen bei nichtrostenden Stählen unbedingt beseitigt werden durch Beizen, Sandstrahlen oder Schleifen, damit sich auf dem gesamten Werkstück eine chemisch beständige Oberflächenschicht ausbreiten kann.

7. Die Schweißkanten werden nach Zeichnung vorbereitet und sehr oft autogen brennge-schnitten. Durch das Brennschneiden können bei Überschreitung der kritischen Abkühl-geschwindigkeit bei Stählen mit höherem Kohlenstoffgehalt Aufhärtungen entstehen, die zu Rißbildungen führen. In diesen Fällen kann ein A b a r b e i t e n   d e r   a u f g e h ä r t e t e n Z o n e empfehlenswert sein. Die Schweißfugen sollen gut aneinander passen, doch nur mit der Toleranz, die für eine einwandfreie Verbindung nötig ist. Enge Toleranzen verteuern die Nahtvorbereitung beträchtlich.

8. Staub, Schleifkörner oder Späne unlegierten Stahls müssen von der Oberfläche nicht-rostenden Stahls unbedingt ferngehalten werden, da sie die Korrosionsbeständigkeit be-einträchtigen würden. Das bedeutet: Schweißkanten und Nähte nur mit B ü r s t e n   a u s n i c h t r o s t e n d e m   S t a h l bearbeiten, die niemals für unlegierten Stahl verwendet werden dürfen. Ebenso dürfen Schleifscheiben nicht etwa abwechselnd für rostfreien und unlegierten Stahl gebraucht werden.

9. Die Rückseite der Schweißnaht wird leicht vernachlässigt. Sie ist ebenso vor O x i d a -t i o n zu schützen wie die Vorderseite durch

a) Unterlegbleche, die das Schutzgas, welches durch den Schweißspalt dringt, auf der Rückseite des Bleches aufstauen;

b) Füllen der Behälter oder Rohre mit Argon oder Formiergas (Abb. 5.18). Formiergas ist ein Gemisch aus Wasserstoff und Stickstoff. Der Wasserstoffanteil des Gases reduziert die Oxidbildung an der Wurzelseite. Gemische mit mehr als 10 % Wasserstoff sind abzufackeln.

10. Legierte Stähle können durch die Schweißung beträchtlich aufhärten und sind gege-benenfalls zwischen 700 °C und 720 °C zu g l ü h e n , wobei auch Eigenspannungen abge-baut werden. Näheres siehe unter Abschnitt 10.3.7.

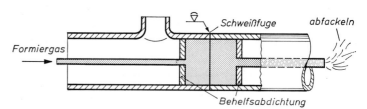

Abb. 5.18 Rohrver-bindung für das Schutzgasschweißen vorbereitet unter be-sonderer Beachtung der Schweißnahtunterseite. Die Schweißfuge ist bis auf die Schweißstelle mit Kreppband abge-dichtet.

Übungen zum Kapitel 5, Schutzgasschweißen

1. Erklären Sie das Prinzip des Schutzgasschweißens.

2. Nennen Sie inerte und aktive Schutzgase, und unterteilen Sie diese nach ihrer Wirkung auf das Schweißbad.

3. Welche Werkstoffe sind durch die Vorteile des Schutzgasschweißens besonders erfaßt?

4. Erläutern Sie das WIG-, MIG- und MAG-Schweißen mit Anwendungsbeispielen.

5. Auf welche Weise wird durch das MAG-Schweißen eine höhere Abschmelzleistung er-reicht?

6. Begründen Sie die Anwendung des Sprühlichtbogens im Vergleich mit dem Kurzlicht-bogen.

7. Wie entsteht ein Plasmastrahl, und welche Vorteile bietet das Plasmaschweißen?

8. Zählen Sie Vorarbeiten auf, die bei einer fehlerfreien Schutzgasschweißung vorauszuset-zen sind.

9. Erklären Sie die umweltfreundliche Wirkung des Plasmaschneidens unter Wasser.

6 Besondere Verfahren der Schweißtechnik

6.1 Vollmechanisches Schweißen mit Stabelektroden

6.1.1 Schwerkraftlichtbogenschweißen (112)

Im Bemühen um Leistungssteigerung bei durchlaufenden Kehlnähten wurde das Schwerkraftschweißen entwickelt und vor allem auf Werften größeren Umfangs angewandt. Hierbei wird eine etwa 700 mm lange Elektrode in einen Schweißbock eingespannt, so daß sie beim selbständigen Abschmelzen stets den gleichen Anstellwinkel (45°) einhält. In der unteren Stellung dreht sich der Elektrodenhalter automatisch weg und beendet damit den Schweißvorgang (Abb. 6.1).

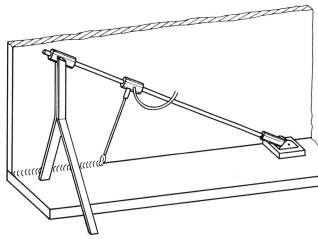

Abb. 6.1   Schwerkraftschweißgerät

Ein Schweißer kann bis zu 5 Schweißböcke bedienen.

> **Vorteilhaft sind geringe Investitionskosten bei beträchtlicher Steigerung der Abschmelzleistung**

6.1.2 Federkraftschweißen

Während beim Schwerkraftschweißen der Elektrodenhalter infolge der Erdanziehung auf der Schiene herabgleitet, wird beim Federkraftschweißen die Elektrode durch eine verstellbare Federkraft in die Schweißfuge gedrückt. Der flache Anstellwinkel erlaubt allerdings nur das Schweißen mit

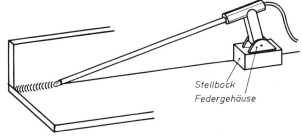

Stellbock
Federgehäuse

Abb. 6.2   Federkraftschweißgerät

Wechselstrom. Die Elektrodenlänge beträgt bis zu 1000 mm (Abb. 6.2).

> **Vorteilhaft ist die geringe Abmessung des kleinen Stellbockes, der durch Magnete gehalten wird**

6.2 Unterpulverschweißen (12)

6.2.1 Prinzip

Das Unterpulverschweißen, Kurzzeichen UP, ist ein verdecktes Lichtbogen-schweißen. Dem Verfahren liegt wie beim MIG/MAG-Schweißen der Gedanke zugrunde, die Abschmelzleistung beträchtlich zu steigern. Dabei genügt es nicht, die Stromstärke zu erhöhen, da der Schweißstab wegen seines elektrischen Widerstandes auf 450 mm Länge rotglühend würde und nicht mehr einwandfrei abschmölze. Die beträchtliche Stromerhöhung ist nur möglich, wenn die stromführende Länge der Elektrode wesentlich verkürzt wird. Die Lösung besteht darin, statt der umhüllten Elektrode eine endlose nichtumhüllte Draht-elektrode zu verwenden und den Strom der Elektrode kurz vor dem Abschmelzende zuzu-führen. Der fehlende Schutz der Umhüllungsstoffe wird durch ein Schweißpulver ersetzt.

Das Pulver schützt das Schweißbad vor dem Stick-stoff, dem Sauerstoff und dem Wasserstoff aus der Luft, verzö-gert die Abkühlung, fördert die Abgasung des Schmelzgutes und liefert ihm die gewünsch-ten Begleitelemente. Die Unter-seite der Naht ist vielfach durch eine Kupferschiene ge-sichert. Neu entwickelte Schie-nen machen einwandfreies Einseitenschweißen möglich. Siehe Abschnitt 6.5. Nicht ver-brauchtes Pulver wird wieder abgesaugt.

UP-Schweißen wird überwie-gend vollmechanisch ausge-führt mit Stromstärken zwi-schen 250 und 1500 A, max. jedoch bis 5000 A.

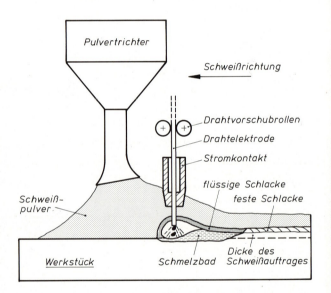

> **UP-Schweißen ist in der Regel auf waagerechte und horizontale Position begrenzt**

Für die Schweißposition „q" sind Maßnahmen für das Festhalten des Pulvers erforderlich. Wegen der Unsichtbarkeit des Lichtbogens ist viel Sorgfalt auf die Fugenvorbereitung zu legen. Es sind möglichst lange durchlaufende Nähte vorzusehen. Die Kanten müssen sauber, rost- und gratfrei sein.

> **Das UP-Verfahren wird in großem Umfang im Kessel-, Rohrleitungs-, Schiff- und Brückenbau angewendet (Abb. 6.4).**

Abb. 6.4
Fahrbare Unterpulverschweißanlage
beim Schweißen von Kehlnähten für
den Brückenbau
Parameter:
Werkstoff = St 52-3, Gurtplatte =
15 mm, Stegblech = 10 mm
a-Maß = 4,5 mm, Stromstärke =
550 A, Spannung = 28 V, Vorschub =
70 cm/min, Drahtelektrode = 4 mm ⌀,
Pluspolung

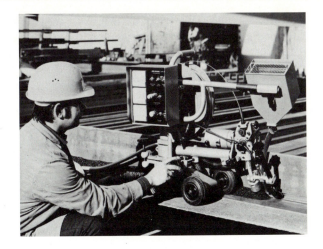

Auftragschweißen nach dem UP-Verfahren an abgenutzten Schienen zeigen die
Abb. 6.5 und 6.6.

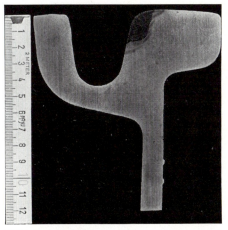

Abb. 6.5 UP-Schweißen an eingepflasterten Rillen-
schienen, Stromentnahme aus der Oberleitung

Abb. 6.6 Fahrkanten einer Rillenschiene nach dem
UP-Verfahren auftraggeschweißt

Für das Auftragschweißen kann eine spezielle Anordnung der Schweißköpfe gewählt werden,
um die Abschmelzleistung zu erhöhen und den Vermischungsgrad zu verringern. Gegebenenfalls wird ein 2. stromloser Draht zugeführt oder der Lichtbogen brennt zwischen 2 Drähten.

6.2.2 Parallel- und Tandemschweißen (121)

Um die Schweißleistung zu steigern, werden z. B. mit Doppeldrahtköpfen zwei Elektroden
nebeneinander mit gemeinsamer Stromquelle quer zur Schweißrichtung verschweißt (Parallelschweißen, Abb. 6.7).

Kennzeichen: Geringere Einbrandtiefe und geringeres Aufschmelzen des Grundwerkstoffes als
beim Einelektrodenschweißen, gute Spaltüberbrückbarkeit.

Anwendung: Auftragschweißen, Füllen großer Nahtfugen, Kehlnähte in Wannenlage.

Bei zwei hintereinander angeordneten Drahtelektroden spricht man vom Tandemschweißen. Die 1. Elektrode wird wegen des tieferen Einbrandes oft mit Gleichstrom, die 2. Elektrode mit Wechselstrom gespeist (Abb. 6.8).

Kennzeichen: Hohe Abschmelzleistung und Schweißgeschwindigkeit, tieferer Einbrand als beim Parallelschweißen.

Anwendung: Stahlbau, Schiffbau, Rohr- und Behälterbau (Schraubenliniennahtrohre).

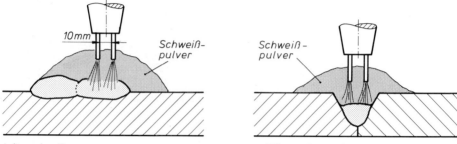

Auftragschweißen Füllen großer Nahtfugen

Abb. 6.7 Parallelschweißen, Elektrodendurchmesser 1,6 ... 2,5 mm

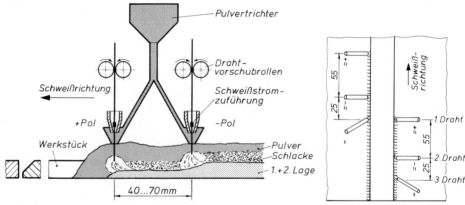

Abb. 6.8 Schema der UP-Tandemschweißung
Abschmelzleistung 20 bis 25 kg/h. Bei geringerem Abstand der Elektroden muß mindestens ein Draht mit Wechselstrom verschweißt werden

Abb. 6.9 Kehlnaht-UP-Schweißung von beiden Seiten gleichzeitig geschweißt mit jeweils 3 Elektroden

Mehrelektrodenschweißen

Beidseitig durchlaufende Kehlnähte werden mit 2 Köpfen zugleich geschweißt. Selbst Drei- und Vierdrahtelektrodenschweißen wird erfolgreich angewendet. Dabei werden beide Nähte etwas versetzt geschweißt (Abb. 6.9).

6.2.3 Hinweise für die Betriebspraxis

Die Schweißpulver sind feuchtigkeitsempfindlich und dürfen deshalb nur trocken verwendet werden. Schweißzusatz ist in DIN 8557 und Schweißpulver zum Unterpulverschweißen ist in DIN 32522 genormt. Draht und Pulverkombination müssen auf den Werkstoff abgestimmt sein. Werkstatterprobte Fugenformen sind in Tab. 6.1 zusammengestellt.

Tab. 6.1   Werkstatterprobte Fugenformen für das UP-Schweißen (Auszug aus DIN 8551 Teil 4)

Kurz-zeichen	Werkstück-dicke t	Ausführung	Benen-nung	Symbol und Fugenform	Grad	Abstand b	Bemerkungen
1.1 UP	1,5 ... 8	einseitig	I - Naht	‖	–	0 ... 2	
1.2 UP	3 ... 20	beidseitig					
1.3 UP	4 ... 16	einseitig				2 ... 7	mit Bad-sicherung
1.4 UP	12 ... 30	beidseitig				4 ... 8	
2 UP	4 ... 20	einseitig	V - Naht	V	30 bis 60	bis 5	Bad-sicherung notwendig
3 UP	über 20	einseitig	Steil-flanken-naht	⊔	5 bis 10	12 ... 20	Bad-sicherung notwendig
4 UP	10 ... 50	beidseitig	2/3 DV-Naht (Doppel-V-Naht)	X	$\alpha_1 = 50$ bis 90 $\alpha_2 = 50$ bis 60	1,5 ... 3 $h = \frac{1}{3} t$	Gegenseite schweißen, Verfahren beliebig
7 UP	über 30	beidseitig	U - Naht	Y	–	bis 1,5 c = 6 - 10	Gegenseite schweißen, Verfahren beliebig

Der Stegabstand gilt für das Heften der Nähte.
Für das Heften und Schweißen der Wurzel wendet man gegebenenfalls Schutzgasschweißverfahren an.

Faustformel für UP-Einelektrodenschweißen

Stromstärke $(A_{min}...A_{max}) = 100...200 \cdot$ Draht-$\varnothing$ in mm
---

Der Einbrand UP-geschweißter Nähte ist erheblich breiter und das Gefüge grober als beim Lichtbogenhandschweißen (Abb. 6.9). Deshalb ist bei Kehlnähten eine andere (reduzierte) Bemessung des a-Maßes vorgesehen, siehe DIN 18800 Teil 1 bzw. Vorschriften der Klassifikationsgesellschaften.

Einzelne Schweißdaten des UP-Schweißens enthält Tab. 6.2.

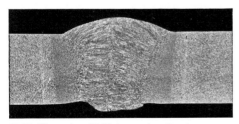
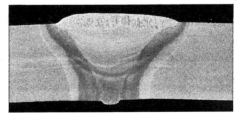

St 37 UP-geschweißt (Einlagenschweißung)   St 37 lichtbogenhandgeschweißt in mehreren Lagen

Abb. 6.10   Vergleich des Einbrandes und des Gefüges, Bildvergrößerung 3:1

Tab. 6.2   Schweißdaten für UP-Eindrahtschweißen, I-Stoß mit Kupferunterlage

Draht-elektrode ⌀	Stromstärke in A	Spannung in V	Schweißgeschwindigkeit* in cm/min	Abschmelzleistung in kg/h
4 mm	450 . . . 650	25 . . . 28	90 . . . 140	8
5 mm	500 . . . 1100	26 . . . 30	80 . . . 100	12 . . . 16

* Wird ab mindestens 12 mm Blechdicke in mehreren Lagen geschweißt, wächst die Schweißgeschwindigkeit etwa auf das Doppelte.

6.2.4 Unterpulver-Quernahtschweißen an senkrechter Wand

Die Schwierigkeit besteht darin, die Pulverabdeckung sicherzustellen. Dies kann mit einem umlaufenden A s b e s t b a n d geschehen, das unter der Nahtfuge entlanggleitet (Abb. 6.11). Die einzelnen Lagen werden als Stichraupen geschweißt. Die Decklagen finden bis auf das Pulver sonst keine Abstützung und sollen möglichst wenig überhöht geschweißt werden. Da das Pulver feuchtigkeitsempfindlich ist, können Regenperioden auf Baustellen die Fertigung mittels UP-Schweißen erheblich verzögern.

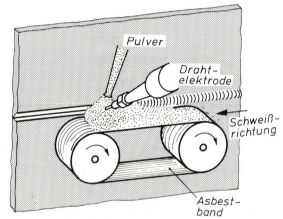

Abb. 6.11   UP-Quernahtschweißen
(Schweißposition q an senkrechter Wand)

6.3 Metallicht-Lichtbogenschweißen mit Netzmantelelektroden (115)

Das UP-Schweißen erreicht eine Schweißleistung, die schlechthin als Maßstab für vollmechanisches Schweißen angesehen wird. Das etwas ältere Schweißen mit Netzmantelelektroden liefert jedoch den Beweis, daß auch mit umhüllten Elektroden bei offenem Lichtbogen beachtliche Leistungen erzielt werden können. Allgemein gilt:

> **Je höher die Strombelastbarkeit einer Elektrode, desto größer ist ihre Abschmelzleistung**

Dieses wird mit der Netzmantelelektrode vornehmlich dadurch erreicht, daß ihr der Schweißstrom in kürzester Entfernung von ihrem Abschmelzende zugeführt wird und daß sie zu diesem Zweck ein Drahtgeflecht besitzt, welches die endlose Elektrode wie ein Netz umgibt (Abb. 6.12).

Die Netzmantelelektrode wurde in England entwickelt und 1950 in die Bundesrepublik eingeführt.

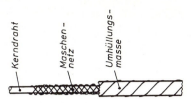

Abb. 6.12 Netzmantelelektrode teilweise freigelegt

Das Schweißen mit Netzmantelelektroden ist relativ unempfindlich gegen Nässe, gegen Wind und gegen Rostansatz an den Blechkanten

---

Man schweißt mit Gleich- oder Wechselstrom und Stromstärken bis 800 A. Das Verfahren wird heute kaum noch angewendet, da die Nähte uneben sind und die Drahtherstellung kostenintensiv ist. Die Netzmantelelektrode wurde vom Fülldraht ersetzt.

6.4 Schweißen mit Fülldrahtelektroden (114)

Im Bemühen um qualitative und quantitative Leistungssteigerung wurden Fülldrahtelektroden für das

Unterpulverschweißen, Schutzgasschweißen, Elektroschlacke- und Elektrogasschweißen sowie für das Schweißen ohne Schutzgas entwickelt.

Die Elektrode ist aus meist unlegiertem, gefalztem Stahlband oder Rohr (Röhrchendraht) und Füllstoffen hergestellt. Den Gewichtsanteil des Füllstoffes am Drahtgewicht nennt man F ü l l g r a d (Abb. 6.13 a).

Füllgrad 14 ... 25 %   Füllgrad 20 ... 40 %

Abb. 6.13 a Zwei Beispiele unterschiedlicher Querschnittsformen von Fülldrahtelektroden

---

Der Füllstoff bildet Schutzgas und Schlacke, enthält Desoxidationsmittel und bringt Legierungselemente ein

---

Vereinzelt werden Fülldrahtelektroden im Zuge von Automatisierungsmaßnahmen gänzlich ohne Schlackebildner, d. h. ausschließlich mit Metallpulver, gefüllt.

Fülldrahtelektroden sind auch im Zwangslagenschweißen einzusetzen, indem eine schnell erstarrende Schlacke (Rutil), z. B. bei Steigenähten, das teilweise noch flüssige Schmelzbad abstützt.

Man verwendet üblicherweise Schutzgas in Form von CO_2 oder $Ar + CO_2$-Gemischen.

Werden beim Zwangslagenschweißen die Mechanisierungsmöglichkeiten ausgenutzt, so ist bei 100 % Einschaltdauer eine Abschmelzleistung von mehr als 3 kg/h einzukalkulieren.

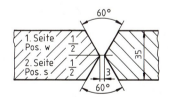

Abb. Vorbereitung einer DV-Naht zum Schweißen mit Fülldraht-Elektrode, 1,2 mm ⌀, quer gependelt unter CO_2-Schutzgas, 1. Seite nach dem Schweißen tief ausfugen!
Pos.w = Wannenposition,
Pos.s = Steigposition

Stromquellen

Für das Fülldrahtschweißen werden Gleichrichter mit Konstantspannung (CP-Charakteristik) eingesetzt, wobei die Drahtelektrode am Pluspol liegt.

Basische Fülldrahttypen sollten mit der Impuls-Lichtbogentechnik verschweißt werden (siehe Abschnitt 5.2.4). Fülldraht mit Rutilschlacke kann auf die Impulstechnik verzichten; weil dadurch bei den hier üblichen Stromstärken von mehr als 200 A keine besseren Resultate erzielt werden.

Beim Auftragschweißen mit Fülldrähten wird auch Wechselstrom verwendet.

Anwendung

Fülldrähte werden bevorzugt bei Dickwandschweißungen angewendet, ferner bei nichtrostenden und hitzebeständigen Stählen, im Schiffbau, Stahl-, Brücken- und Schwermaschinenbau.

Günstig ist die im Vergleich zum Schutzgasschweißen geringe Windempfindlichkeit. Nachteilig sind starke Rauchentwicklung und gelegentliche Porenanfälligkeit.

Beispiele:

1. Einschweißen eines Rohrnippels (Außendurchmesser $d = 60$ mm, Wanddicke $t = 5$ mm) in ein dickwandiges Sammlerrohr mit Fülldraht 1,2 mm $\emptyset$. Die Abb. 6.14 a zeigt Querschliffe der Naht nach verschiedenen Arbeitsschritten.

2. Auftragsschweißen verschleißfester Oberflächen, siehe Abb. 6.14 b.

Wurzel von innen ohne Schweißzusatz mit dem WIG-Verfahren geschweißt.

1. Lage von außen mit dem MAG-Verfahren geschweißt.

2. Lage von außen mit dem MAG-Verfahren geschweißt.

Abb. 6.14 a   Verbindungsschweißen mit Fülldraht

Abb. 6.14 b   Auftragsschweißen
Gepanzerte Spitzen von Sinterbrechern, die bei Temperaturen bis zu 800 °C auf Verschleiß beansprucht werden, nach 5wöchigem Einsatz
linkes Werkstück mit herkömmlichem Auftragswerkstoff, etwa 600 HB, geschweißt, stark angegriffen
mittleres und rechtes Werkstück mit Fülldraht zweckentsprechender Legierung geschweißt, noch neuwertig

6.5 Einseitenschweißen

Das Einseitenschweißen läßt sich mit dem Schutzgasverfahren unter Verwendung von Massiv- oder Fülldrähten sowie mit dem UP-Verfahren durchführen. Es eignet sich für die Anwendung im Behälter-, Brücken-, Stahl- und Schiffbau. Große Plattenfelder (im Schiffbau Paneele genannt) werden vollmechanisch von einer Seite einschließlich der Wurzellage geschweißt. Das Wenden der Sektion zum Gegenschweißen der Wurzel entfällt infolgedessen.

Die Güte der Naht, insbesondere die der Wurzelunterseite ist entscheidend abhängig von dem System der B a d s i c h e r u n g. Hierfür bieten sich u. a. Pulverkissen, wassergekühlte Kupferunterlagen, Keramik- oder Glasfaserstreifen an.

Das Plattenfeld wird entweder pneumatisch, hydraulisch oder magnetisch aufgespannt. V-Nähte werden mit einem Öffnungswinkel von 30° bis 40° vorbereitet.

Für ein Blech von 20 mm Dicke werden folgende Schweißdaten genannt:

Wurzellage schleppend unter 15° geschweißt, $U = 30$ Volt, $I = 800$ Ampere, $v = 40$ cm/min; Füllage mit 35 Volt und 950 Ampere, $v = 40$ cm/min.

Eine japanische Gesellschaft hat eine Kupferschiene entwickelt, die mit einer Cadmiumschicht versehen auf den Lichtbogen anspricht und somit von diesem gesteuert unter der Naht entlanggleitet. Die Glasfaser dagegen befindet sich in längeren Streifen fest unter der Naht (Abb. 6.15).

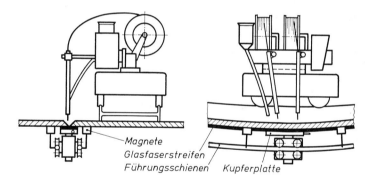

Abb. 6.15 Einseitenschweißen mit gesteuerter Kupferunterlage

Magnete
Glasfaserstreifen
Führungsschienen   Kupferplatte

Keramische Badsicherung

Das einwandfreie Durchschweißen einer Wurzellage, die mit hoher Abschmelzleistung eingebracht werden kann, ist u. a. mit einer keramischen Badsicherung zu erreichen. Diese besteht aus keramischen Stützleisten, die in eine Metallschiene eingelegt werden. Die Leisten sind feuchtigkeitsunempfindlich und chemisch inaktiv. Die Haltevorrichtung zum Anbringen der Badsicherung besteht aus Magnethaltern mit Blattfeder (Abb. 6.16).

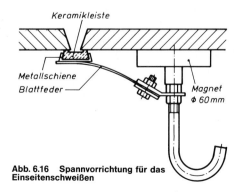

Keramikleiste

Metallschiene
Blattfeder

Magnet
φ 60 mm

Abb. 6.16   Spannvorrichtung für das Einseitenschweißen

6.6 Elektroschlackeschweißen, Kurzzeichen RES

Das Elektroschlackeschweißen ist ein W i d e r s t a n d s s c h m e l z - v e r f a h r e n für vollmechanisches Schweißen längerer Steigenähte an dickeren Blechen ab etwa 20 mm. Wie beim Elektrogasschweißen wird die Schweißfuge seitlich mit Kupferbacken abgedeckt, die der Schlacke und dem Schweißgut einen Halt geben (Abb. 6.17).
Eingeleitet wird der Schweißprozeß durch einen Lichtbogen, der das eingebrachte Schweißpulver aufschmilzt und ein Schlackenbad bildet. Sobald die elektrische Leitfähigkeit der Schlacke die des Lichtbogens übertrifft, erlischt der Licht-

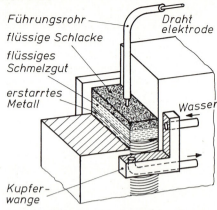

Abb. 6.17 **Schema der Elektroschlackeschweißung**
Der Schweißzusatz kann auch aus mehreren Drähten oder Bändern bestehen

bogen, während der Schweißdraht weiterhin abschmilzt. Da die hocherhitzte Schlacke auch die Nahtflanken aufschmilzt, bildet sich ein Schmelzbad, das unterhalb der Schlacke langsam erstarrt. Das Pulver wird in kleinen Mengen laufend zugegeben, wodurch die Höhe des Schlackenbades konstant gehalten wird.

> **Schweißanfang und -auslauf müssen etwa 100 mm Zugabe erhalten, weil am Anfang noch nicht genügend Einbrand vorhanden ist, und am Ende der Naht das Schlackenbad noch untergebracht werden muß**

Auch Schweißunterbrechungen führen zu großen Fehlstellen; sie müssen ausgefugt und von Hand nachgeschweißt werden. Die Mindestbreite der Nahtfuge soll annähernd 25 mm betragen. Demzufolge ist das Verfahren bei Blechen unter 20 mm nicht zu empfehlen. Vorteile gegenüber anderen Schweißverfahren: niedrigere Schweißeigenspannungen infolge langsamer Abkühlung, der langsame Erstarrungsprozeß begünstigt die metallurgische Beschaffenheit des Schweißgutes, vorzugsfreies Schweißen.

6.7 Elektroschlackeschweißen mit abschmelzender Drahtzuführung (Kanalschweißen)

Elektroschlackeschweißen ist als Eindraht- und Vieldrahtschweißen bekannt. Beim Kanalschweißen wird der Schweißdraht nicht frei zugeführt, sondern in einer ummantelten H o h l - e l e k t r o d e als Führungsrohr. Dies schmilzt mit dem Draht gemeinsam ab. Die Ummantelung dient der Schlackenbildung und isoliert die Elektrode gegen die Nahtflanken. Die kanalbildenden Kupferschienen (Abb. 6.17) decken die Schweißfuge auf ihrer ganzen Länge ab. Die begrenzte Lage der Hohlelektrode beschränkt das Verfahren auf kürzere Schweißnähte.

> **Kanalschweißen wird an unlegierten und niedriglegierten Blechen ab 16 mm in steigender Position bei Nahtlängen von max. 2 m angewendet**

Im Vergleich zum Handschweißen werden größere Fehlerfreiheit und größere Wirtschaftlichkeit hervorgehoben.

Anwendungsbeispiel:

Kanalschweißen eines Profilstoßes auf eine Deckplatte. Die Vorbereitung der Schweißstelle ist in Abb. 6.18 dargestellt.

Das Trennplättchen soll das Anschweißen auf die Platte verhindern. Die autogenen Anschnitte werden nach der Schweißung zu einem vollen Ausschnitt zu Ende geführt (gestrichelte Linie). Zunächst aber braucht man das Anfangsstück für die Eingrenzung des Schweißbades. Die Auslaufstücke werden wie das Anfangsstück nach dem Schweißen abgebrannt. Die beiden Seiten sind noch mit je einer wassergekühlten Kupferschiene abzudecken, damit ein Kanal entsteht.

Der Freischnitt soll das anschließende Schweißen der V-Naht auf der Decksplatte ermöglichen. Außerdem wird für Dehnung und Schrumpfung etwas Spielraum gewonnen, wodurch Eigenspannungen reduziert werden.

Schweißdaten: Massivdraht 3,2 mm ϕ; Hohlelektrode 10 mm Außen-ϕ, 4 mm Innen-ϕ; Wechselstrom 38 Volt, am Anfang 45 Volt; Stromstärke 430 bis 450 A.

Liegt der Längsspant unter der Decksplatte, muß die Elektrode durch die Beplattung hindurchgesteckt werden. Zu diesem Zwecke ist die V-Fuge an dieser Stelle zu erweitern. Liegen aber Platten und Profilstoß nicht übereinander, so ist in die Deckplatte ein Loch zu bohren, durch das die Hohlelektrode hindurchgesteckt wird (Abb. 6.19).

Das Anlaufblech und der Steiger werden nach Beendigung der Schweißung abgebrannt, ebenso der bereits angeschnittene Ausschnitt im Profil unter der Decksplatte. Das Loch in der Decksplatte wird von Hand wieder zugeschweißt.

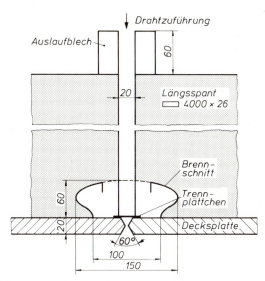

Abb. 6.18   Vorbereitung einer Kanalschweißung

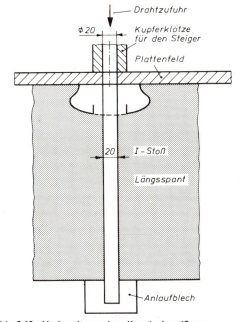

Abb. 6.19   Vorbereitung einer Kanalschweißung
Im Gegensatz zu Abb. 6.18 befindet sich der Längsspant nicht auf, sondern unter dem Plattenfeld

113

6.8 Elektronenstrahlschweißen (76)

Das Elektronenstrahlschweißen, Kurzzeichen EB, ist ein Schmelzschweißverfahren, bei dem ein Elektronenstrahl von 0,1 bis 0,2 mm Durchmesser die Schweißwärme erzeugt, indem hochbeschleunigte Elektronen (190 000 km/s) auf das Werkstück aufprallen (Abb. 6.20). Durch die hohe Energiekonzentration auf kleinstem Volumen geht das Metall in den gasförmigen Zustand über. Der Elektrodenstrahl durchdringt unter Schaffung einer Dampfkapillare die volle Werkstoffdicke. Die Kanalwand wird dabei schmelzflüssig, und sobald der Strahl weitergeführt wird, entsteht eine Schmelze, die schnell erstarrt (Abb. 6.21). Der Strahl wird in einem Vakuum von weniger als 10^{-4} h Pa* erzeugt. Das Werkstück wird in der Regel ebenfalls in einer nahezu luftleeren Arbeitskammer, d. h. unter Hochvakuum geschweißt. Vielfach ist ein Halbvakuum von $5^{-2} \ldots 10^{-2}$ h Pa* ausreichend, in einigen Fällen schweißt man auch unter Atmosphärendruck.

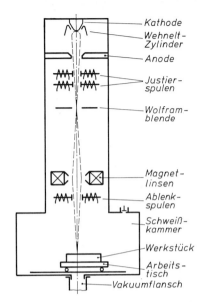

Abb. 6.20 Prinzip des Elektronenstrahlschweißens

Abb. 6.21 Anwendungsbeispiel
2 gegeneinander gerichtete Elektronenstrahlen schweißen im Halbvakuum gleichzeitig auf beiden Seiten die fest aufeinanderliegenden Achshalbschalen von 2100 mm Länge und 888 cm² Fügefläche in 3,5 min zusammen

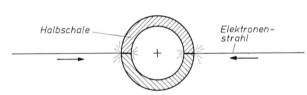

Das Schmelzbad entsteht in Bruchteilen von Sekunden, ist tief und extrem schmal. Es ist mit dem Umriß einer Stecknadel vergleichbar, die in das Werkstück eindringt (Abb. 6.22).

Elektronenstrahlschweißen eignet sich für nahezu alle Metalle von Mikroschweißungen bis zum Schweißen von Dicken bis etwa 250 mm (Stahl)

Es ist gütemäßig das beste Verfahren für empfindliche Werkstoffe gegen Verunreinigungen aus der Atmosphäre.
Bemerkenswert sind hohe Schweißgeschwindigkeiten, die die Werte des WIG-Verfahrens um das 4- bis 5fache übertreffen; Reinheit der Naht; geringe Wärmezufuhr; Schweißeignung von Werkstoffkombinationen: Tiefschweißeffekt. Die Anlage erfordert hohe Investitionskosten; es entstehen Röntgenstrahlen, die durch Bleiverkleidungen abgeschirmt werden; die Gefahr der Aufhärtung ist zu beachten (Schweißgeschwindigkeit drosseln).

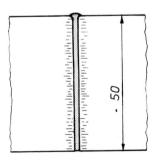

Abb. 6.22 Elektronenstrahlschweißnaht an einer Aluminiumlegierung mit Impulsverstärkung geschweißt. Vorschub 350 mm/min

---

* 1 h PA (Hektopascal) = 100 Pa = 1 mbar (Millibar) ≙ 10 mm WS (Wassersäule)

6.9 Schweißen u. Schneiden mit Laserstrahl

Laserstrahlen[1] sind monochromatische, d. h. einfarbige, zu einer einzigen Spektrallinie gehörige Strahlen (Laserlicht), die den Werkstoff durch Absorption der **Strahlungsenergie** schmelzen. Die Strahlungsenergie wird durch optische Linsen verstärkt, welche die Strahlen auf einen Brennfleck vereinen (fokussieren), dessen kleinster erreichbarer Durchmesser 0,1 mm beträgt. Helium, Argon, CO_2 oder Mischgase können als Schutzgas verwendet werden.

Der Laserstrahl wird zum Schweißen und Schneiden im Mikro- und Makrobereich genutzt. Das Lasermedium kann gasförmig oder fest sein.

Der **Kohlendioxid-Laser** (CO_2-Laser) hat für die Schweiß- und Schneidtechnik die weitaus größere Bedeutung als ein **Festkörperlaser,** von denen **Rubinlaser** und **Nd-YAG-Laser**[2] die bekanntesten sind. Diese beiden werden vorwiegend für das Schweißen kleiner Bauteile im Mikrobereich eingesetzt.

Abb. Schweiß- und Schneidkopf eines CO_2-Gaslasers mit automatischer Steuerung des Arbeitsabstandes zum Werkstück. Höhenabtastung durch Fühlscheibe

6.9.1 Laserstrahlschweißen, Kurzzeichen LB, Kennzahl 731

Mit dem Laserstrahl wird ein **Tiefstrahleffekt** erzielt, der dem des Elektronenstrahls fast gleichkommt, s. Abb. 6.22. CO_2-Anlagen werden aus wirtschaftlichen Gründen mit Strahlleistungen von 1 ... 5 (10) kW angeboten, Elektronenanlagen dagegen von 3 ... 60 kW. Da außerdem die **Wirkungsgrade** bei EB-Anlagen mit 15 % vorgegeben sind, ist die Anwendung des Laserverfahrens nach dem gegenwärtigen Stand der Technik auf 6 ... 8 mm (max. 12 mm) **Schweißtiefe** begrenzt. Die Anwendungsbreite des Laserstrahls ist dagegen beachtlich.

Das Laserstrahlschweißen ist auf Stahl- und Gußwerkstoffe, NE-Metalle*, Kunststoffe, Keramiken und Glas anwendbar.

---

* Kupfer und Aluminium erfordern allerdings sehr hohe Strahlleistungen, die einfacher mit dem Elektronenstrahl erreicht werden.

Vorteile des Laserschweißens:
- Die Fügeteile werden in ganzer Tiefe in einem Zuge zusammengeschweißt.
- Zusatzwerkstoffe werden in der Regel nicht verwendet.
- Die Schweißfuge ist schmal; sie entsteht zunächst als Dampfkapillare, deren geschmolzene Wandung beim Weiterziehen des Strahls hinter diesem zusammenfließt und die Schweißnaht bildet.
- Die Schweißgeschwindigkeit ist hoch.
- Nacharbeit ist nicht erforderlich; Verzug kaum gegeben.

Nachteile:
- Das Fügeverfahren ist an mechanisch bearbeitete Teile mit engen Toleranzen gebunden; die Stumpfnaht eines Stahlbleches von 2 mm Dicke verträgt z. B. nur eine Spaltenbreite von 0,7 mm.
- Die Schweißtiefe ist begrenzt, größere Schweißtiefen sind unwirtschaftlich.
- Zur Anlage gehören u. a. verordnete Gasabsaugung und -reinigung und ein aufwendiges Kühlsystem. Sie bedarf insgesamt sorgfältiger Pflege.
- Die Anlagekosten sind hoch und setzen einen entsprechenden Nutzungsgrad voraus. Strahlenschutz gegen Augenschäden ist erforderlich.

---

[1] Laser = **L**ight **a**mplification by **s**timulated **e**mission of **r**adiation (Lichtverstärkung durch erzwungene Strahlungsanregung).
[2] Nd-YAG = Neodym-Yttrium-Aluminium-Granat

6.9.2 Laserstrahlschneiden

Je nach der Strahlleistung des Lasers und der unterschiedlich wirkenden Schneidgase unterscheidet man:

Laserbrennschneiden	**Laserschmelzschneiden**	**Lasersublimierschneiden**[1]
für Metalle, vornehmlich Stahl	für Metalle und Nichtmetalle	für Metalle und Nichtmetalle
Sauerstoff unterstützt die Verbrennung und bläst die Oxide aus der Schnittfuge aus.	Inertes oder reaktionsträges Gas übernimmt das Wegblasen des geschmolzenen Werkstoffes.	Inertes oder reaktionsträges Gas treibt den vorwiegend verdampfenden Werkstoff aus der Schnittfuge.

> **Laserschneidbar sind außer Stahl und Metallen, Kunststoffe, Keramik, Glas, Leder, Baumwollgewebe, Sperr- und Schichtholz.**

Mit dem CO_2-Laser werden Stahlbleche bereits bis 12 mm (max 20 mm) Dicke geschnitten. Die günstige Schwingungsform (Mode) des Strahls und die Anwendung des Pulsen schaffen eine hohe Qualität der Schnittflächen, die in computernumerischen Schneidanlagen (CNC-Steuerung) voll zur Geltung gebracht werden.

6.10 Gießschmelzschweißen, Kurzzeichen AS

Der Schweißzusatz kann beim Gießschmelzschweißen in Schmelzöfen oder durch aluminothermische Reaktion erschmolzen werden. Die Werkstücke werden dadurch miteinander verbunden, daß diese von der Schmelze selbst angeschmolzen und nach dem Erstarren ein Ganzes bilden (Abb. 6.25).

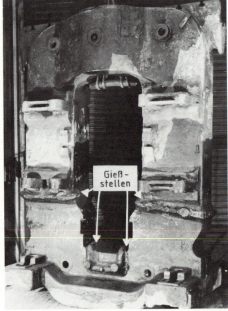

Abb. 6.25   Gebrochener Walzenständer (30 t) aus Stahlguß durch Gießschmelzschweißen repariert

---

[1] sublimieren = unmittelbar von den festen in den gasförmigen Zustand übergehen.

Beim aluminothermischen Verfahren wird Schweißzusatz in einem Magnesit-Tiegel erzeugt, in dem Eisenoxid durch Verbrennen von Aluminium geschmolzen und reduziert wird. Gegebenenfalls wird es danach durch Zusätze in gewünschter Weise legiert (Abb. 6.26). Ein Gemisch aus Eisenoxid und Aluminiumgrieß im Verhältnis 3:1 wird mit Hilfe einer Spezialzündmasse aus Bariumperoxid und Aluminium gezündet.

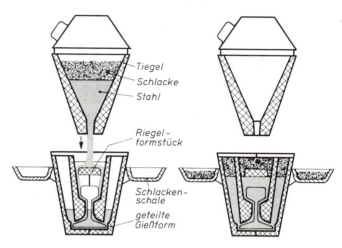

Tiegel
Schlacke
Stahl

Riegel-formstück

Schlacken-schale

geteilte Gießform

Abb. 6.26 Schema des Gießschmelzschweißens, aluminothermisches Schnellschweißverfahren mit Kurzvorwärmung

Der Prozeß verläuft stark exotherm:
$$Fe_2O_3 + 2\,Al \rightarrow Al_2O_2 + 2\,Fe + Wärme$$
$$1000\,g \rightarrow 476\,g + 524\,g + 3550\,kJ$$

Gießschmelzschweißen wird hauptsächlich bei großen Querschnitten angewendet

---

Geeignet sind niedrig- und hochlegierte Stähle (Abb. 6.27), Stahlguß, Kupfer (Abb. 6.28) und Aluminium.

Abb. 6.27 Zug- und Biegeproben von gießschmelzgeschweißten Betonstählen

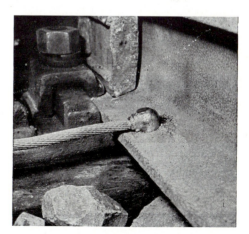

Abb. 6.28 Kupferkabel durch Gießschmelzschweißen mit einer Stahlschiene verbunden (Orgoweldverfahren). Gesamtzeit einschließlich Säubern 2 min

Beim Schweißen von Schienen bedient man sich meistens vorgefertigter, CO_2-gehärteter Quarzsandformen (Abb. 6.29), die dem Profil angepaßt sind. Vorteilhaft ist ein Vorwärmen der Schienenenden vorzugsweise mit einem Propan-Sauerstoff-Brenner (Abb. 6.30).

Abb. 6.29 Vorgefertigte Quarzsandformen

Abb. 6.30 Vorwärmen mit dem Brenner
Die Flammen treten durch die Fußsteiger aus der Form heraus. Der Tiegel ist gefüllt, die Mischung noch nicht gezündet; er wird zum Abstich über die Form geschwenkt

Arbeitsablauf:

Schienen ausrichten (Schrumpfung durch leichte Überhöhung berücksichtigt), Abstand 20 bis 22 mm, Lücke einformen, vorwärmen, Thermit-Gemisch entzünden, nach einer Gesamtreaktionszeit von etwa 20 s für 5 kg eingießen, Form nach etwa 3 min zerschlagen, Schienenkopf im rotwarmen Zustand bearbeiten, Fußsteiger nach dem Erkalten abschlagen. Die Mehrzahl der Schienen wird mit Flachwulst verschweißt. Mit 8 min Vorwärmzeit erreicht man eine Temperatur von 1000 °C. Die Sperrzeit des Gleises für die Ausführung der Schweißverbindung beträgt etwa 20 min (Abb. 6.31).

Abb. 6.31 Fertig bearbeitete Schweißung mit Flachsteg

Beschränkt man die Vorwärmtemperatur nach einer Anwärmzeit von etwa einer Minute auf ≈ 600 °C, so spricht man von einer Schnellschweißung mit Kurzvorwärmung (Abb. 6.26). Die Sperrzeit für das Gleis beträgt nur noch 15 min. Die nötige Schweißtemperatur wird durch eine größere heißflüssige Stahlmenge erreicht, von der zunächst ein Teil an den Schienenenden vorbeifließt, hier Wärme abgibt und dann von Spülsteigern aufgenommen wird. Die Schweißlücke beträgt in diesem Falle 24 bis 26 mm.

6.11 Lichtbogenschneiden

Lichtbogenschneiden (Thermisches Abtragen durch elektrische Gasentladung) wird beim Trennen von Steigern und Lunkern in Gießereien, beim Verschrotten von schweren Teilen aus Gußeisen, NE-Metallen sowie zum Einstoßen von Löchern sowie zum Abtragen an Oberflächen (Fugen) angewandt. Das Metall wird teils verbrannt, teils aufgeschmolzen.

Für das Lichtbogenschneiden benutzt man

Kohleelektroden + Druckluft **zum Lichtbogen-Druckluftfugen**	**umhüllte Hohlelektroden + Sauerstoff** **zum Lichtbogen-Sauerstoffschneiden**

Umhüllte Hohlelektroden sind auch für das Unterwasserschneiden geeignet. Für diesen Fall darf nur mit Gleichstrom (Elektrode am Minuspol) gearbeitet werden. Das Schneiden mit umhüllter Elektrode ist kaum noch anzutreffen.

Das Trennen mit der Hohlelektrode ist mit dem Pulverbrennschneiden vergleichbar. Der Lichtbogen übernimmt das Erwärmen, der durch die Hohlelektrode zugeführte Sauerstoff besorgt das Heraustreiben der Schmelze, Schlacke und glühenden Metallteile (Abb. 6.32).

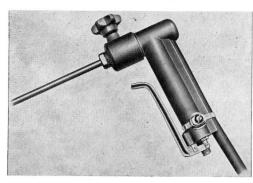

Abb. 6.32 Unterwasserschneidzange für das Lichtbogenschneiden mit Sauerstoff

6.12 Thermisches Spritzen (DIN 32 530)

Das Beschichten von Werkstücken mit Spritzwerkstoffen, meistens Metallen, wird vorwiegend angewandt zum Schutz gegen Korrosion und Verschleiß sowohl in der Neufertigung als auch in der Instandsetzung. Zu den bekanntesten Beschichtungsverfahren gehören

Flammspritzen	**Lichtbogenspritzen**	**Plasmaspritzen**

Wird thermisches Spritzen zum Urformen benutzt, so spricht man von Auftragen (Abb. 6.35).

6.12.1 Flammspritzen

Das gebräuchliche Spritzverfahren ist das Flammspritzen mit der Brenngas-Sauerstoffflamme. Der Spritzwerkstoff wird als Pulver oder Draht geschmolzen und mit Trägergas, in der Regel Druckluft, auf die Werkstoffoberfläche geschleudert (Abb. 6.33 und 6.34, Seite 120).

Die Haftung der Spritzschicht auf dem Grundwerkstoff geschieht durch mechanische Verklammerung der Spritzpartikel auf der rauhen Oberfläche des Werkstückes. Zum Aufrauhen benutzt man vielfach Fluß- oder Quarzsand, Korund und Hartguß. Die Oberfläche muß durch Strahlen metallisch sauber sein, selbst Fingerabdrücke beeinträchtigen die Haftfestigkeit. Desgleichen muß die Druckluft frei von Öl und Wasser sein. Um die Haftfestigkeit zu verbessern, spritzt man gegebenenfalls Zwischenschichten, z. B. aus Nickelaluminium, auf.

> **Die Werkstückoberfläche ist ohne Verweilzeit unmittelbar nach dem Strahlen zu beschichten, um optimale Haftfestigkeit zu erzielen.**

Abb. 6.33   Innenbeschichtung einer Buchse. Der Pulverbehälter ist auf das Spritzgerät aufgeschraubt

A n w e n d u n g s s c h w e r p u n k t : Schutz gegen Gleitverschleiß ohne Schmelzverbinden möglich. Korrisionsschutz ohne Schmelzverbinden gut.

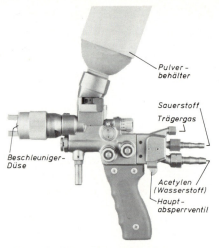

Abb. 6.34   Pulver-Flammspritzpistole

6.12.2 Lichtbogenspritzen

Das Lichtbogenspritzen hat sich wegen seiner Wirtschaftlichkeit insbesondere für den Korrosionsschutz größerer Stahlkonstruktionen, z. B. Bohrinseln oder Brücken, immer mehr durchgesetzt. Bei den üblichen Lichtbogenspritzanlagen brennt der Lichtbogen zwischen zwei Drahtelektroden, die aus unterschiedlichen Metallen bestehen können. Anstelle von Brenngas und Sauerstoff werden die Drähte durch elektrischen Strom billiger aufgeschmolzen.

Auch beim Lichtbogenspritzen werden die abgeschmolzenen Metallpartikel meistens mit Druckluft auf die Werkstückoberfläche geschleudert, für spezielle Anwendungen aber mit Schutzgas wie z. B. Argon, um die Oxidation des Schmelzgutes zu vermeiden.

Abb. 6.35   Lichtbogen-Metallspritzanlage = Kompaktstromquelle mit Überwachungs-, Schalt- und Regelorganen für Lichtbogenspannung, Stromstärke und Zerstäuberluftdruck, Abspulvorrichtung und seitlich eingehängter Pistole mit eingebautem Luftmotor, der die Spritzdrähte durch die Drahtführungsschläuche zieht.

6.12.3 Plasmaspritzen

Das Prinzip des Plasmaverfahrens wurde im Abschnitt Plasmaschweißen erläutert. Mit dem Lichtbogenplasmastrahl lassen sich Werkstoffe mit höherem Schmelzpunkt spritzen, wie z. B. Wolfram, Tantal oder Molybdaen und auch nichtmetallische Pulver.

Zusatzwerkstoffe für das Plasmaspritzen sind meistens pulverförmig, es werden aber auch stab- und drahtförmige Werkstoffe verwendet. Als Plasmagase werden Argon, Wasserstoff, Helium und Stickstoff sowie deren Gemische verwendet.

Beim **Plasmapulverspritzen** arbeitet man mit dem nicht übertragenen Lichtbogen, der zwischen Wolframelektrode und der Innenwand der wassergekühlten Kupferdüse brennt (siehe Abschnitt 5.2.8).

Beim **Spritzen mit Drahtzufuhr** sind zwei Verfahren anzutreffen:

a) Der Draht wird in der Düse durch den nicht übertragenen Lichtbogen geschmolzen und zerstäubt.

b) Der Draht wird an den positiven Pol der Schweißenergiequelle angeschlossen, von außen zugeführt, und durch den übertragenen Lichtbogen auf das Werkstück gespritzt.

Besondere Bedeutung hat das Plasmaspritzen in der Raketentechnik, im Flugtriebwerks- und Reaktorbau

---

S c h w e r p u n k t e d e r A n w e n d u n g : Verschleißfeste und hitzebeständige Überzüge; elektrisch isolierende und Wärmeschutzschichten; Fertigung (Urformen) von Werkstücken (Oxide, Boride, Carbide). Beim Urformen wird der Spritzwerkstoff auf einen Formkern gespritzt. Nachdem die gewünschte Spritzdicke erreicht ist, wird das Spritzteil vom Kern abgetrennt. Auf diese Weise werden z. B. Raketendüsen hergestellt (Abb. 6.35).

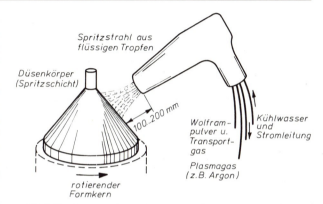

Abb. 6.36   Plasmaspritzen einer Raketendüse mit Handpistole
Der Formkern wird später ausgeätzt

Unfallschutz

Beim Spritzen niedrigschmelzender Metalle, besonders bei solchen mit niedrigem Siedepunkt, ist mit Verdampfen des Spritzgutes zu rechnen. Deshalb müssen Schutzmasken getragen werden. Außerdem sind beim Plasmaspritzen und Lichtbogenspritzen die Augen durch Schutzbrillen vor Blendung und ultravioletten Strahlen zu schützen. Siehe DVS Merkblatt 2307 Teil 1 bis 4

Übungen zum Kapitel 6, Besondere Verfahren der Schweißtechnik

1. Erläutern Sie das Unterpulverschweißverfahren.
2. Nennen Sie Anwendungsbereiche des UP-Verfahrens.
3. Weshalb sind die Fugen beim UP-Schweißen vielfach mit Badsicherungen ausgestattet?
4. Erklären Sie die Wirkung von Fülldrahtelektroden.
5. Nennen Sie bevorzugte Anwendungsgebiete des Fülldrahtschweißens.
6. Zählen Sie Vorteile des Einseitenschweißens auf.
7. Welche Schweißverfahren werden beim Einseitenschweißen bevorzugt angewendet?
8. Beschreiben Sie das Prinzip des Elektrodenstrahlschweißens.
9. Welche Metalle können in welchen Dicken mit dem Elektrodenstrahl geschweißt werden?
10. Erläutern Sie das Prinzip des Gießschmelzschweißens am Beispiel eines Schienenstoßes.
11. Nennen Sie thermische Spritzverfahren zum Beschichten von Werkstoffen.
12. Welches Spritzverfahren wird außer zum Beschichten auch zum Urformen verwendet?

7 Preßschweißen (4)

Definition

Beim Preßschweißen werden Werkstoffe unter Anwendung von Kraft und meist örtlich be-
grenzter Erwärmung im allgemeinen ohne Zusatzwerkstoff miteinander vereinigt.

7.1 Feuerschweißen (43)

Beim Hammer- oder Feuerschweißen, dem ältesten aller Schweißverfahren, werden zu
verschweißende Werkstoffe im offenen Schmiedefeuer, heute aber auch im Ofen oder durch

Gasbrenner erwärmt und im teigigen
Zustand durch Hämmern oder Pressen zusammengefügt. Die Zugabe
von Sand auf die erwärmten
Schweißteile verhindert den Zutritt
von Luftsauerstoff. Vorbereitete
Schweißstöße zeigt Abb. 7.1.

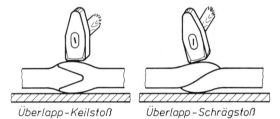

Überlapp-Keilstoß   *Überlapp-Schrägstoß*

Abb. 7.1   **Zum Feuerschweißen vorbereitete Schweißstöße**

7.2 Widerstandsschweißen (2)

Das Widerstandsschweißen (DIN 1910 Teil 5) wird hauptsächlich in der Massenfertigung
angewendet. Für die wirtschaftliche Fertigung verschiedener Metallwaren und Maschinenteile
stehen hochentwickelte Geräte und Maschinen zur Verfügung.

Der Strom für die Widerstandserwärmung wird konduktiv über Elektroden zugeführt oder induktiv
durch Induktoren (siehe Abschnitt 7.3) übertragen.

Die Schweißwärme Q wird entscheidend durch den Übergangswiderstand R erzeugt, den der
elektrische Strom an den Stoßstellen zweier Werkstücke vorfindet. Eine dosierte Anpreßkraft
ist für das Verschweißen der Teile unentbehrlich. Sie beeinflußt auch den Übergangswiderstand. Der Zusammenhang von Stromstärke, Widerstand und Zeit ist durch die Formel

$$Q = I^2 \cdot R \cdot t$$

gekennzeichnet. Die Stromstärke erreicht Werte bis 100 000 Ampere. Sie wird mit Hilfe von
Transformatoren oder neuerlich auch Kondensatoren gewonnen (Kondensatorentladungs-
schweißen).

7.2.1 Widerstands-Punktschweißen RP (21), Konduktives Preßschweißen

Beim Punktschweißen werden die Werkstücke an einzelnen Punkten miteinander verbunden.
Schweißstrom wird der Schweißstelle durch E l e k t r o d e n zugeführt, die gleichzeitig die
E l e k t r o d e n k r a f t übertragen (Abb. 7.2). Je nach Elektrodenanordnung unterscheidet
man Einzel- oder Vielpunktschweißen (Abb. 7.3 und 7.4). Außerdem wird je nach Art der
Stromzuführung zwischen zweiseitigem (Abb. 7.3) und einseitigem (Abb. 7.5) Punktschweißen
unterschieden.

Abb. 7.2 **Schweißlinse** (Punktschweißen)

> **Punktschweißen ist ein sehr wirtschaft-
> liches Verfahren anstelle von Nietungen**

Punktschweißmaschinen werden als Hand-
zangen, mobile und ortsfeste Maschinen unterschiedlicher Leistungsbereiche angeboten
(Abb. 7.6 und 7.7).

Abb. 7.7 **Punktschweißmaschine mit Fußtaster für 32
oder 50 kVA Nennleistung bei 50 % ED,** Elektrodenkraft 650 bis 3900 N, Blechdicke max. 8+8 mm

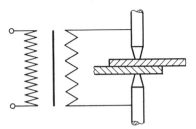

Abb. 7.3 **Einzelpunktschweißen**

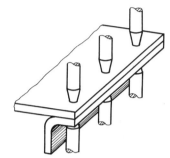

Abb. 7.4 **Vielpunktschweißen** (maschinell)

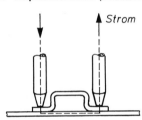

Abb. 7.5 **Punktschweißen von einer Seite mit
Doppelpunkter, auch Stoßpunkter genannt.**
Blechdicke für Reparaturbetrieb von Hand bis
etwa 2 mal 1 mm

Abb. 7.6 **Punktschweißzange mit Elektroden-
armen aus Kupferhohlprofil**

123

Prüfen der Punktschweißverbindung

Obgleich die Parameter Elektrodenkraft, Stromzeit und Stromstärke unverändert beibehalten werden, sind die Schweißpunkte ungleich. Der erste Punkt ist größer und damit fester als die folgenden Punkte, da ein Teil des Stromes auch über die Nachbarpunkte fließt; ein Nachregeln der Stromstärke könnte angebracht sein. Beim werkstattmäßigen Überprüfen der Schweißpunkte am Schraubstock durch Biegen und Rollen mit Hilfe eines Feilklobens sollte daher die Beurteilung des zuerst geschweißten Punktes nicht allein maßgebend sein. Störungen beim Punktschweißen sind in Tab. 7.1 zusammengefaßt.

Tab. 7.1   Störungen beim Punktschweißen

Störung	Ursache und Abhilfe
Elektroden sind zu schnell abgenutzt; Berührungsfläche wurde zu groß	Einstellwerte ungünstig, Elektrode nachfräsen oder erneuern
Elektrodeneindrücke auf der Werkstückoberfläche zu tief	Stromstärke, Elektrodenkraft, Stromzeit prüfen
Bindefehler	Stromstärke zu schwach, Elektrodenkraft zu gering, Nebenschluß durch Nachbarpunkte, unerwünschte Berührungspunkte oder zu dicke Bleche, Bleche verunreinigt
Schweißverbindung aufgehärtet, wenig dehnfähig	Werkstoff ungeeignet? zu kurze Schweißzeit, evtl. sog. Langzeitschweißen anwenden
keine Schweißung	Strom, Kühlwasserumlauf unterbrochen, Elektrodenkraft fehlt

7.2.2 Buckelschweißen (23)

Das Buckelschweißen, Kurzzeichen RB, ist eine Variante des Punktschweißens.

Mit Buckeln versehene Bleche fixieren den Stromdurchgang (Abb. 7.8).

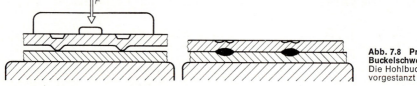

Abb. 7.8 Prinzip des Buckelschweißens
Die Hohlbuckel sind vorgestanzt

Buckelschweißen ist für Massenfertigung in der blechverarbeitenden Industrie äußerst wirtschaftlich anwendbar

---

Schweißmaschinen nach dem Baukastensystem können sowohl für Punkt-, Buckel- als auch für Nahtschweißen umgerüstet werden.

7.2.3 Rollennahtschweißen RR (22)

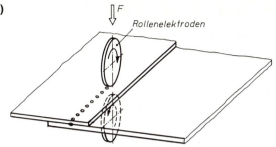

Rollenelektroden übernehmen Stromzufuhr und Kraftübertragung. Der Schweißstrom wird stetig oder impulsartig zugeführt. Überdecken sich die Schweißpunkte, entsteht eine dichte Naht (Dichtnaht), wird der Abstand der Stromstärke größer, entsteht entweder eine Festnaht oder eine Heftnaht (Abb. 7.9).

Abb. 7.9 Prinzip des Rollennahtschweißens
Den Vorschub des Bleches übernehmen die Rollen

Rollennahtschweißen ist auf dünne Bleche begrenzt, max. Dicke für Stahl beträgt 3,5 mm, für Aluminium 1,5 mm

---

A n w e n d u n g : z. B. Radiatoren

7.2.4 Preßstumpfschweißen RPS (25)

Die Schweißstücke werden in wassergekühlte Kupferbacken eingespannt, unter Strom gesetzt und gegeneinander gepreßt. Nach Erreichen der Schweißtemperatur wird der Strom abgeschaltet und die Stauchkraft verstärkt. An der Schweißstelle bildet sich ein Wulst aus (Abb. 7.10). Aluminium und Kupfer hinterlassen nur einen dünnen, zackigen Stauchgrat.

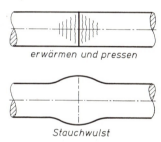

erwärmen und pressen

Stauchwulst

Abb. 7.10 Preßstumpfschweißen (Kurzzeichen RPS)

Preßstumpfschweißen findet bei Stahl mit Querschnitten von 150 mm² seine wirtschaftliche Grenze, es wird bei Stahl (z. B. Sägebänder), Kupfer und Aluminium angewendet

---

7.2.5 Abbrennstumpfschweißen RA (24)

Abweichend vom Preßstumpfschweißen werden die unter Strom stehenden Fügeteile nicht kontinuierlich gestaucht, sondern mehrfach gegeneinander gefahren und wieder auseinander gezogen (Reversiervorgang). Die Kontaktstellen werden durch den elektrischen Widerstand und durch Schmorkontakt erwärmt. Infolge der hohen Erwärmung entsteht ein Metalldampfdruck, der schmelzendes Metall wie Funkenregen aus der Schweißfuge schleudert.

Dem Abbrennen folgt das Stauchen mit vorgegebener Stauchkraft. Durch die im Vergleich zum Preßstumpf-schweißen kleinere Erwärmungszone entsteht ein klei-ner Stauchgrat (Abb. 7.11), der gegebenenfalls noch im rotwarmen Zustand entfernt wird.

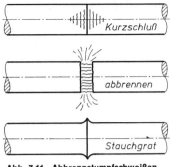

> **Abbrennstumpfschweißen eignet sich für emp-findliche, dünnwandige, aber auch für große dickwandige Werkstücke, die u. U. mit Vorwär-mung geschweißt werden**

Abb. 7.11 Abbrennstumpfschweißen (Kurzzeichen RA)

A n w e n d u n g s b e i s p i e l e : Schienen, Schiffsketten, Wellen, Bohrgestänge, Metall-möbel, Fensterrahmen. Der bisher größte geschweißte Querschnitt für Eisenwerkstoff wird mit 100 000 mm² angegeben, wobei Stromstärken bis 100 000 A erforderlich sind. Schweißbar sind Eisenwerkstoffe, NE-Metalle und Werkstoffkombinationen.

Nach dem Schweißen kann man im anschließenden Arbeitsgang das Werkstück vergüten, indem mit entsprechender Stromstärke beliebige Glühtemperaturen und Haltezeiten einstell-bar sind. Das Werkstück erhält dadurch nicht nur eine höhere Festigkeit, sondern es wird auch spannungsfrei hergestellt. Bei bestimmten Legierungen, z. B. Werkzeugstählen, ist das Vergüten unbedingt erforderlich.

7.3 Induktionsschweißen (74)

Die Schweißwärme wird durch den im Werkstück erregten Wirbelstrom erzeugt, den Induktoren an den Stoßflächen hervorrufen. Das Verfahren kann mit oder ohne Kraft durchgeführt werden. Wird die Kraft durch Druckrollen übertragen, so spricht man vom **Induktiven Preßschweißen** (Abb.)

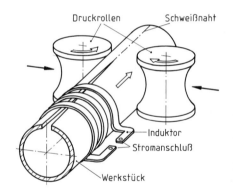

Abb. Induktives Preßschweißen mit umschließenden Induktor, wassergekühlt

7.4 Gaspreßschweißen (47)

Bei diesem Verfahren werden die Werkstücke meistens ohne Luftspalt aneinandergelegt (geschlossenes Schweißen) und mit einem Ringbrenner erwärmt. Nach dem Erwärmen bis zur Schmelztemperatur, mindestens aber bis zur Schmiedetemperatur, werden die Teile mechanisch, pneumatisch oder hydraulisch gegeneinander gepreßt.

> **Gaspreßschweißen wird beim Schweißen von Rohren und Betonstählen angewendet**

Beim Bau des Hamburger Fernsehturmes wurden beispielsweise 6300 Gaspreßschweißver-bindungen am Betonstabstahl von 26 mm ⌀ durchgeführt. Stauchdruck 60 bis 80 N/mm².

7.5 Lichtbogenbolzenschweißen (781)

Das Lichtbogenpreßschweißen wird hauptsächlich zum Befestigen von Bolzen, Stiften, Buchsen, Nadeln oder Schrauben auf unvorbereitete, aber saubere Metallflächen mit schlagartiger Geschwindigkeit angewendet (Abb. 7.12).

Abb. 7.12   Anwendungsbeispiele für das Bolzenschweißen

Nach dem Zündungsvorgang sind zwei Verfahren zu unterscheiden und zwar Lichtbogenbolzenschweißen mit **Hubzündung** und **Spitzenzündung.**

7.5.1 Bolzenschweißen mit Hubzündung

Die Anlage besteht aus einer Gleichstromquelle, dem Steuergerät und der Schweißpistole. Als Stromquelle kann ein Umformer oder ein Gleichrichter benutzt werden, in den das Steuergerät bereits integriert ist. Bolzenschweißgleichrichter können meistens auch auf Lichtbogenhandschweißen umgeschaltet werden (Abb. 7.13).

Abb. 7.13   Bolzenschweißgleichrichter mit eingebautem Steuergerät. Einstellbereich, soweit zum Bolzenschweißen verwendet: 120...1600 A für Bolzen von 3...19 mm, soweit zum Elektrohandschweißen verwendet: 50...500 A. Anschlußdauerleistung 40 kVA.

Schweißvorgang

Der Bolzen wird in die Halterung der Schweißpistole gesteckt und mit dem Stützfuß der Pistole auf das Werkstück aufgesetzt (Abb. 7.14).

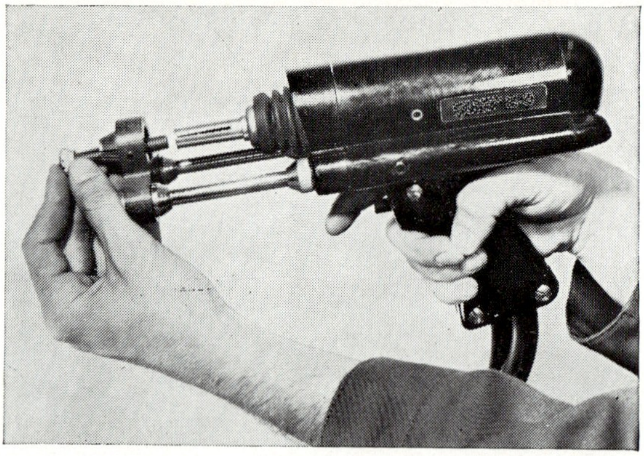

Abb. 7.14 Schweißpistole für Hubzündung
Einsetzen eines Gewindebolzens

Ein Fingerdruck löst den Schweißvorgang automatisch aus. Ein Bolzen von 10 mm ⌀ erfordert eine Schweißzeit von etwa $^2/_{10}$ Sekunden (Abb. 7.15).

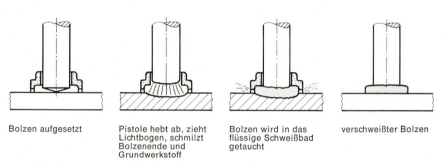

| Bolzen aufgesetzt | Pistole hebt ab, zieht Lichtbogen, schmilzt Bolzenende und Grundwerkstoff | Bolzen wird in das flüssige Schweißbad getaucht | verschweißter Bolzen |

Abb. 7.15 Schweißvorgang beim Bolzenschweißen mit Hubzündung

Jeder Bolzen hat am Ende eine Kapsel, die eine geringe Menge Flußmittel enthält. Mindestens aber ist das Bolzenende mit einer Metallisierung (Aluminiumüberzug) versehen, die zur Ionisierung der Lichtbogenstrecke und der Desoxidation des Schmelzbades dient.

Außerdem ist ein k e r a m i s c h e r R i n g (Abb. 7.15) unerläßlich, der folgende Aufgaben erfüllt:

Er hält das Flußmittel zusammen, bremst den Luftzutritt, begrenzt das Schweißbad, erlaubt Zwangslagenschweißung und schützt den Schweißer vor Spritzern. Der Ring wird nach dem Schweißen abgeschlagen oder zur Wiederverwendung abgestreift.

> **Das Bolzenschweißen mit Hubzündung ist für Stiftdurchmesser bis max. 32 mm geeignet**

Allerdings erfordert ein Gewindebolzen M 16 aus Stahl bereits einen Schweißstrom von etwa 1200 A, d. h. eine starke Schweißgleichstrommaschine.

7.5.2 Bolzenschweißen mit Spitzenzündung

Beim Bolzenschweißen mit Spitzenzündung, Kurzzeichen BS, findet der Schweißvorgang durch den Entladestrom einer K o n d e n s a t o r b a t t e r i e statt (Abb. 7.16).

Schweißvorgang

Nach dem Einschalten der Schweißpistole fließt zunächst eine hohe Stromstärke über die kleine Bolzenspitze. Die Spitze schmilzt und leitet den Lichtbogen ein, der die ganze Stirnfläche des Bolzens und eine entsprechende Fläche am Werkstück erfaßt und zum Schmelzen bringt (Abb. 7.17).

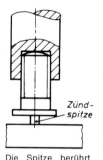
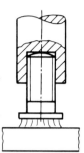
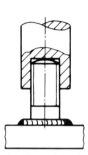

Zünd-spitze

Abb. 7.16 Kondensator-Bolzenschweißgerät für 2...4 mm Bolzen-∅.

Die Spitze berührt das Werkstück, zündet den Lichtbogen und leitet den Schweißvorgang ein	Der Lichtbogen brennt zwischen Bolzenquerschnitt und Werkstück	Die Zündspitze ist abgebrannt, der Bolzen steht auf dem Werkstück und ist nach dem Erstarren der Schmelze verschweißt

Abb. 7.17 Lichtbogen-Bolzenschweißen nach dem Kondensatorentladungsverfahren

Die sehr kurze Schweißzeit von 1 bis 5 Millisekunden gestattet das Aufschweißen von Bolzen auf dünnste Bleche von 0,5 mm Dicke, ohne auf der Rückseite Markierungen zu hinterlassen.

Je nach Bolzendurchmesser können zwischen 8 und 20 Bolzen in der Minute aufgeschweißt werden.

> **Das Bolzenschweißen mit Spitzenzündung (Kondensatorentladungsverfahren) ist für Stahlbolzen bis etwa 8 mm ∅ und für Bolzen aus NE-Metallen bis etwa 6,5 mm ∅ geeignet**

7.6 Kaltpreßschweißen (48)

Dem Kaltpreßschweißen liegt die Beobachtung zugrunde, daß metallische Werkstoffe, die frei von Fremdschichten sind, sich unter Druck bei Raumtemperatur miteinander verschweißen. Fremdschichten (Deckschichten) können Oxide, Sulfide, Gase sein, die einen unmittelbaren Kontakt der Werkstücke verhindern.

Verformt man vorher gesäuberte Werkstücke, die sich zwar sofort wieder mit neuen, wenn auch sehr dünnen Schichten überziehen, mit hoher Druckbelastung, so reißen die Schichten auf und reines Metall gelangt so eng aneinander, so daß atomare Bindekräfte wirksam werden und eine betriebssichere Schweißverbindung entsteht.

A n w e n d u n g : NE-Metalle, z. B. Fahrdrähte aus Kupfer, Schweißen artverschiedener Werkstoffe, Silberkontakte auf Kupfer, Aluminium auf Stahl.

7.7 Sprengschweißen (441)

Das Sprengschweißen ist ein S c h o c k s c h w e i ß v e r f a h r e n und dem Kaltpreß-schweißen verwandt. Das Aufreißen der Fremdschicht (Oxidhaut) und die verformende Druckbelastung übernimmt der Detonationsdruck einer Sprengstoffladung.

Sprengschweißen eignet sich vor allem zum Plattieren

Die an dem Parallelstoß blank geschliffenen Bleche werden im Abstand von einigen Milli-metern mit Hilfe einer Drahtwendel aufeinander gelegt. Auf der Oberseite des Auflage-bleches wird eine dünne Kunststoffschicht und darüber die Sprengstoffladung aufgebracht. Nach der Zündung bewegt sich von einer Seite her eine Druckwelle mit hoher Geschwindig-keit (bis zu 7000 m/s) über das Blech hinweg. Das Oberblech wird dem Verlauf der Detona-tion entsprechend auf das Grundblech geschleudert und mit diesem verschweißt, wobei sich ein (notwendiger) Abknickwinkel einstellt, der gegebenenfalls durch eine vorgegebene Win-kelanordnung vergrößert werden kann (Abb. 7.18).

A n w e n d u n g : Grundsätzlich sind alle Metalle mit mehr als 5 % Dehnung verschweißbar. Günstiger Bereich für das Oberblech: 2 bis 10 mm, Grenzwerte 0,1 bis 30 mm. Sprengschwei-ßen von beispielsweise Titan auf Kesselblech.

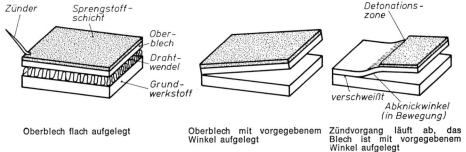

Oberblech flach aufgelegt   Oberblech mit vorgegebenem Zündvorgang läuft ab, das
                              Winkel aufgelegt   Blech ist mit vorgegebenem
                                                                  Winkel aufgelegt

Abb. 7.18   Schema des Sprengschweißens

7.8 Reibschweißen (42)

Beim Reibschweißen werden Reibungswärme und Druck (20 bis 100 N/mm^2) ausgenutzt, um Werkstücke miteinander zu verschweißen. Mindestens ein Teil muß rotationssymmetrisch sein. Übliche Drehzahlen liegen zwischen 500 und 3000 1/min. Das andere Schweißteil steht still oder dreht sich gegenläufig (Abb. 7.19).

Ein Teil der Reibschweißmaschinen ist mit Schwungscheiben ausgestattet, deren Rotations-energie durch den Reibwiderstand ganz oder teilweise aufgezehrt wird. Somit können Kupplungen und Bremsen entfallen.

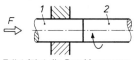 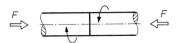

Abb. 7.19 Prinzip des Reibschweißens

Teil 1 führt die Druckbewegung,
Teil 2 die Drehbewegung aus

gegenläufige Drehung erhöht die relative
Geschwindigkeit

Reibschweißen ist besonders geeignet, unterschiedliche Metalle miteinander zu verbinden

---

Auswahl möglicher Werkstoffkombinationen: Werkzeugstahl mit Vergütungsstahl, Gußeisen — Stahl, Aluminium — Stahl.

Anwendungsbeispiele: Anschäften von Bohrern und Fräsern; Ventilstößel, Kardanwellen, Achsen.

7.9 Ultraschallschweißen (41)

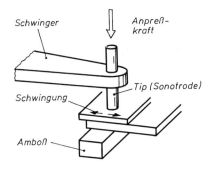

Beim Schweißen mit Ultraschallschwingungen werden die Werkstücke an den Stoßflächen im allgemeinen ohne Wärmezufuhr und mit geringer Anpreßkraft gegeneinander gepreßt.

Das schwingende Werkzeug (Tip) überträgt den Ultraschall parallel zur Oberfläche in das obere Werkstück und führt zu einer Relativbewegung zwischen dem oberen und unteren Werkstück (Abb. 7.20). Die Verbindung erfolgt durch Reibungswärme in Verbindung mit Aufrauhen der Oberfläche, Verformung, Neubildung von Kristalliten jedoch ohne Schmelzvorgang.

Abb. 7.20 Prinzip des Ultraschallschweißens

Je nach Ausbildung des Tips können Punkte, Stich-, Rollen- oder Ringnähte geschweißt werden.

Ultraschallschweißen dient hauptsächlich der Mikroschweißtechnik von NE-Metallen und Kunststoffen unter 1 mm Dicke

---

Werkstoffkombinationen sind möglich, z. B. Aluminium und Glas.

Ultraschallschweißgeräte für das Mikroschweißen werden für Leistungen zwischen 100 und 600 Watt angeboten.

Übungen zum Kapitel 7, Preßschweißen

1. Geben Sie eine Definition des Preßschweißens.
2. Zählen Sie Preßschweißverbindungen auf.
3. Nennen Sie Störungen beim Punktschweißen, und beschreiben Sie Ursachen und Abhilfen.
4. Beschreiben Sie den Vorgang des Abbrennstumpfschweißens.
5. Nennen Sie Anwendungsbeispiele für das Bolzenschweißen.
6. Benennen Sie die Einzelgeräte für eine Bolzenschweißanlage.
7. Nennen Sie Anwendungsbeispiele für das Reibschweißen.
8. Welche Energien werden beim Reibschweißen genutzt?

8 Schweißeignung der Metalle

8.1 Schweißen allgemeiner Baustähle (DIN 8528 Teil 2)

Allgemeine Baustähle werden im Maschinenbau und im Stahlbau verwendet. Sie sind bis auf St 52-3 unlegiert, d. h. mit wenig Beimengungen versehen. Diese Stähle waren bisher in der DIN 17 100 näher beschrieben und gekennzeichnet. Diese Norm wurde durch die **DIN EN 10 025** unter der Bezeichnung „Warmgewalzte Erzeugnisse aus unlegierten Baustählen" ersetzt. Sie ist das Ergebnis einer Vereinbarung der Mitgliedsstaaten im Europäischen Komitee für Normung (CEN).

Für geschweißte Stahlbauten ist DIN 18800 als Grundnorm hinsichtlich der verwendbaren Werkstoffe, der Berechnung und Ausführung der Schweißnähte sowie für die bauliche Durchbildung maßgebend. Für das Schweißen im Behälterbau gilt DIN 8562.

Die Baustähle verhalten sich während des Schweißens und nach dem Schweißen in Abhängigkeit ihres Kohlenstoffgehalts sehr unterschiedlich.

Mit zunehmendem Kohlenstoffgehalt nimmt die Schweißeignung ab

---

8.1.1 Einfluß des Kohlenstoffs

Zugfestigkeit und Bruchdehnung des Stahles werden durch den Anteil des Kohlenstoffes in seiner Verbindung mit Eisen (dem Eisencarbid) wesentlich bestimmt (Abb. 8.1).

Die Abbildung zeigt den Einfluß des Kohlenstoffgehalts auf Zugfestigkeit, Streckgrenze und Bruchdehnung eines warmgewalzten und geglühten Stahles.

8.1.2 Einfluß der Abkühlungsgeschwindigkeit

Neben der Menge des Kohlenstoffs ist die Form, in der er sich im Eisen befindet, von ausschlaggebender Bedeutung. Die Art der Ablagerung ist eine Ergebnis der Abkühlungsgeschwindigkeit der Schmelze. Besonders beim Lichtbogenschweißen dickerer Quer-

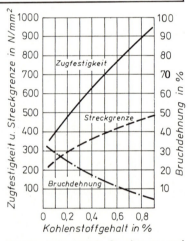

Abb. 8.1 Zugfestigkeit, Streckgrenze und Bruchdehnung unlegierter Stähle in Abhängigkeit vom C-Gehalt

schnitte wird die erste Schweißlage und die Wärmeeinflußzone durch das kalte Grundmaterial sehr schnell abgekühlt. Der Kohlenstoff bleibt dann mit dem Eisen in Z w a n g s l ö s u n g. Es entsteht eine innere Verspannung des Werkstoffes, die sich durch Härte und Sprödigkeit bemerkbar macht (Abb. 8.2).

Ein solches Härtegefüge heißt M a r t e n s i t, dessen Härte mit zunehmendem Kohlenstoffgehalt erheblich wächst. Wird die Abkühlung jedoch verzögert, wird auch die Martensitbildung behindert.

F o l g e r u n g :

Martensitbildung wird durch Vorwärmen eingeschränkt

Abb. 8.2 Härteverlauf in Naht und Wärmeeinflußzone an einem schmelzgeschweißten St 70 in Vickershärte gemessen.
Man beachte die Zunahme der Härte in der Grobkornzone, was besagt, daß dieser Stahl nur noch bedingt und unter Vorwärmung schweißbar ist

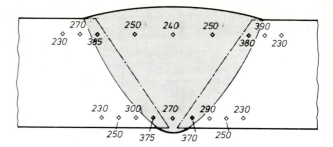

Über den Temperaturverlauf an der Schweißstelle gibt Abb. 8.3 Auskunft.

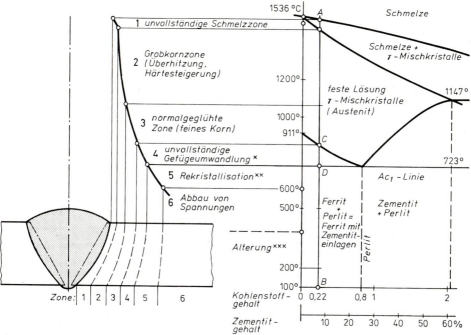

* zwischen C und D: γ-Mischkristalle (Austenit) + α-Mischkristalle (Ferrit), unterhalb 769 °C ist der Stahl magnetisch

** bei vorangegangener schwacher Kaltverformung kann eine grobkörnige Rekristallisation stattfinden (Minderung der Festigkeit und Zähigkeit)

*** Alterung tritt bei vorangegangener Kaltverformung und entsprechendem Stickstoffgehalt ein, starker Zähigkeitsabfall

Abb. 8.3 Zusammenhang zwischen vereinfachtem Eisenkohlenstoffdiagramm, Temperatur und Gefügeaufbau in der Wärmeeinflußzone eines Stahles mit 0,22 % C-Gehalt (Linie A B)

Vorwärmung bei Baustählen bis 0,22% Kohlenstoff ist wegen geringfügiger Martensitbildung im allgemeinen nicht erforderlich. Vorsicht doch bei größeren Wanddicken und niedrigen Außentemperaturen!

Stahl mit mehr als 0,22% Kohlenstoffgehalt soll vorgewärmt geschweißt werden

---

Bei den allgemeinen Baustählen beträgt die Vorwärmtemperatur je nach dem Kohlenstoffäquivalent 150 ... 250 °C.

8.1.3 Einfluß von Gasen und anderen Elementen im Schweißgut

Stickstoff, Sauerstoff und Wasserstoff beeinflussen das Schweißgut ungünstig; aber auch Phosphor, Schwefel und Silicium dürfen nur in begrenzten Mengen vorhanden sein. Stickstoff bildet z. B. harte Eisennitridnadeln (Abb. 8.4), die insbesondere bei mehrachsiger Beanspruchung der Schweißnaht zu Sprödbruch führen.

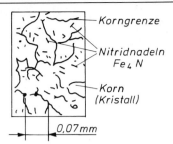

Abb. 8.4   Eisennitridnadeln (im Kristall nicht mehr gelöster Stickstoff) in der Wärmeeinflußzone eines geschweißten Baustahles

8.1.4 Verfahren der Stahlerzeugung

Die Schweißeignung ist nicht alein von den eingehaltenen Grenzwerten der Beimengungen abhängig, sondern auch davon, wie die Elemente im Stahl verteilt sind. Dafür sind das Erschmelzungsverfahren und die Art der Vergießung entscheidend.

Für die Stahlerzeugung sind folgende Verfahren gebräuchlich:

Sauerstoffaufblasverfahren (Oxygenstahlverfahren)
Grundstähle sowie un- und niedriglegierte Qualitätsstähle werden in LD-Konvertern aus Stahlroheisen mit Hilfe von eingeblasenem Sauerstoff erschmolzen (Abb. 8.5).

AOD-Verfahren (Argon-Oxygen-Decarburization)
Schrott und Eisenchromlegierungen werden in Lichtbogenöfen geschmolzen und anschließend mittels Argon/Stickstoff/Sauerstoff-Gasgemisch zu chromhaltigen rost- und säurebeständigen Stählen aufbereitet.

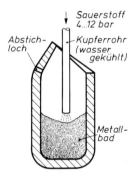

Abb. 8.5   Moderne Stahlgewinnung mit Sauerstoffaufblasen im Konverter

Elektrostahlverfahren
Im Lichtbogenofen wird vorwiegend schwer schmelzbarer Schrott erschmolzen und metallurgisch verfeinert. Für kleinere Mengen sind Induktionsöfen im Gebrauch. Ergebnis: Qualitäts- und Edelstähle.

Elektroschlacke-Umschmelzverfahren
Bei diesem Verfahren wird ein Edelstahlblock als selbstverzehrende Elektrode elektrisch geschmolzen. Der Schmelzfluß tropft durch ein Schlackebad und erreicht dabei einen hohen Reinheitsgrad. **E**lektroschlacke-**U**mschmelzstähle werden kurz als **ESU-Stähle** bezeichnet.

Gütegruppen des Stahls
Allgemeine Baustähle werden in Gütegruppen unterteilt und durch Buchstaben und Ziffern gekennzeichnet.

Beispiel für bisherige Bezeichnung

beruhigt vergossen   Gütegruppe 2

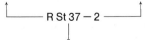

Stahl mit garantierter Zugfestigkeit von mindestens 370 N/mm²

Beispiel für künftige Bezeichnung

Baustahl   Kerbschlagarbeit: 27 Joule
s. Kap. 4.4.8   Prüftemperatur +20 °C

⌐_____ S 235 JR _____⌐
                ↓
Mindeststreckgrenze 235 N/mm², s. Kap. 11.7.3

Die Zuordnung des Stahles zu einer Gütegruppe ist abhängig von dem Verfahren der Stahlerzeugung (Erschmelzungsverfahren) und der Art seiner Vergießung (Grad der Desoxidation). Aus beiden Faktoren ergeben sich unterschiedliche Reinheitsgrade des Stahles und die gewünschte Menge des Kohlenstoffgehaltes. Die erlaubten Grenzwerte sind in DIN EN 10025 vorgegeben. Phosphor und Schwefel dürfen z. B. mit nicht mehr als je 0,035...0,045 % Massenanteilen[*] in der Schmelzanalyse vorhanden sein. Der Stickstoffgehalt ist noch niedriger und Reste davon sind durch Aluminiumbeimengungen unwirksam gemacht. Stähle einer höheren Gütegruppe haben meistens bessere Dehn- und Zähigkeitswerte und sind vor allem weniger sprödbruchanfällig.

Die Normung unterscheidet

U (FU) = unberuhigt vergossen	**R (FN)** = beruhigt vergossen	**RR (FF)** = besonders ruhig vergossen
minimale Desoxidation	mittlere Desoxidation	maximale Desoxidation

Die in Klammern gesetzten Kurzzeichen für die Art der Desoxidation werden die bisherigen Bezeichnungen ablösen, sobald sich die neue DIN EN 10025 nach einer Übergangszeit voll durchgesetzt hat.

Gütegruppen von Grund- und Qualitätsstählen

Die in der DIN EN 10025 T. 1 vorgegebenen Gütegruppen geben keine verbindliche Auskunft über die Schweißeigenschaft eines Stahles. Sie sollte ggf. mit dem Stahlhersteller vereinbart werden. Stähle mit ähnlichen Schweißeigenschaften sind in der DIN EN 287 T. 1 in Gruppen zusammengefaßt und bieten eine wertvolle Information für die spezialisierte Ausbildung des Schweißers, die sich auf die Verarbeitung bestimmter Stähle beschränkt. Siehe Kap. 14.4, S. 208.

Unberuhigt
vergossener Stahl

Unberuhigt vergossener Stahl ist für geschweißte Stahlhochbauten nur eingeschränkt zu verwenden, da der Stahl Seigerungen enthält, die Schweißrisse verursachen können (Abb. 8.6).

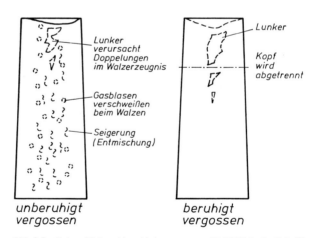

unberuhigt
vergossen

beruhigt
vergossen

Abb. 8.6   Unberuhigt und beruhigt vergossene Stahlblöcke im Schnitt

Seigerungen haben folgenden Ursprung:

Der Ausgangswerkstoff für die Stahlerzeugung ist das im Hochofen gewonnene weiße Roheisen mit ca. 3,5 % Kohlenstoff, 0,3 ... 0,7 % Silicium, 0,9 ... 1,5 % Mangan, 1,8 ... 2,5 % Phosphor und 0,07 ... 0,12 % Schwefel. Kohlenstoffstahl St 37 enthält dagegen nur 0,2 % C, ≈ 0,18 % Si, ≈ 0,3 % Mn, 0,05 % P, 0,05 % S und 0,009 % N.

---

[*] (in einigen Normen auch Gewichts-% genannt)

Bei der Umwandlung von Roheisen in Stahl werden z. B. im Konverter die zu großen Beimengungen von C, Si, Mn, P und S mittels reinem Sauerstoff unter Wärmeentwicklung verbrannt.

Bei dieser Oxidation (Frischen) nimmt der werdende flüssige Stahl neben Luftstickstoff auch Sauerstoff in Form von Eisenoxid FeO auf, das er beim Abkühlen in der Kokille wieder freigibt. FeO verbindet sich dabei mit dem Kohlenstoff des Stahles zu Kohlenstoffmonooxid CO $(FeO + C \rightarrow CO + Fe)$, das aus dem Stahl sprudelnd entweicht. Der Stahl „kocht" in der Kokille nach, er ist „unberuhigt" (U), bildet Poren, entmischt sich, Phosphor und Schwefel reichern sich in der Blockmitte an, der Block „seigert".

Seigerungen finden sich meistens im Innern der gewalzten Profile wieder, seltener an den Ecken (Abb. 8.7). Werden diese Zonen beim Schweißen erfaßt, so führt das zu Poren und Rissen.

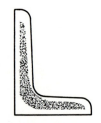

Bei unberuhigt vergossenen Blechen und Profilen sind Stumpfstöße zu vermeiden; eine Kehlnaht ist weniger problematisch, wenn der Einbrand nicht zu tief ist

---

Abb. 8.7 Seigerungszone im Winkelstahl

Vorteilhaft sind basische Elektroden, problematisch ist Schutzgasschweißen mit CO_2, da wegen des tiefen Einbrandes Sprödbruchgefahr besteht.

R u n d u m s c h w e i ß u n g e n führen leicht zum Anschneiden der Seigerungszone. Doch sollten lt. DIN 18800 Teil 1 auf Druck beanspruchte Stützen mit den Fuß- oder Kopfplatten wegen der Gefahr der Unterrostung durch Rundumschweißen zusammengefügt werden (Abb. 8.8).

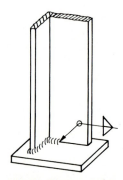

Abb. 8.8 Ringsum verlaufende Kehlnaht an einer Stütze auf einer Fußplatte. Das genormte Kreissymbol besagt „ringsum" geschweißt

Beruhigt vergossener Stahl

Fügt man dem Stahl in der Kranpfanne vor dem Gießen in die Kokillen geringe Mengen von Silicium und Mangan hinzu, so verbindet sich bei der Abkühlung das frei werdende FeO nicht mehr mit C, sondern infolge der größeren chemischen Anziehungskraft mit Si bzw. Mn.

Die so entstehenden Oxide gehen in die Schlackenschicht des Stahlblockes über. Der Stahl „kocht" nicht mehr nach, er ist „beruhigt" (R), er seigert nicht mehr, ist nicht porös und ist wegen der gleichmäßigen Werkstoffbeschaffenheit besonders als SM-Stahl hohen schweißtechnischen Anforderungen gewachsen.

Besonders beruhigt vergossener Stahl

Beim besonders beruhigt vergossenem Stahl wird über die normale Desoxidation mit Mangan und Silicium eine Restoxidation mit A l u m i n i u m erreicht. Darüber hinaus wird durch das Aluminium etwa vorhandener Stickstoff gebunden zu Aluminiumnitriden. Sie sind weich und treten bei der Erstarrung als Keime auf und bilden den Feinkornbaustahl, z. B. St E 355. Dieser Stahl eignet sich zum Schweißen großer Querschnitte und dort, wo die Gefahr eines Sprödbruches besonders gegeben ist. Er wird nur in der Gütegruppe 3 geliefert.

8.1.5 Schweißeignung der allgemeinen Baustähle

Die Schweißeignung der allgemeinen Baustähle wird in DIN 8528 Teil 2 nach folgenden Faktoren beurteilt:

Sprödbruchneigung – Alterungsneigung – Härtungsneigung – Seigerungsverhalten – Anisotropie (Einfluß der Walzrichtung auf die Zähigkeit).

Baustähle sind hinsichtlich ihrer Schweißeignung in Gruppen eingeteilt, die nicht mit den Gütegruppen der Stahlsorten zu verwechseln sind.

Die nachfolgende Auflistung enthält die bisherigen nationalen Stahlbezeichnungen und die jetzt gültigen Bezeichnungen nach DIN EN 10025 zum Vergleich. Siehe auch S. 68.

Sehr gute Schweißeignung ist vorhanden bei

St 37-3 N[1] = (S 235 J 2)   St 44-3 N = (S 275 J 2)
St 52-3 N = (S 355 J 2)

Gute Schweißeignung ist vorhanden bei

RSt 37-2   = (S 235 JR)   St 37-3 U[2] = (S 235 J0)
St 44-3 U = (S 275 J0)   St 52-3 U = (S 355 J0)

Mit Einschränkungen geeignet; besondere Schweißbedingungen und Betriebsbeanspruchungen sind zu beachten bei

St 37-2 = (S 235 JR)   USt 37-2 = (S 235 JR)

Folgende Stähle bedürfen einer Vorwärmung und Nachbehandlung

St 50-2 = (E 295)   St 60-2 = (E 335)   St 70-2 = (E 360)

Bezeichnungsbeispiel:
Kurzname „S 235 JR" nach DIN EN 10025 (bisher RSt 37-2)

S	235	J	R
Stähle für den Stahlbau	Mindeststreckgrenze in N/mm²	Kerbschlagarbeit 27 Joule	Prüftemperatur + 20 °C

Verwendbare Stahlsorten nach DIN 18800 Teil 1

DIN 18800 Teil 1 gestattet für geschweißte Stahlbauten mit vorwiegend und nicht vorwiegend ruhender Belastung die Verwendung der Stahlsorten St 37-2, St 27-3 und St 52-3. Für andere Stahlsorten bedarf es besonderer Bescheinigung der Stahlhersteller, andernfalls der Zustimmung der Bauaufsichtsbehörde.

Es sei darauf hingewiesen, daß RR St 52-3 ein niedriglegierter Stahl ist, dessen Mangangehalt 1,5 und dessen Siliciumgehalt 0,55 Gew.% nicht überschreitet. Der hohe Mangangehalt setzt die Festigkeit herauf, ohne die Schweißeignung wesentlich zu beeinträchtigen. Der Stahl St 52-3 darf im Rahmen des kleinen Befähigungsnachweises (Eignungsnachweis) vom Schweißfachmann für nicht eingespannte, ungestoßene, nicht zusammengesetzte Stützen verwendet werden, wenn diese im tragenden Querschnitt nicht mehr als 16 mm dick und die dazugehörigen Kopf- und Fußplatten nicht mehr als 25 mm dick sind.

Ab 16 mm Dicke (bei Stahlbauten ist der große Befähigungsnachweis – Eignungsnachweis – erforderlich) darf eine Schmelzanalyse von 0,22 % C nicht beanstandet werden, so daß gegebenenfalls eine Vorwärmung zu erwägen ist.

---

[1] N = normalgeglüht
[2] U = warmgeformt, unbehandelt

Ermittlung der Schweißeignung und der Vorwärmtemperatur mit Hilfe des „Kohlenstoffäquivalents CEV", vormals mit „K" bezeichnet.

Bei verschiedenen unlegierten und niedriglegierten Stählen wird oft nichts über eine Schweißeignung ausgesagt. Für diesen Fall wurden eine Reihe von Formeln ermittelt, mit deren Hilfe eine Aussage bedingter Zuverlässigkeit möglich wird, wenn die chemische Analyse des Stahls vorliegt. Eine dieser Formeln lautet nach Dearden und Neill

Der Höchstwert für das Kohlenstoffäquivalent ist nach folgender Formel zu ermitteln:

$$CEV = C + \frac{Mn}{6} + \frac{Cr + Mo + V}{5} + \frac{Ni + Cu}{15}$$

Die Formel ist jedoch nur anwendbar, wenn die einzelnen Elemente folgende Massenanteile in % nicht überschreiten:

C bis 0,40 %; Mn bis 1,6 %; Cr bis 1,0 %; Ni bis 3,5 %; Mo bis 0,60 %; Cu bis 1,0 %.

In bezug auf die Schweißeignung gilt:

CEV (%) kleiner als 0,40: Gute Schweißeignung

CEV (%) = 0,40 bis 0,60: Bedingte Schweißeignung

CEV (%) größer als 0,60: Nicht gewährleistete Schweißeignung

Die V o r w ä r m t e m p e r a t u r ist nach ermitteltem CEV-Wert lt. Tab. 8.2 wie folgt zu wählen:

Tab. 8.2   Schweißbedingungen in Abhängigkeit vom CEV-Wert

CEV in %	empfohlene Vorwärmung	Empfehlung für Elektrodentyp
0 ...0,40	keine Vorwärmung erforderlich	alle Elektrodentypen
0,40...0,45	100 °C ... 150 °C	basischer Typ mit niedrigem Wasserstoffgehalt
0,45...0,60	150 °C ... 250 °C	basische Elektroden mit niedrigem Wasserstoffgehalt, austenitische Elektroden
über 0,60	250 °C ... 370 °C	basische Elektroden mit niedrigem Wasserstoffgehalt, austenitische Elektroden

Die jeweils höheren Vorwärmtemperaturen sind bei dickeren Blechen ab etwa 25 mm anzuwenden und bei Kehlnähten früher auszuschöpfen als bei Stumpfnähten. Liegt der CEV-Wert bei 0,60 und darüber, beginnt die Vorwärmung bereits bei 6 mm Blechdicke; Bleche ab etwa 25 mm sind dann überhaupt schweißungeeignet.

In jedem Falle ist es sicherer, sich um die Schweißeignung des Stahles beim Stahlhersteller zu bemühen, da der CEV-Wert oft sehr begrenzte Gültigkeit hat.

8.2 Schweißen von Feinkornbaustählen

8.2.1 Grundlagen

Die Forderung des Stahlbaues nach Bauteilen immer höherer Festigkeit und guter Schweißeignung hat eine Entwicklung von Stählen ausgelöst, die auf Vorschlag des Vereins Deutscher Eisenhüttenleute (VDEh) als Feinkornbaustähle bezeichnet werden. Sie sind in
2 Gruppen unterteilt:

normalgeglühte **wasser- oder ölvergütete**
Feinkornbaustähle **Feinkornbaustähle**

Als Legierungselemente kommen Mangan, Chrom, Nickel, Molybdaen, Zirkonium, Titan,
Vanadium, Niob und Bor in Betracht. Der Kohlenstoffgehalt überschreitet bei keiner Sorte 0,21 %.

Die **Lieferbedingungen schweißgeeigneter Feinkornbaustähle** sind in DIN 17102 enthalten,
Richtlinien für die Verarbeitung dem Stahl-Eisen-Werkstoffblatt SEW 088-1.92 zu entnehmen.
Außerdem sind B a u v o r s c h r i f t e n in Normen, **AD**-Merkblätter der **A**rbeitsgemeinschaft
Druckbehälter, das Merkblatt 365 der Beratungsstelle für Stahlverwendung, Technische Regeln
für Dampfkessel (TRD), das DVS-Merkblatt M 0916 und Druckgasverordnungen zu beachten.
Grundlagen für das Schweißen im Behälterbau sind DIN 8562 zu entnehmen. Für internationale
Geschäftsbeziehungen sind die Liefervorschrift der Welding-Engineering Society (WES 135),
Japan und American Standards for Testing Materials ASTM A 514, 517, 537 und 533 zu beachten.

Bevorzugte Schweißverfahren sind wegen einer dosierbaren Temperaturführung das Lichtbogenhandschweißen, das Unterpulver- und das Schutzgasschweißen. Der Schweißvorgang
beeinflußt vor allem die Stahleigenschaften in Nähe der Schmelzlinie, und zwar im besonderen
Zusammenhang mit der **Abkühlzeit $t_{8/5}$.** Das ist die Zeitspanne, in der die Schweißraupe und
ihre Wärmeeinflußzone von 800° auf 500°C abkühlen. Siehe Abschnitt 8.2.4 unter 1.

8.2.2 Normalgeglühte Feinkornbaustähle

erreichen Mindeststreckgrenzen bis 500 N/mm^2 bei einer Mindestzugfestigkeit bis 620 N/mm^2.
Man unterscheidet Qualitätsstähle und Edelstähle und teilt die Stahlsorten in 4 Reihen ein:

Feinkorn-baustahl	Grundreihe	warmfeste Reihe	kaltzähe Reihe (alterungsarm)	kaltzähe Sonderreihe (Mindestwerte für Kerbschlagarbeit bis −60°C)
Beispiele für Qualitätsstähle	StE 285 (S 275 N)	WStE 315	TStE 355 (S 355 NL)	EStE 380
Beispiele für Edelstähle	StE 380	WStE 420	TStE 500	EStE 500

Die Zahl nach dem E gibt die Mindeststreckgrenze für eine Nenndicke t ≤ 16 mm an. Mit zunehmender Dicke sinkt der Mindestwert der Streckgrenze.
Die Klammerwerte sind Bezeichnungen nach DIN EN 10113 Teil 2.

8.2.3 Flüssigkeitsvergütete Feinkornbaustähle

sind hochfeste Stähle, deren Streckgrenzen die der normalgeglühten erheblich übertreffen (400 bis 1000 N/mm^2). Zu dieser Gruppe gehört z. B. der wasservergütete StE 690 (NAXTRA 70). Der Vergütungsprozeß umfaßt 3 Arbeitsgänge:

Erwärmen	Abschrecken	Anlassen
auf 900 °C	**auf Raumtemperatur**	**auf etwa 600 °C**
bis in das Gebiet der festen Lösung	zur Bildung von Martensit, der Werkstoff wird fest, aber spröde	Umwandlung des Martensits zu Ferrit mit Vergütungsgefüge. Die Festigkeit sinkt etwas ab. Die Zähigkeit nimmt beträchtlich zu

8.2.4 Werkstattpraktische Hinweise

für das Schweißen an Feinkornbaustählen

1. Genügend hohe Abkühlungsgeschwindigkeit einhalten, sie wird beschleunigt durch zunehmende Wanddicken, verminderten Wärmezufluß (geringe Streckenenergie[1]), niedrige Arbeitstemperaturen. Die Werte der Abkühlzeit $t_{8/5}$ (s. S. 139) liegen in etwa im Bereich zwischen 10 und 20 s;

2. Vorzugsweise Elektroden basischer Umhüllung verwenden. Kaltzähe Stähle sind ausschließlich mit basischen Zusatzstoffen zu verschweißen. Da Wasserstoffgehalt zu Poren im Schweißgut und zu Rissen in der Wärmeeinflußzone führen kann, muß die Elektrode gut getrocknet verarbeitet werden; eine Stunde bei 300 °C bis 400 °C trocknen;

3. Vorwärmen zwischen 80 °C und 250 °C ist vielfach angebracht. Anhaltswerte laut Stahl-Eisen-Werkstoffblatt 089 enthält Tab. 8.3;

4. Mehrlagenschweißung, nicht pendeln, sondern Strichraupen legen; dünne Elektroden-durchmesser;

5. Nicht außerhalb der Schweißfuge zünden;

6. Anleitung der Stahlhersteller streng beachten;

7. ob spannungsarm zu glühen ist, muß von Fall zu Fall entschieden werden, Abnahme- und Bauvorschriften sind hinzuzuziehen, üblicher Temperaturbereich 530 °C bis 600 °C;

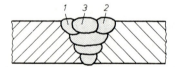

Abb. 8.9   Abbau von Härtespitzen
Die zuletzt geschweißte Raupe 3 übt auf die Raupen 1 und 2 mit angrenzender Zone einen Anlaßeffekt aus

9. Härtespitzen durch richtige Reihenfolge der Decklagen vermindern (Abb. 8.9).

Tab. 8.3   Empfehlung für das Vorwärmen der Feinkornbaustähle

Streckgrenze der Stähle in N/mm^2	Dicke des Bleches, von der an vorzuwärmen ist* in mm
$\leq$ 355	30
> 355 bis < 420	20
> 420 bis $\leq$ 590	12
> 590	8

* Bei Temperaturen unter + 5 °C muß in jedem Fall vorgewärmt werden

[1] Streckenenergie siehe Abschnitt 10.3.2, Geringes Wärmeeinbringen

8.3 Schweißen warmfester Stähle (Kesselbleche)

Für Dampfkesselanlagen, Druckbehälter und Druckrohrleitungen werden Kesselbleche der DIN 17155 mit besonderen Gütevorschriften verwendet (siehe auch DIN EN 10028). Diese Bauteile bedürfen der Abnahme der Technischen Aufsichtsämter.

Bleche der Bezeichnung H I — H III werden im allgemeinen nicht vorgewärmt. Beim Blech H III, 17 Mn 4 und 15 Mo 3 wird ab 10 mm Dicke während des Schweißvorganges eine V o r - w ä r m u n g empfohlen. Für die Bleche H IV, 19 Mn 5 und 13 Cr Mo 44 ist eine Vorwärmung von mindestens 200 °C während der Schweißzeit vorgeschrieben. Zum Überprüfen der Vorwärmtemperatur haben sich T h e r m o c h r o m s t i f t e bewährt. Neubenennungen einzelner Bleche nach DIN EN s. S. 68 und 139.

Das Vorwärmen auf Arbeitstemperatur wird entweder mit der Brenngas-Sauerstoff-Flamme (Mehrflammenwärmebrenner) oder durch induktive Erwärmung mit Wechselstrom erreicht (Abb. 8.10).

Abb. 8.10 Induktives Vorwärmen durch Wechselstrom während des Schweißens mit flexiblem wassergekühltem Kupferkabel als Heizinduktor. Das Rohr ist mit Glasgewebetuch umhüllt

Hochwarmfeste Stähle werden durch Erhöhen des Chromgehaltes auf 12 % widerstandsfähig gegen Verzundern bei Temperaturen von mehr als 520 °C. Zu dieser Gruppe gehört beispielsweise der Stahl X 20 Cr Mo V 12 1 mit 0,2 % C, 12 % Cr, 1 % Mo und 0,3 % V sowie Si, Mn und Ni in geringen Mengen. Dieser Stahl wird zum Schweißen auf 400 bis 450 °C vorgewärmt. Weitere Wärmebehandlung siehe Abschnitt 10.3.7. Schweißzusatz siehe DIN 8575.

8.4 Schweißen von austenitischen, nichtrostenden und säurebeständigen Stählen

In der pharmazeutischen, chemischen, Nahrungsmittel- und Papierindustrie sowie in der Architektur und im Fahrzeugbau werden zunehmend Stähle eingesetzt, die korrosionsbeständig sind. Am meisten verbreitet sind die nach ihrer Gefügeart benannten austenitischen Stähle. Sie sind u. a. unter der Bezeichnung VA, Sicromat, Nirosta bekannt. Mit einem Legierungsanteil von 8 bis 20 % Nickel und 12 bis 26 % Chrom gehören sie zu den hochlegierten Werkstoffen. Sie sind in der Regel u n m a g n e t i s c h und haben auch noch bei Temperaturen um minus 200 °C eine hohe Zähigkeit. Austenitische Stähle lassen sich gut schweißen, wenn die unter 8.4.2 zusammengefaßten Hinweise beachtet werden.

8.4.1 Interkristalline Korrosion

Wird ein austenitischer Werkstoff im Temperaturbereich von 420 °C bis 850 °C erhitzt oder langsam in diesen Bereich abgekühlt, scheidet sich der Kohlenstoff aus dem Austenitkorn aus. Der Kohlenstoff verbindet sich mit dem Chrom zu C h r o m c a r b i d. Es kommt an den Korngrenzen zur Chromverarmung des Austenitkorns, das dadurch seine chemische Beständigkeit verliert. Aggressive Flüssigkeiten können jetzt eine interkristalline Korrosion − K o r n g r e n z z e r f a l l − einleiten.

Im Temperaturgefälle zwischen dem Schmelzbad (1450 °C) in der Schweißnaht und dem kalten Grundwerkstoff (20 °C) liegt neben der Naht eine Temperaturzone, in der die Ausbildung von Chromcarbid stattfindet.

F o l g e r u n g :

Chromcarbide in austenitischen Stählen müssen nach dem Schweißen durch Glühen (Lösungsglühen) und anschließendes Abschrecken beseitigt werden

---

Der Kohlenstoff geht in den meisten nichtrostenden austenitischen Stählen durch Glühen bei Temperaturen von 1050 °C bis 1100 °C wieder in Lösung über. Der Stahlerzeuger schreibt deshalb nach dem Schweißen ein L ö s u n g s g l ü h e n mit einer Haltezeit von 10 . . . 20 min vor. Anschließend muß das Werkstück möglichst schnell auf Raumtemperatur abgekühlt werden.

Für **austenitstabilisierte Stähle,** die besonders als Bauteile verwendet werden, die höheren Temperaturen (über 300 °C) ausgesetzt sind, entfällt die aufwendige Wärmebehandlung nach dem Schweißen. Legierungszusätze, wie Titan, Niob oder Tantal verhindern die Bildung von Chromcarbiden.

Bei austenitischen Stählen, deren Kohlenstoffgehalt unter 0,03 % herabgesetzt wurde (Low Carbon Steal), ist Lösungsglühen nach dem Schweißen nicht mehr erforderlich, da die geringfügige Carbidbildung unschädlich ist (stabilisierte Stähle).

Schweißen von Schwarzweißverbindungen

Soll z. B. ein unlegierter Stahl St 37 an einen Chrom-Nickelstahl angeschlossen werden, so spricht man von einer Schwarzweißverbindung. Werkstoffe auf Chrom-Nickelbasis haben die Eigenschaft, einen hohen C-Gehalt zu lösen. Es bildet sich das harte Martensitgefüge mit der Gefahr der Rißbildung. Dies abzubauen, erfordert eine sorgfältige Auswahl des geeigneten Zusatzwerkstoffes.

8.4.2 Werkstattpraktische Hinweise

1. Schweißkanten müssen metallisch blank (frei von Zunder, Rost und Fett) sein;

2. richtige Auswahl des Schweißverfahrens
   Beim Schutzgasschweißen keine CO_2-Gase verwenden, da sonst Aufkohlungsgefahr besteht und ebenso keine Mischgase, deren O_2- bzw. CO_2-Anteil so groß ist, daß dadurch die Stabilisierungselemente und Chrom abgebrannt werden können. Vorteilhaft sind Gemische aus Argon mit Zusätzen von 1 bis 2% oder max. 5% Sauerstoff; bis zu 5 mm Dicke ist das Lichtbogenhandschweißen durchaus wirtschaftlich;

3. Fertigungsbedingungen einhalten
   Schweißkanten vorher heften, Schweißzusatz nach DIN 8556 Teil 1 auswählen.
   Bei Materialdicken über 3 mm beidseitig und gegenläufig verschweißen.
   Schmale Schweißraupen legen, besonders bei dickem Material. Nicht vorwärmen;

4. Konstruktionsbedingungen einhalten
   Bei unterschiedlichen Materialdicken auf allmählichen Übergang achten;

5. Anlauffarben (Oxidschicht) neben der Schweißnaht entfernen, da diese die Korrosionsbeständigkeit einschränken. Als Möglichkeiten bieten sich an: Abbeizen, Sandstrahlen oder Abschleifen. Abschnitt 5.2.9. Bei Rohren wird die Wurzel mit Argon oder Formiergas gespült;

6. gegebenenfalls spannungsarm glühen, seltener Lösungsglühen mit anschließendem Abschrecken.

8.5 Schweißen von Stahlguß

Stahlguß ist ein im Oxygenstahlwerk oder Elektroofen erschmolzener Stahl, der wie Grauguß in Formen gegossen wird. Er hat mit Ausnahme von nichtrostendem Stahlguß mit austenitischem Gefüge nach dem Erstarren die charakteristische w i d m a n n s t ä t t e n s c h e G u ß s t r u k t u r, ein grobes, strahliges Gefüge aus Ferrit und Perlit. Seine stahlähnlichen Eigenschaften erhält Stahlguß erst, wenn er nach dem Gießen normalgeglüht oder vergütet wird (Abb. 8.11). Dabei wird Gußgefüge in feines Korn umgewandelt, wie man es in gewalzten Stahlblechen oder Profilen vorfindet. Gußspannungen werden abgebaut, Festigkeit und Dehnung nehmen zu, die Kerbschlagzähigkeit sogar erheblich. Die Wärmebehandlung ist im Zusammenhang mit dem Schweißen von den einzelnen Sorten abhängig und keineswegs einheitlich.

8.5.1 Stahlguß in Normalgüte für allgemeine Verwendung (DIN 1681)

GS-38 und GS-45 können wie St 37 ohne Vorwärmung geschweißt werden. Stahlgußsorten mit höherem C-Gehalt sind vor dem Schweißen zu normalisieren, d. h. für GS-60 mit $\approx$ 0,40% C-Gehalt auf 850 °C erwärmen und in ruhiger Atmosphäre langsam abkühlen.

> **Stahlguß mit mehr als 0,25% C sowie legierte nichtaustenitische Stähle müssen vorgewärmt geschweißt werden**

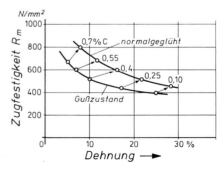

Abb. 8.11 **Einfluß des Normalglühens auf Festigkeit und Dehnung von Stahlguß**

Die Vorwärmtemperatur (Arbeitstemperatur) für Stahlguß mit Normalgüte beträgt 100 °C bis 150 °C. Nach dem Schweißen nochmals normalisieren, falls nicht vorher normalisiert wurde; sonst genügt anlassen.

Kleine Gußteile wärmt man mit dem Schweißbrenner vor, größere umbaut man mit Schamottesteinen und erwärmt sie in diesem einfachen Ofen mit Holzkohlenfeuer auf Arbeitstemperatur. Stationäre Öfen werden gas- oder elektrisch beheizt. Sperrige Teile können auch örtlich induktiv mit Wechselstrom erwärmt werden.

Bei Konstruktionsschweißungen wird Gußstahl oft mit Walzwerkstoff zusammengefügt. Die Gefüge der normalgeglühten Stahlgußstücke und der gewalzten Stähle stimmen so weitgehend überein, daß die Schweißung einwandfrei gelingt, wenn die Vorwärmtemperaturen eingehalten werden (Abb. 8.12).

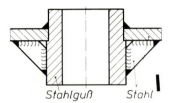

Abb. 8.12 Stahlgußnabe in einem Getriebekasten mit Stahlblech zusammengefügt

8.5.2 Warmfester ferritischer Stahlguß

wird bei Temperaturen zwischen 300 °C und 610 °C verwendet. DIN 17245. Er ist in der Regel 200 °C bis 300 °C vorzuwärmen; G X 22 Cr Mo V 22 1 sogar auf 400 °C.

Nach dem Schweißen ist der Stahl anzulassen, d. h. je nach Sorte bei 630 °C bis zu 710 °C mindestens 2 h zu glühen und langsam abzukühlen, um eine hohe Zähigkeit zu erzielen und Spannungen zu beseitigen.

8.5.3 Nichtrostender Stahlguß

Nichtrostender Stahlguß enthält mindestens 12 % Massengehalt an C h r o m . Nach der Gefügestruktur unterscheidet man ferritische (martensitische) und austenitische Sorten. DIN 17445.

W ä r m e b e h a n d l u n g bei ferritischem Stahlguß:
Vorwärmen zwischen 150 °C und 400 °C; aus der Schweißwärme abkühlen unter 100 °C; anlassen auf 650 °C bis 750 °C oder abschrecken aus 1000 °C an der Luft und anschließend anlassen.
W ä r m e b e h a n d l u n g bei austenitischem Stahlguß:
Vorwärmen nicht erforderlich, aber niedriges Wärmeeinbringen empfehlenswert; abschrecken nur bei einigen Sorten. Spannungsarmglühen zwischen 700 °C und 950 °C.

8.6 Schweißen von Gußeisen

Gußeisen ist ein Eisen-Kohlenstoff-Gußwerkstoff, in dem der Kohlenstoffanteil von etwa 3 bis 3,5 % entweder als K u g e l g r a p h i t , DIN 1693, oder als L a m e l l e n g r a p h i t , DIN 1691, auftritt. Dieser Graphitausscheidung entsprechend sind die Stabelektroden oder Schweißstäbe auszuwählen.

Gußeisen ist wegen der Graphiteinlagerung ein schlechter Wärmeleiter. Um Wärmespannungen so gering wie möglich zu halten, darf nur langsam erwärmt werden. Der Werkstoff geht ohne plastischen Übergang direkt vom festen in den flüssigen Zustand über, deshalb ist die Gasschweißung nur in waagerechter Position möglich.

Beim Erwärmen bildet sich eine O x i d h a u t mit höherem Schmelzpunkt als die des Grundwerkstoffes, so daß dieser wegläuft, bevor ein Schmelzbad sichtbar wird. Man muß deshalb

Flußmittel, sog. Schweißpulver oder -pasten, verwenden, das die Oxidhaut löst und das Schmelzbad vor Sauerstoff schützt.

Kohlenstoffverlust (durch Verbrennen) und schnelles Abkühlen des Schweißgutes kann zu starker Aufhärtung und Versprödung führen. Die erforderlichen Legierungselemente, wie Kohlenstoff und Silicium werden aus der Umhüllung der Elektrode oder durch die Zusammensetzung des Schweißstabes eingebracht. Um den Abbrand gering zu halten, wird z. B. die Flamme beim Gasschmelzschweißen schwach reduzierend eingestellt.

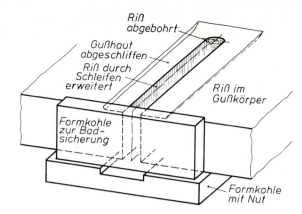

Abb. 8.13 Vorbereitung eines gerissenen Gußkörpers zum Schweißen. Die durch Schleifen vorbereiteten Fugenflächen müssen nachgefeilt oder -gemeißelt werden, da sonst Graphitstaub die Schweißung beeinträchtigt

Gußhaut ist vor dem Schweißen zu entfernen (Abb. 8.13).

Nach dem Wärmezustand des Werkstückes während des Schweißens unterscheidet man

Warmschweißung   und   **Kaltschweißung**
mit Lichtbogen oder Gasflamme   meist nur mit Lichtbogen

Fertigungsschweißungen an Gußeisen bedürfen der Genehmigung des Bestellers.

8.6.1 Gußeisenwarmschweißen

Die Warmschweißung ist als das hochwertigere Schweißverfahren anzusehen. Durch das Erwärmen werden in dem Gußstück etwa noch vorhandene G u ß s p a n n u n g e n infolge ungleicher Abkühlung der verschiedenen Wandstärken nach dem Gießen und auch die neu hinzutretenden S c h w e i ß s p a n n u n g e n weitgehend abgebaut. Dabei ist es Sache der praktischen Erfahrung, ob das Gußstück im Zusammenhang mit der Art seiner Beschädigung ganz oder nur teilweise (Halbwarmschweißverfahren) erwärmt werden muß. Das Gußstück wird im Glühofen oder in gas- oder kohlebeheizten Gruben langsam, d. h. mindestens 2 bis 3 h, größere Teile bis zu 10 h erwärmt.

Vorwärmtemperaturen für das Gußeisenwarmschweißen liegen zwischen 450 °C und 600 °C

Das Schweißstück muß gleichmäßig unterbaut werden, damit es im warmen Zustand nicht durchsackt oder seine Form ändert. Formkohleplatten und Stützbleche müssen an der Schweißstelle eine Gießform bilden, um das Fortlaufen des dünnflüssigen Schmelzbades zu verhindern (Abb. 8.14).

Nach dem Schweißen scheidet sich der Kohlenstoff bei langsamer Abkühlung (1 bis 2 Tage) als weicher Graphit zwischen den Kristallen wieder aus; die Schweißstelle läßt sich mechanisch bearbeiten.

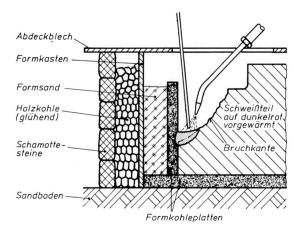

Abdeckblech

Formkasten

Formsand

Holzkohle (glühend)

Schamottesteine

Sandboden

Formkohleplatten

Schweißteil auf dunkelrot vorgewärmt

Bruchkante

Abb. 8.14 Gußeisenwarmschweißen mit der Flamme, es wird mit Acetylenüberschuß geschweißt

8.6.2 Gußeisenkaltschweißen

Wird ein Gußstück ohne Vorwärmung oder mit geringer Vorwärmung bis etwa 300 °C geschweißt, so spricht man von Kaltschweißung. Die Elektroden hinterlassen sehr h a r t e N a h t ü b e r g ä n g e , weil der abgeschreckte Grundwerkstoff in seinen Kristallen viel Eisencarbid Fe_3C enthält. Die Erwärmung des Werkstückes durch die Schweißnaht darf in einer Entfernung von etwa 10 cm von dieser nicht über Handwärme hinausgehen, weil sonst gefährliche Schrumpfungen auftreten, die zu einem Herausreißen der Naht aus dem Werkstück führen können.

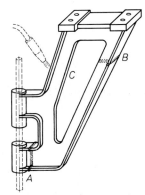

Abb. 8.15 Instandsetzung eines gußeisernen Lagerbocks
Ergebnis gedankenloser Arbeit: Lagerbock ist windschief, Lager fluchten nicht, Spannungen in der Zone C

Richtiger Arbeitsablauf: 1. Zuerst B, dann bei A schweißen, 2. während des Schweißens von B ist die Zone C mit zu erwärmen, 3. Welle als Fluchtstütze verwenden

---

Kaltschweißen ist weniger problematisch, wenn Schrumpfkräfte nicht behindert werden

---

Schrumpfausgleich kann durch punktuelles Erwärmen während des Schweißens erreicht werden (Abb. 8.15).

Man wählt dünne Elektroden, schweißt mit geringer Stromstärke nur kurze Raupenabschnitte und legt Pausen zum Abkühlen ein. Gelegentlich werden Gewindestifte, Bolzen, Verstärkungslaschen oder Schrumpfklammern angebracht (Abb. 8.16 und 8.17).

Schraubenpaare zuerst verschweißen, dann V-Fuge ausfüllen

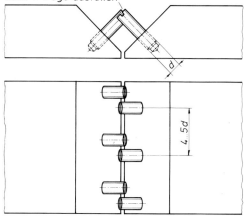

Abb. 8.16   Gewindestifte in der Schweißfuge starker Guß-stücke, ein Versuch, die Festigkeit zu erhöhen

Abb. 8.17   Gußeisenkaltschweißung mit Ge-windestiften

8.6.3 Stabelektroden und Schweißstäbe

Schweißzusätze (Stabelektroden und Schweißstäbe) zum Schweißen unlegierter und niedrig-legierter Gußeisenwerkstoffe sind in DIN 8573 Teil 1 genormt. Für das Kaltschweißen werden häufig Stabelektroden auf Nickelbasis angewendet (Abb. 8.18). Das Schweißgut ist zwar zäh, hat aber eine geringere Festigkeit als der Grundwerkstoff.

Abb. 8.18   Schmelzprobe   einer   umhüllten Stabelektrode, Nickel-Kupfer-Typ (Monel), für das Metallichtbogenschweißen an Gußeisen; geringes Vorwärmen ist vorteilhaft, Schlacke gekräuselt, Raupe feinschuppig bis glatt, weich, mechanisches Nacharbeiten erleichtert

Nach dem Schweißen muß das Werkstück langsam abkühlen, um Eigenspannungen niedrig zu halten. Die Abkühlungsgeschwindigkeit soll 30 ... 40 °C/h nicht überschreiten, bis die Temperatur auf etwa 300 °C abgesunken ist. Außerdem scheidet der Kohlenstoff nur bei lang-samer Abkühlung als weicher Graphit zwischen den Kristallen aus; die Schweißstelle läßt sich nun spanend bearbeiten.

8.7 Schweißen von Kupfer

8.7.1 Kupfersorten

Kupfer ist durch mittlere Festigkeit, sehr gute Verformbarkeit, hohe Leitfähigkeit für Wärme und elektrischen Strom und durch Beständigkeit gegenüber verschiedenen chemischen Einflüssen gekennzeichnet. Bekannte Kupferlegierungen sind Messing, Bronze und Neu-silber, eine Kupfer-Nickel-Zink-Legierung.

147

Wichtig ist die Unterscheidung von sauerstofffreien und nicht sauerstofffreien Kupfersorten (DIN 1787). Im sauerstoffhaltigen Kupfer sind Sauerstoff und Kupfer zu Kupferoxidul (Cu_2O) verbunden. Beim Schmelzschweißen gelangen aus der Schweißflamme oder aus Umhüllungsstoffen von Elektroden und aus der Luft Wasserstoff in das Schmelzbad. Der Sauerstoff aus dem Kupferoxidul und der Wasserstoff bilden Wasserdampf, der, unter hohem Druck im Schweißgut eingeschlossen, zur Zerstörung und zu Poren führt. Das Material hat die sog. Wasserstoffkrankheit. Folgerung:

In der Schweißtechnik werden nur sauerstofffreie Kupfersorten verwendet

---

Für Kupfer und Kupferlegierungen wird das Gasschmelzschweißen oder vorzugsweise das WIG-Schweißen, aber auch das MIG-Schweißen angewendet.

8.7.2 Werkstattpraktische Hinweise für das Schweißen von Kupfer- und Kupferlegierungen

Das Gasschweißen beschränkt sich meistens auf Kupfer-Zink-Legierungen und auf Instandsetzungsschweißen im Installationsbetrieb.

1. Brennereinsätze 2 Nummern größer wählen als sonst bei Stahl üblich ist, da die Wärmeleitfähigkeit 6mal größer ist als die von unlegiertem Stahl;

2. Flamme weder oxidierend noch aufkohlend einstellen, Sauerstoffüberschuß macht das Gefüge spröde;

3. Flußmittel wird gebraucht, um Oxidbildung zu verhindern;

4. dickere Bleche möglichst von beiden Seiten gleichzeitig schweißen;

5. die Schweißnaht wird mit balligem Hammer bei mittlerer Rotglut — etwa 750 °C — abschnittweise abgehämmert, um die Festigkeit zu verbessern, beim WIG-Verfahren ist das Abhämmern nicht erforderlich, weil die Feinkörnigkeit durch entsprechend legierte Zusatzstäbe erreicht wird;

6. Messing muß mit Sauerstoffüberschuß geschweißt werden, dessen Überschuß vom Zinkgehalt abhängig ist und der durch Versuche zu ermitteln ist.

   Erklärung: Durch die Oxidhaut des schmelzflüssigen Tropfens wird die Ausdampfung des Zinks unterdrückt.

WIG-Schweißen
Wanddicken von mehr als 4 mm sollten mit einer Vorwärmtemperatur von 500 °C im WIG-Verfahren möglichst von zwei Seiten gleichzeitig geschweißt werden. Schweißstab und Schweißfuge sind mit Flußmittel benetzt, um Oxidbildung zu unterbinden.

MIG-Schweißen
Das Metall-Inertgas-Schweißen wird bei Blechdicken ab etwa 12 mm eingesetzt. Dabei werden die Wurzellage bzw. -lagen im WIG-Verfahren und die Füll- und Decklagen MIG-geschweißt.

Sicherung der Güte
Kupfer und die einzelnen Kupferlegierungen reagieren auf das Schweißen hinsichtlich der Porenbildung, Ausdampfung und Entmischung sehr unterschiedlich, (z. B. ist das Lichtbogenhandschweißen nur selten anwendbar). Deshalb wird auch beim Schutzgasschweißen oftmals Flußmittel gebraucht. Außerdem ist eine sorgfältige Auswahl geeigneter Schweißzusätze für Kupfer und Kupferlegierungen nach DIN 1733, Teil 1 dringend geboten.

8.8 Schweißen von Aluminium

Aluminium zeichnet sich durch seine geringe Dichte bei guter Festigkeit aus. Es ist gegen atmosphärische Korrosion widerstandsfähig und läßt sich gut schweißen, wenn seine besonderen Werkstoffeigenschaften beachtet werden (Abb. 8.19).

8.8.1 Legierungsbestandteile

Zur Gewinnung besonderer Eigenschaften, vor allem zur Steigerung der Festigkeit, wird Aluminium mit

Abb. 8.19 WIG-geschweißte Konstruktion, Rohr aus Al Mg Si 0,5 kalt- und warmaushärtbar, Bleche aus Al Mg 4,5 Mn nicht aushärtbar als Probestück zusammengefügt

      Magnesium, Mangan, Silicium, Kupfer und Zink legiert.

Die Bruchfestigkeit besonderer Legierungen erreicht 600 N/mm². Vor dem Schweißen sollte geprüft werden, ob die Legierung aushärtbar oder nicht aushärtbar ist.

8.8.2 Nicht aushärtbare Legierungen

      AlMn, AlMn1Mg1, AlMg1, AlMg3
haben ihre Festigkeit durch Kaltverformung (Walzen oder Ziehen) erreicht. Wird dieser Werkstoff geschweißt, so verliert er durch Ausglühen in der Einflußzone seine Festigkeit. Sie ist auch durch Abhämmern nur begrenzt zurückzugewinnen, weil dadurch die für die Kaltverfestigung erforderlichen Verformungsgrade nicht erreicht werden.

8.8.3 Aushärtbare Legierungen

      AlMgSi1, AlMgSiPb, AlZn4,5Mg1, AlZnMgCu
haben ihre Festigkeit durch Wärmebehandlung gewonnen. Das Aushärten kann durch Kaltaushärten oder durch Wärmeaushärten vorgenommen werden.

Kaltaushärten wird durch Lösungsglühen zwischen 500 °C und 545 °C, Abschrecken in Wasser von Raumtemperatur und anschließendes Lagern bei Raumtemperatur erzielt. Die Festigkeit erreicht ihren Höchstwert nach etwa 5 Tagen, wobei sie sich schon einige Stunden nach dem Abschrecken bemerkbar macht. Die Weiterverarbeitung muß deshalb in den ersten Stunden nach dem Abschrecken geschehen. Das Kaltaushärten kann durch Unterkühlung verzögert oder ganz unterbunden werden. Aus diesem Grunde werden z. B. aushärtbare Aluminiumnieten den Nietern in Kälte-Isolierflaschen ausgehändigt.

Warmaushärten besteht ebenfalls aus Lösungsglühen und Abschrecken, jedoch mit anschließender Warmauslagerung bei Temperaturen zwischen 140 °C und 180 °C. Die Dauer der Auslagerung liegt zwischen 6 und 20 Stunden. Der Vorgang kann beliebig oft wiederholt werden.

8.8.4 Tüpfelprobe

Ist die Legierung unbekannt, so kann ihre Gattungszugehörigkeit durch die Tüpfelprobe ermittelt werden (Tab. 8.5):

Tab. 8.5   Tüpfelprobe zur Unterscheidung von Aluminiumlegierungen mit Bezug auf die Schweißbarkeit

---

1. Beizen mit 20%iger Natronlauge, 1 bis 2 Tropfen etwa 6 Minuten einwirken lassen

Beobachtung	Ergebnis
keine Reaktion	Reinmagnesium (Mg) oder Magnesiumlegierung, z. B. Elektron mit etwa 5…10% Aluminium, schweißbar, aber gut mit Flußmittel abdecken, sehr kerbempfindlich
schwarzer Belag abwischbar	Knet- oder Gußlegierung mit Cu, Zn und Ni jeweils allein oder nebeneinander, z. B. AlCuMg2 (2% Mg), aushärtbar, noch befriedigend schweißbar, aber Einbuße der Aushärtungswirkung
dunkler Fleck nicht abwischbar	Legierung mit mehreren Prozenten Si-Zusatz, z. B. G-AlMg3Si (3% Mg), Siliciumgehalt verbessert die Schweißbarkeit; AlMgSi1 (0,6 bis 1,6% Si), aushärtbar, schweißbar, aber Verlust der Aushärtungswirkung
blank gebeizter Fleck	frei von Cu, Zn und Ni; Reinaluminium, Mangan-(Mn) oder Magnesiumlegierung, z. B. G-AlMg5, nicht aushärtbar, gut schweißbar, vorwärmen, überhitzungsempfindlich

anschließend
Beizen mit Salzsäure (5%)

Belag verschwindet	wenn durch Zink verursacht, z. B. AlZn4,5Mg1, als schweißbare Legierung entwickelt; bei AlZn2,5Mg3 ist das Schweißen schwierig
dunkler Fleck verschwindet	wenn Si-Anteil geringer als 5%

anschließend
Beizen mit Salpetersäure (30%)

Belag verschwindet	wenn durch Kupfer oder Nickel verursacht
dunkler Fleck bleibt	wenn eine siliciumreiche Legierung vorliegt

2. Beizen mit Cadmiumsulfat (nur für Gußlegierungen)

keine Reaktion	z. B. G-AlSi12 (12% Si) Silumin, gut schweißbar
grauer Belag	Legierung enthält Zinkanteile

Cadmiumsulfatbeize wird hergestellt aus 5 g Cadmiumsulfat, 10 g Kochsalz, 20 cm³ konz. Salzsäure mit Wasser auf 100 cm³ ergänzt.

8.8.5 Schweißverfahren

Für das Schmelzschweißen von Leichtmetallen sind folgende Verfahren anwendbar:

Gasschmelzschweißen	Lichtbogenhandschweißen	Schutzgasschweißen
vereinzelt	selten	am häufigsten

8.8.6 Besonderheiten des Aluminiumschweißens

Abweichend von der Stahlschweißung sind bei allen Verfahren folgende Besonderheiten zu berücksichtigen:

1. Aluminium ist bereits bei Raumtemperatur mit einer durchsichtigen O x i d s c h i c h t (Al$_2$O$_3$) überzogen, die sich unter Schweißwärme besonders schnell entwickelt. Während der Schmelzpunkt der meisten Aluminiumlegierungen bei etwa 650 °C liegt, schmilzt das Oxid erst bei 2060 °C. Wenn aber die Oberfläche der Schweißstelle noch ungeschmolzen fest ist und die darunterliegende Schicht sich bereits im flüssigen Zustand befindet, so entstehen sehr leicht Löcher im Werkstück.

> **Beim Gasschmelzschweißen von Aluminium und Aluminiumlegierungen müssen die Oxide durch Flußmittel gelöst werden. Die Flamme ist mit leichtem Acetylenüberschuß und nicht zu hart einzustellen**

Beim Lichtbogenhandschweißen übernimmt die Umhüllung diese Aufgabe. Beim WIG- und MIG-Verfahren ist kein Flußmittel erforderlich.

Schlacke und Flußmittel sind nach dem Schweißen zunächst durch Bürsten zu beseitigen. Man verwende Wurzelbürsten, da Stahlbürsten Kratzer hinterlassen, auf die Aluminium besonders kerbempfindlich reagiert. Anschließend werden die Werkstücke in einem Natronlaugebad gebeizt, in Salpetersäure neutralisiert und dann in heißem Wasser gespült. Sind die Teile zu unhandlich, sind die Nähte mit verdünnter Salpetersäure und darauf mit heißem Wasser abzuwaschen. Nach der Reinigung empfiehlt es sich, die Schweißstücke durch Überfächeln mit einer Flamme zu trocknen.

2. Die W ä r m e l e i t f ä h i g k e i t des Aluminiums übertrifft diejenige des Stahls um das 3fache. Somit muß mehr Wärme eingebracht und vor allem bei stärkeren Blechdicken mit Vorwärmung geschweißt werden.

3. Die starke W ä r m e a u s d e h n u n g des Aluminiums, sie beträgt das 2fache der Ausdehnung des Stahls, begünstigt Verformungs- und Spannungsrisse. Man muß um eine gleichmäßige Wärmeverteilung und langsame Abkühlung besorgt sein.

4. Aluminium wird beim Erwärmen sehr plötzlich weich, so daß feste Arbeitsunterlagen nötig sind, um das Werkstück vor dem V e r f o r m e n zu bewahren. Die unangenehme Neigung, feine Längsrisse (Schrumpfrisse) in der Naht zu bilden, kann durch Warmhalten mit Hilfe von Steinen und Kohleplatten unter der Naht verhindert werden.

8.8.7 Gasschmelzschweißen von Aluminium

Die Flamme wird weich, d. h. mit einer Ausströmgeschwindigkeit von 80 bis 90 m/s eingestellt; geringer A c e t y - l e n ü b e r s c h u ß ist wichtig, um Oxidbildung zu unterbinden; Flußmittel auf Blechkanten und Draht auftragen; der Zusatzwerkstoff ist in der Regel artgleich.

A n w e n d u n g s b e r e i c h :
Bördelnähte, Stumpfnähte zwischen 1 und 8 mm Dicke, ab 3 mm vorwärmen, Reparaturschweißen, insbesondere von Gußteilen (Abb. 8.20).

A u f t r a g : Reparaturschweißung an einem Aluminiumgehäuse.

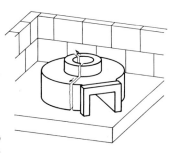

Abb. 8.20 Vorbereitung eines Aluminium-Gußgehäuses zum Schweißen

Die Nähte werden von innen nach außen geschweißt

Durchführung: Saubere Schweißkanten, feste Auflage, da das erwärmte Gußstück sehr leicht durchsackt. Isolierende Unterlagen verwenden, wie Schamottesteine, Asbest. Holzkohlenbettung vermeidet Wärmeverlust, Abschirmung gegen Zugluft durch Mauersteine, Abdeckblech verzögert die Abkühlung. Geeignete Schweißzusätze auswählen; siehe DIN 1732. Die Schweißeignung der Legierung wird mit steigendem Silicium- und Kupfergehalt besser, mit zunehmendem Magnesiumgehalt schlechter. Flußmittel auftragen, Werkstück auf 200 °C vorwärmen, Schweißfolge und -richtung beachten, Zugluft vermeiden, Flußmittelreste beseitigen.

8.8.8 Lichtbogenhandschweißen von Aluminium

Das Schweißen mit nackten Elektroden ist wegen der besonderen Neigung zur Oxidbildung nicht möglich. Man muß umhüllte Stäbe verwenden, deren Salzmantel die Oxide löst, das Schmelzbad vor Sauerstoffzutritt schützt und den Lichtbogen stabilisiert. Dabei ist günstig, wenn die Umhüllung etwas langsamer als das Metall abfließt. Der niedrige Schmelzpunkt des Grundwerkstoffes ist durch eine s c h n e l l f l i e ß e n d e E l e k t r o d e zu berücksichtigen. Man schweißt mit Gleichstrom und legt die Elektrode an den Pluspol. Der Durchmesser der Elektrode ist in der Regel gleich der Blechdicke, wenn ohne Vorwärmung gearbeitet wird. Die Vorwärmung ist um so wichtiger, je dünnere Elektroden verschweißt werden.

Die Bleche werden allgemein wie für das Gasschmelzschweißen vorbereitet:

Stumpfstoß bis 6 mm, V-Naht bis 11 mm, X-Naht ab 12 mm. Bei der Anordnung der Nähte ist die K e r b e m p f i n d l i c h k e i t zu beachten (Abb. 8.21). Bleche ab 8 mm Dicke sind in

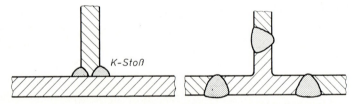

K-Stoß

Abb. 8.21 Der K-Stoß ist für Aluminiumbleche sehr ungünstig; wegen Kerbempfindlichkeit und der besonderen Neigung zum Winkelverzug sollten Strangpreßprofile angewandt werden

mehreren Lagen zu schweißen. Ab 10 mm ist ohne besondere Wärmezufuhr nicht mehr auszukommen. Die Vorwärmtemperatur liegt bei Reinaluminium je nach Werkstückdicke zwischen 150 und 350 °C, bei Legierungen etwas niedriger, und zwar zwischen 100 und 200 °C.

> **Das Lichtbogenhandschweißen von Leichtmetallen wird bei dickwandigen Werkstücken mit großem Wärmebedarf für Verbindungs- und Reparaturschweißen angewandt**

Der Anwendungsumfang ist nur noch gering und weiter rückläufig.

8.8.9 WIG-Schweißen von Aluminium

Im Schutzgaslichtbogen wird die Oxidhaut durch den Wechselstrom aufgerissen und ihre Neubildung im Schutze des Edelgases A r g o n verhindert. Siehe Abschnitt 5.2.1.

> **Mit dem WIG-Verfahren werden vielfach dünnere Bleche zwischen 0,8 und 5 mm geschweißt**

Außerdem ist es für kürzere und schwer zugängliche Nähte günstiger als das MIG-Verfahren. Zwangslagenschweißen ist möglich. Ab 6 mm ist das doppelseitige Schweißen mit 2 Brennern gleichzeitig erwägenswert. Ab 8 mm Wanddicke ist ein Vorwärmen auf etwa 150 °C ratsam. Eine Kupferschiene mit Nut oder andere Unterlagen, z. B. aus Cr-Ni-Stahl erleichtert das Schweißen, insbesondere das teilmechanische Fügen dickerer Bleche. Weitere Verwendung findet das WIG-Schweißen bei der Lochschweißung, Abb. 8.22 und bei der Reparatur von Aluminiumguß. Man arbeitet mit Wechselstrom und Hochspannungsüberlagerung zur Stabilisierung des Lichtbogens. Richtlinien für die Fugenformen beim Schutzgasschweißen von Aluminium enthält DIN 8552 Teil 1. Besonders zu beachten ist das wurzelseitige Anfasen (Brechen) der Längskanten, damit die Oxide an den Stirnflächen besser ausschwemmen (Abb. 8.23).

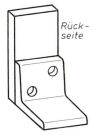

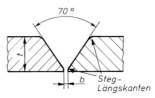

Abb. 8.22 Lochschweißung
Durch die zugeschweißten Löcher im rückwärtigen Winkel wird mit dem Frontblech eine verdeckte Verbindung hergestellt

Stegabstand **b** = 0 bei **t** ≦ 4 mm für Handschweißung die Stirn-Längskanten sind angefast

Stegabstand **b** = 0 bis 2 mm für **t** ≦ 10 mm die Steg-Längskanten sind angefast

Abb. 8.23 Fugenformen beim WIG-Schweißen von Aluminium

8.8.10 MIG-Schweißen von Aluminium

Aluminiumteile werden heute vorzugsweise nach dem **MIG-Impuls-Schweißverfahren** geschweißt. Die Abb. 8.24 zeigt ein vollelektronisches MIG/MAG-Pulsstrom-Schweißgerät und ein Drahtvorschubaggregat. Die Pulstechnik (siehe Abschnitt 5.2.4) kann auch abgeschaltet werden. Der Gleichrichter ist u. a. mit getakteten Transistoren ausgestattet. Ein **Transistortakter,** auch **Shopper** genannt, schaltet den Stromkreis in schneller Folge, z. B. 20 000 mal in der Sekunde, ein und aus. Auf diese Weise wird u. a. der Tropfenübergang elektronisch optimal gesteuert.

Abb. 8.24 MIG/MAG-Pulsstromquelle
Netzspannung 380 V, Einstellbereich von 30 A/15 V bis 400 A/42 V, Leerlaufspannung 51 V, Drahtelektroden-∅ für Stahl, Edelstahl und Aluminium von 0,8 bis 2,4 mm

Bei größerer Entfernung der Stromquelle vom Arbeitsplatz sind Anlagen anzutreffen, bei denen der Draht teilweise gezogen und geschoben wird (Push-Pull-Anlagen).

Die besten Gütewerte ergibt das MIG-Impulsschweißen, Kurzzeichen MIGp, bei dem ein niedriger Schweißgrundstrom von einem Impulsstrom überlagert wird. Dadurch lassen sich die Anzahl und die Größe der Tropfen vorgeben. Die Schweißung wird vor allem in der Steigenaht porensicherer. Siehe auch Abschnitt 5.2.4 Impulslichtbogenschweißen.

Üblicher Elektrodendurchmesser 1,6 mm; vorwärmen bei Reinaluminium ab 10 mm, bei Aluminiumlegierungen ab 15 mm; gegebenenfalls auch schon bei geringeren Abmessungen. Beim Schweißen von Leichtmetallen ist die Neigung zur Porenbildung zu beachten. Gegenmaßnahmen: größte Sorgfalt bei der Einstellung der Schweißdaten und bei der Pflege der Geräte. Die Schweißkanten müssen sauber und vor allem trocken sein. Feuchte Kanten und Elektroden begünstigen die Affinität des geschmolzenen Aluminiums zu Wasserstoff, dessen Anwesenheit die Porenbildung zugeschrieben wird.

Übungen zum Kapitel 8, Schweißeignung der Metalle

1. Erläutern Sie den Einfluß des Kohlenstoffs auf die mechanischen Eigenschaften (Zugfestigkeit, Streckgrenze und Bruchdehnung) des unlegierten Baustahles.

2. Beschreiben Sie die Härte des Stahls in Abhängigkeit von der Menge des Kohlenstoffs und der Form, in der er sich im Stahl befindet.

3. Wie heißt das Härtegefüge im Stahl und wodurch wird sein Entstehen begünstigt und wie behindert?

4. Warum muß Baustahl mit mehr als 0,22 % Kohlenstoff vorgewärmt geschweißt werden?

5. Erläutern Sie die Gütegruppen des Stahls.

6. Erläutern Sie die in Gruppen unterteilte Schweißeignung des Baustahles nach DIN 8528 Teil 2 und DIN EN 10025.

7. Nennen Sie in Stichworten die Arbeitsregeln für das Schweißen von Feinkornbaustählen.

8. Beschreiben Sie den Vorgang der interkristallinen Korrosion.

9. Wodurch können Chromcarbide beseitigt werden?

10. Erklären Sie, weshalb austenitische Stähle nach dem Lösungsglühen abgeschreckt werden.

11. Erläutern Sie die Besonderheiten des Gußeisenschweißens.

12. Kupfer wird bevorzugt mit Schutzgas geschweißt. Nennen Sie Gründe.

13. Beschreiben Sie die physikalischen und chemischen Eigenheiten des Aluminiums beim Erwärmen, die der Schweißer berücksichtigen muß.

14. Welche beiden Schutzgasschweißverfahren sind für das Aluminiumschweißen besonders geeignet?

9 Schweißen von Kunststoff

9.1 Kunststoffschweißverfahren

Das Schweißen von Kunststoffen ist stets ein P r e ß s c h w e i ß e n , siehe DIN 1910 Teil 3 und DIN 16960 Schweißverfahren. Schweißbar sind plastische nicht härtbare Kunststoffe, die dauernd wärmebildsam sind, z. B. Polyvinylchlorid (PVC) und Polyethylen (PE). Nicht jeder schweißbare Kunststoff ist allen Schweißverfahren (Tab. 9.1) zugänglich, da sich die Kunststoffe im Aufbau, in der Wärmeleitfähigkeit und -dehnung keineswegs gleichen. Daraus ergeben sich auch unterschiedliche Schweißparameter (Einflußgrößen), wie Heiztemperatur, Anwärmdruck und -zeit, Umstellzeit, Fügedruck und Abkühlzeit.

Tab. 9.1 Kunststoffschweißverfahren

Heizelement-schweißen	Warmgas-schweißen	Ultraschall-schweißen	Reib-schweißen	Hochfrequenz-schweißen

A n w e n d u n g : Tafeln, Rohre, Fittings, Profile, Wannen, Gehäuse, Platten, Formteile, Dachrinnen, Handläufe, Treppenleisten, Folien, Klarsichthüllen.

9.1.1 Heizelementschweißen

Die Werkstücke werden an den Stoßflächen mit einem Heizelement oder mit mehreren Elementen erwärmt und wie bei allen sonstigen Kunststoffschweißverfahren unter Anwendung von Kraft geschweißt. Das Heizelement ist ein Werkzeug, das durch Warmgas, mit der Flamme oder elektrisch geheizt wird. Man unterscheidet:

Direktes Heizelementschweißen
Das Heizelement befindet sich auf der Stoßfläche und erwärmt diese durch unmittelbaren Kontakt oder durch Strahlung. Ausführungsbeispiele siehe Abb. 9.1, 9.2 und 9.3.

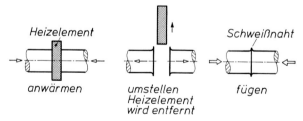

Abb. 9.1 Heizelementstumpfschweißen

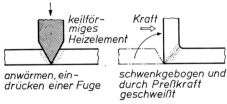

Abb. 9.2 Schwenkbiegeschweißen

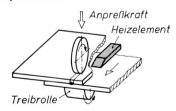

Abb. 9.3 Heizkeilschweißen

> **Die Schweißteile können beim direkten Heizelementschweißen beliebig dick sein, doch setzen die infolge ungleicher Abkühlung auftretenden Spannungen oftmals Grenzen**

Heizelementmuffenschweißen

Rohr und Fitting werden an den Verbindungsflächen mit einem Heizelement auf Schweißtemperatur erwärmt und anschließend zusammengeschoben (Abb. 9.4).

A r b e i t s h i n w e i s :

Die Schweißzone muß vor Schweißbeginn gründlich gesäubert werden. Gegebenenfalls ist das Rohr mit einer Ziehklinge abzuziehen. Die Muffe ist innen mit einem Reinigungsmittel (z. B. Spiritus) zu reinigen (siehe Merkblatt DVS 2207 Teil 1).

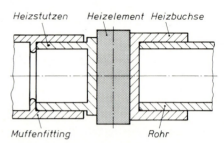

Abb. 9.4 Heizelementmuffenschweißen, PE hart, ⌀ 75 mm
Anwärmphase etwa 30 Sekunden bei 260 °C, danach beide Werkstücke ruckartig abziehen und unverzüglich zusammenfügen. Das Anwärmen darf erst 5 min nach Erreichen der Heiztemperatur eingeleitet werden.

Indirektes Heizelementschweißen (Abb. 9.5)

Die Wärme geht durch das Werkstück hindurch, da das Heizelement sich auf der der Stoßfläche gegenüberliegenden Seite des Werkstückes befindet.

> **Indirektes Heizelementschweißen eignet sich für Folien bis max. 0,5 mm Dicke (Verpakkungsindustrie)**

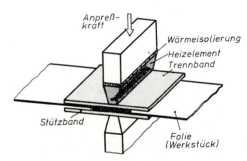

Abb. 9.5   Indirektes Heizelementschweißen
(Wärmekontaktschweißen)

9.1.2 Warmgasschweißen

Die Werkstücke werden an den Stoßflächen mit warmen Gas zwischen 250 °C und 350 °C erwärmt und unter Anwendung von Kraft mit oder ohne Schweißzusatz geschweißt.

Das Schweißgerät ist entweder elektrisch oder gasbeheizt (Abb. 9.6 u. 9.7). Als Wärmeträger (Schweißgas) wird allgemein Luft verwendet.

Der Schweißzusatz wird als Stab, Draht oder Schnur in die Fuge gedrückt und im Warmgasstrom mit dem Grundwerkstoff — PVC hart oder PVC weich — erwärmt und unter Druck geschweißt.

Werden Schweißzusatz und Schweißgerät getrennt und von Hand geführt, so spricht man von F ä c h e l s c h w e i ß e n (Abb. 9.8).

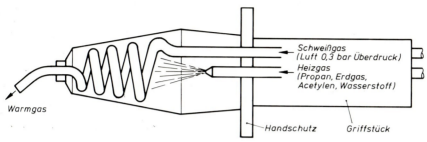

Abb. 9.6   Warmgasschweißgerät, gasbeheizt

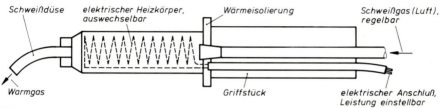

Abb. 9.7   Warmgasschweißgerät, elektrisch beheizt

Höhere Schweißgeschwindigkeiten von 40 bis 100 cm/min sind mit Schnellschweißgeräten zu erreichen. Hierbei wird der Warmgasstrom in Zieh- oder Mehrfachdüsen mehrfach geteilt und zum Vorwärmen und zum Aufschmelzen genutzt (Abb. 9.9).

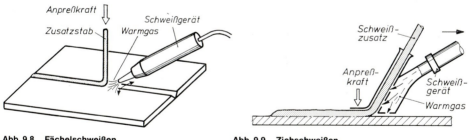

Abb. 9.8   Fächelschweißen
Schweißgeschwindigkeit bis zu 25 cm/min

Abb. 9.9   Ziehschweißen

Warmgas-Extrusionsschweißen

Große Nahtvolumen erfordern im allgemeinen mehrere Lagen. Dadurch mehren sich die Fehlerquellen wie Oxidation, Fehlstellen, Einschlüsse. Beim Extrusionsschweißen wird in dem Schweißgerät ein Zusatzwerkstoffstrang geformt, der die Fuge mit einer Lage ausfüllt und damit Schweißzeit einspart und Fehlermöglichkeiten reduziert.

Extrusionsschweißen ist besonders für dickwandige Kunststoffe vorteilhaft

---

9.1.3 Ultraschallschweißen

Das Prinzip des Ultraschallschweißens wurde bereits in Abb. 7.19 dargestellt. Befindet sich die Schweißzone weniger als 5 mm von der Sonotrode entfernt, so spricht man von Nahfeldschweißen (direktes Verfahren), bei Entfernungen über 5 mm von Fernfeldschweißen (indirektes Verfahren).

9.1.4 Reibschweißen

Das Prinzip des Reibschweißens von Kunststoffen entspricht dem gleichen Verfahren bei Metallen, siehe Abschnitt 7.7.

Die Stoßflächen der Schweißteile berühren sich während des Reibvorganges entweder unmittelbar, oder die Erwärmung erfolgt über eine Reibscheibe, die vor dem Zusammenpressen der Teile aus der Schweißfuge herausgeschwenkt wird (Abb. 9.8).

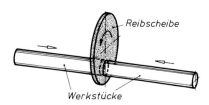

Abb. 9.8   Reibschweißen — Anwärmphase —

Reibschweißbar sind alle thermoplastischen Kunststoffe.

Durch Reibschweißen können auch Thermoplaste mit Duroplasten (sonst nicht schweißbar), Holz oder Metall verbunden werden

---

9.1.5 Hochfrequenzschweißen

Die Erwärmung der Schweißzone entsteht durch d i e l e k t r i s c h e   V e r l u s t e im Kunststoff, der als Nichtleiter (Dielektrikum) von elektrischen Feldlinien durchdrungen wird. Das Verfahren ist nur bei Werkstoffen mit polaren Molekülen wie z. B. PVC, Polyamid und Celluloseacetat anwendbar.

Kapazitives Hochfrequenzschweißen von Kunststoffen ist auf Dicken von max. 1 mm beschränkt

---

Dickwandigere Teile sind nur mit dem i n d u k t i v e n   V e r f a h r e n hochfrequenzschweißbar. Dabei ist in einem Teil des zu verschweißenden Werkstückes eine Metalleinlage eingebracht, in der Wirbelströme auftreten, deren Wärmewirkung die Schweißzone zum Schmelzen bringt.

Hochfrequenzschweißanlagen (27,12 MHz) sind bei der Post zur Genehmigung anzumelden.

Übungen zum Kapitel 9, Kunststoffschweißen

1. Nennen Sie zwei schweißbare Kunststoffe.
2. Beschreiben Sie den Arbeitsablauf beim Heizelementmuffenschweißen.
3. Welche beiden Kunststoffschweißverfahren sind vornehmlich handwerklicher Fertigung zuzuordnen?

10 Schrumpfungen und Spannungen

10.1 Wärmeeinfluß

Ein Umformer für 350 A maximaler Schweißstromstärke hat lt. Leistungsschild eine Motorleistung von 10 kW. Wirkungsgradverluste im Motor und im Generator und Widerstandsverluste in den sich erwärmenden Schweißkabeln bringen es mit sich, daß für den Schweißprozeß an der Elektrodenspitze noch etwa 5 kW = 5000 Watt zur Verfügung stehen. Diese Energie, die fünfzig 100-Watt-Glühlampen leuchten lassen könnte, wird in dem wenige Millimeter langen Lichtbogen in räumlich sehr konzentrierte Wärme umgesetzt, wobei von der Elektrode bis zu 2000 Tropfen in der Sekunde abfließen und die Fugenkanten des Werkstückes augenblicklich aufschmelzen.

Mit der Erwärmung dehnt sich der Werkstoff erheblich aus. Beim Abkühlen zieht sich die Schweißzone dann wieder zusammen, wenn sie nicht durch kältere Zonen und durch die konstruktive Gestaltung des Werkstückes daran gehindert wird.

> **Behinderte Schrumpfung belastet Schweißnaht und Umgebung mit starken Zug- und Druckkräften (Eigenspannungen)**

Schweißspannungen ergeben sich aus folgenden physikalischen Gesetzmäßigkeiten:

1. Volumenänderung des flüssigen Schmelzbades beim Erkalten;

2. Volumenveränderungen durch Gefügeumwandlungen; Martensitbildung führt z. B. zu einer Vergrößerung des Werkstoffvolumens um etwa 1 % mit der Folge von Druckeigenspannungen;

3. Ungleiche Verformungen, u. U. bis zum Überschreiten der Streckgrenze, durch Temperaturgefälle während der Erwärmung und während der Abkühlung.

Wärmeeinflüsse können in Naht und Werkstück Zug- und Druckspannungen, elastische und plastische Dehnungen und Stauchungen, Schrumpfungen und Verwerfungen hervorrufen.

> **Die mit dem Lichtbogen zugeführte Wärme ist von der Stromstärke abhängig. Wärmeempfindliche Werkstücke werden deshalb mit möglichst geringer Stromstärke geschweißt**

Mit der Autogenflamme, deren max. Flammenleistung mit 42,7 kW/cm² angegeben wird, entsteht im Vergleich zum Lichtbogen eine wesentlich breitere Wärmezone, da die Schweißstelle eine Weile vorgewärmt werden muß, bevor der Werkstoff zu fließen beginnt.

Die nötige Zeit sowohl für das Anwärmen als auch für das Abkühlen nach dem Schweißen wächst besonders bei dickeren Blechen beträchtlich. Je dicker das Material, desto größer ist das Mißverhältnis zwischen Vorwärmzeit und eigentlicher Schweißzeit. Noch ungünstiger ist das Verhältnis, wenn an dicken Blechen kurze Nähte und Heftstellen vorgesehen sind. In der ausgedehnten Wärmezone der Autogenflamme ist zwar mehr Material an der Dehnung und Schrumpfung beteiligt, aber durch die Zeitverzögerung werden extreme Spannungsverhältnisse vermieden.

10.2 Schrumpfung

Beim Abkühlen zieht sich geschmolzener und erwärmter Werkstoff kräftig zusammen, er schrumpft und übt dabei auf seine Umgebung Kräfte aus, die Schrumpfspannungen und Formänderungen (Verwerfungen) auslösen. Verwerfungen zeigen sich an folgenden Beispielen:

Die auf dem oberen Flansch eines U-Stahles 30 x 15 aufgetragene Raupe zieht beim Erkalten den kleinen Träger krumm (Abb. 10.1).

Die Schweißfuge ist infolge der Schrumpfkräfte zugeschert, die Bleche haben sich verworfen und sind übereinander gekrochen (Abb. 10.2).

Die einseitige Kehlnaht hat beim Abkühlen einen Winkelverzug (α) des Steges ausgelöst (Abb. 10.3).

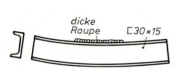

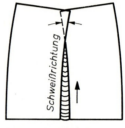

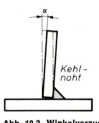

Abb. 10.1 Dicke Raupe auf einem U-Profil

Abb. 10.2 Verwerfungen infolge zu enger Schweißfuge und mangelhafter Heftung

Abb. 10.3 Winkelverzug durch Kehlnaht

Das Ausmaß der Schrumpfung ist abhängig von der Konstruktion, der Gestaltung des Bauteiles, der Blechdicke und den Werkstoffeigenschaften, wie z. B. Schmelzpunkt, spezifische Wärme, Wärmeleitfähigkeit und Wärmedehnzahl, von dem Schweißverfahren und der eingebrachten Wärmemenge.

B e i s p i e l 1 : Eine Welle von 100 mm Länge wird um 1000 °C erwärmt, sie wird länger.

Die Rechnung bestätigt:
eine Welle aus Stahl wird
$$\Delta l = l \cdot \alpha_{Fe} \cdot \Delta t = 100 \cdot 1{,}2 \cdot 10^{-5} \cdot 1000 \text{ mm} = \textbf{1,2 mm} \text{ länger}$$
eine Welle aus Aluminium wird
$$\Delta l = l \cdot \alpha_{Al} \cdot \Delta t = 100 \cdot 2{,}3 \cdot 10^{-5} \cdot 1000 \text{ mm} = \textbf{2,3 mm} \text{ länger}$$

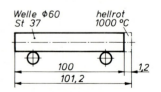

Außerdem wird der Durchmesser der Welle größer. Nach dem Erkalten hat die Welle ihre Ausgangsmaße zurückgewonnen, da sie volle Bewegungsfreiheit besitzt (Abb. 10.4).

Abb. 10.4 Schrumpfversuch bei unbehinderter Ausdehnung

B e i s p i e l 2 : Eine an der Längenausdehnung behinderte Welle wird durch die örtliche Erwärmung gestaucht, d. h. plastisch verformt, wenn die Temperatur bei Stahl etwa 550 °C und bei Aluminium etwa 450 °C erreicht. Die bleibende Stauchung verkürzt die Welle, so daß sie bei der Abkühlung nach unten durchfällt (Abb. 10.5).

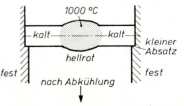

Abb. 10.5 Schrumpfversuch bei behinderter Ausdehnung

Jede an der Ausdehnung behinderte kräftig erwärmte Zone wird infolge der plastischen Stauchung kürzer

B e i s p i e l 3 : Eine an den Enden fest eingespannte Welle wird soweit erwärmt, daß sie sich plastisch staucht. Nach der Abkühlung ist die Welle durch die Stauchung verkürzt und das um so mehr, je schneller sich die Abkühlung vollzieht. Es treten Schrumpfkräfte und damit Zugspannungen auf, die bei sprödem Werkstoff sogar zum Bruch führen können (Abb. 10.6).

Abb. 10.6 Auswirkung der Schrumpfspannung in einer seitlich fest eingespannten spröden Welle

---

Behinderte Schrumpfung ergibt Schrumpfspannungen

B e i s p i e l 4 : Bei einer örtlich erwärmten Platte staucht sich der Werkstoff plastisch nach außen, da er von kaltem Material umgeben ist. Es wird nach dem Erkalten kürzer und wird gereckt. Dadurch treten erhebliche Zugspannungen auf, die sich u. U. durch Windschiefe der Platte bemerkbar machen (Abb. 10.7).

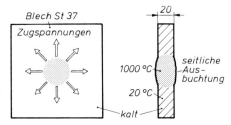

Abb. 10.7 Zugspannungen in einer örtlich erwärmten Platte

10.2.1 Arten der Schrumpfung

Auf die Nahtachse bezogen unterscheidet man

Querschrumpfung   Längsschrumpfung   Dickenschrumpfung

Die **Querschrumpfung** bezieht sich auf die Nahtbreite und macht sich durch Anheben der Bleche oder bei Kehlnähten durch Winkelverzug bemerkbar. Wird die Schrumpfung z. B. durch Einspannen der Bleche behindert, so verstärken sich die **Querspannungen**.

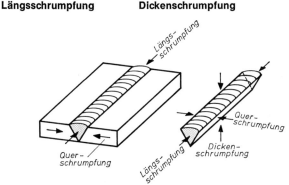

Abb. 10.8 Schrumpfung einer V-Naht

Die **Längsschrumpfung** erstreckt sich über die Länge der Naht. Da die Schweißraupe seitlich mit der Nahtfuge verklammert ist, wird sie an der Schrumpfung stark behindert. Es treten deshalb große Längsspannungen auf. Wirken Querspannungen und Längsspannungen gleichzeitig auf das Werkstück ein, so entsteht ein z w e i a c h s i g e r   S p a n n u n g s z u s t a n d .

Die Dickenschrumpfung der Schweißnaht ist allgemein bei Stahlblech bis 30 mm Dicke und bei Aluminium bis etwa 20 mm Dicke bedeutungslos. Darüber hinaus entsteht jedoch ein beachtenswerter **d r e i a c h s i g e r S p a n n u n g s z u s t a n d .**

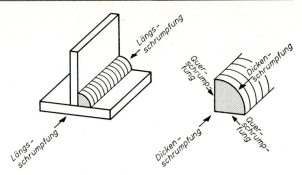

Abb. 10.9   Schrumpfung einer Kehlnaht

10.2.2 Schrumpfungen an einem geschweißten Kesselmantel

Am Kesselmantel (Abb. 10.10) von 12 mm Wanddicke wurde eine Querschrumpfung der Naht von 1,8 mm und eine Längsschrumpfung von 0,3 mm je lfd. Meter Nahtlänge gemessen. Die Querschrumpfung konnte gegenüber der stark behinderten Längsschrumpfung ein 6faches Ausmaß erreichen.

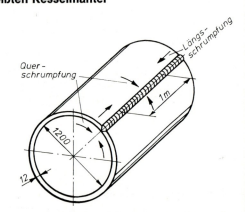

Abb. 10.10 Schrumpfungen an der Längsnaht eines Kesselmantels

10.2.3 Terrassenbruch infolge von Schrumpfkräften

Gewalzte Stähle können durch Anhäufung nichtmetallischer Einschlüsse unter der Oberfläche zeilenartige Schichten bilden. Diese vermindern die Festigkeit in Dickenrichtung, so daß der Stahl bei Belastung terrassenförmig aufreißen kann; es besteht die Gefahr eines Terrassenbruches. Der Bruch wird durch Schrumpfkräfte einer Schweißverbindung begünstigt, so daß das Schrumpfen möglichst zu begrenzen ist. Dazu bieten sich an:

— Nahtvolumen und Lagenzahl gering halten,

— Schrumpfkräfte auf eine größere Fläche verteilen, siehe Abb. 10.11.

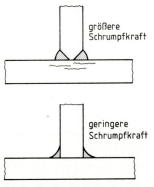

Abb. 10.11 Fertigungstechnische Maßnahme, um die Schrumpfkräfte einzudämmen.

10.2.4 Folgen symmetrischer und einseitiger Erwärmung

Der I-Träger bleibt gerade, wenn er in der Mitte der Biegeachse x – x (Schwerlinie) oder gleichzeitig oben und unten, gleich weit von der Symmetrieachse entfernt, erwärmt wird (Abb. 10.12).

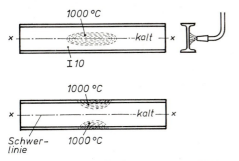

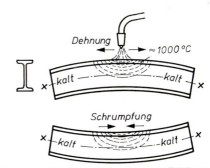

Abb. 10.12 Symmetrische Erwärmung eines I-Trägers   **Abb. 10.13 Einseitige Erwärmung eines I-Trägers**

Bei einseitiger Erwärmung wirft er sich, er wird krumm. Erwärmt man einen Teil des oberen Flansches auf Rotwärme, so dehnt er sich aus, und der Träger wird zunächst geringfügig nach unten gebogen. Der erwärmte Werkstoff, vom kalten Material ringsherum eingespannt, verformt sich plastisch, erweist sich mit dem Erkalten als zu kurz und zieht den Träger nach oben (Abb. 10.13).

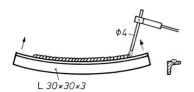

Abb. 10.14 Wärmeeinfluß einer Schweißraupe auf einem Winkelstahl 30 × 3 nach dem Erkalten

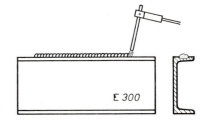

Abb. 10.15 Schweißraupe auf einem U-Stahl 300

Eine dicke Schweißraupe auf dem gleichschenkligen Winkelstahl 30 x 3 zieht sich mit dem Erkalten zusammen und biegt den Stahl sichtbar durch (Abb. 10.14). Er schrumpft aus und es besteht keine Gefahr, daß die Raupe reißt.

Große Verwerfungen – kleine Spannungen

Die gleiche Raupe auf dem Flansch eines U-Stahles 300 aufgetragen, ergibt keine sichtbare Durchbiegung, weil der Querschnitt sehr biegesteif ist (Abb. 10.15). Die Raupe neigt jedoch eher zur Rißbildung.

Kleine Verwerfungen – große Spannungen

Der Kastenträger in Abb. 10.16 wird um die Biegeachse x − x krumm gezogen, weil er durch die beiden unteren Ecknähte einseitig erwärmt worden ist. Die Träger der Abb. 10.17 bleiben gerade, weil die Schweißnähte zu den Biegeachsen symmetrisch angeordnet sind.

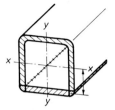 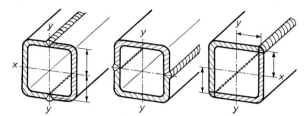

Abb. 10.16 Einseitig an-
geordnete Schweißnähte

Abb. 10.17 Symmetrisch angeordnete Schweißnähte

Beim A u f t r a g s c h w e i ß e n einer Welle ist die Reihenfolge der Nähte so zu wählen, daß sich ihre jeweiligen Wärmeschrumpfungen möglichst aufheben, damit sie trotz erheblicher Längsschrumpfungen gerade bleibt (Abb. 10.18). Eine andere Lösung bietet das schraubenförmige Aufschweißen der Raupe.

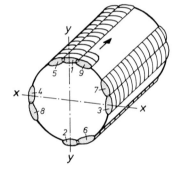

Abb. 10.18 Auftragschweißen an einer
Welle

10.2.5 Flammrichten verzogener Werkstücke

Das Flammrichten dient dem Ausrichten verzogener Bauteile aus Eisenwerkstoffen und NE-Metallen.

> **Die Richtwirkung ergibt sich durch örtliches Erwärmen und Dehnungsbehinderung**

Je nach der Art des Verzugs, der Dicke und der Form der zu richtenden Teile wird die Wärmezone angelegt als

Wärmepunkt	**Wärmekeil**	**Wärmestraße**

Das Aufschweißen eines Stutzens hat das Stahlrohr verzogen (Abb. 10.19). Die Korrektur erfolgt durch örtliches Erwärmen zwischen 550 °C und 750 °C. Die Richtwirkung der erwärmten Stelle während des Erkaltens ist durch Pfeile angedeutet.

Das Richten mit Wärmepunkten ist für Dünnblech (Karosserie und Waggonbau) geeignet (Abb. 10.20).

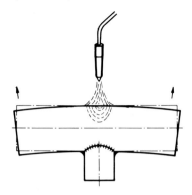

Abb. 10.19 Flammrichten eines Rohres

Abb. 10.20 Richten durch Wärmepunkte

Das Richten mit Wärmekeilen zeigen die Abb. 10.21 und 10.22.

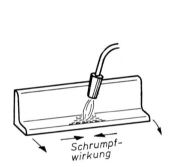

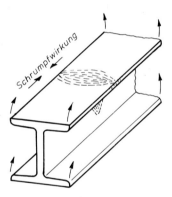

Abb. 10.21 Flammrichten eines Winkelstahls

Abb. 10.22 Flammrichten eines I-Trägers zuerst den Steg, dann den Gurt wärmen

Entsprechende Richtwirkungen werden bei Stumpf- und Doppelkehlnähten durch Wärmestraßen mittels Drei- oder Fünffachbrennern erzielt (Abb. 10.23 und Abb. 10.24).

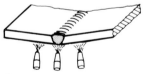

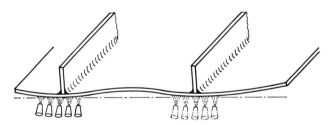

Abb. 10.23 Flammrichten einer Stumpfnaht, Wärmestraßen neben der Naht

Abb. 10.24 Flammrichten einer Platte mit 5 Wärmestraßen

Ein schnelles Abkühlen mit Wasser oder Druckluft kann die Richtwirkung begünstigen, wärmeempfindliche Teile müssen hingegen vor zu schneller Abkühlung geschützt werden. Vorsicht bei Werkstoffen mit Neigung zur Aufhärtung.

10.3 Konstruktive und betriebliche Maßnahmen gegen Schrumpfspannungen

10.3.1 Kleine Nahtvolumen

Die Schrumpfung nimmt mit der aufgewendeten Wärmemenge zu. Sie ist deshalb so gering wie möglich zu halten. Daraus folgt:

Schweißnähte sollen nur so dick gewählt werden, wie die Haltbarkeit der Konstruktion es erfordert

Wird die Kehlnahtdicke a verdoppelt, so ergibt das ein 4faches Nahtvolumen (Abb. 10.25 und Abb. 10.26).

Hohlnähte verringern nicht nur das Kehlnahtvolumen und den Winkelverzug, sondern sie begünstigen auch den Kräftefluß (Abb. 10.27).

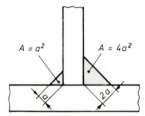

Abb. 10.25 Kehlnahtquerschnitt in Abhängigkeit von der Kehlnahtdicke *a*

Vergrößert man den F u g e n w i n k e l einer V-Naht von 60° auf 90°, so folgt daraus fast eine Verdoppelung des Nahtvolumens und des Winkelverzugs (Abb. 10.28). Das Ausfugen der V-Nahtwurzel und Schweißen einer Kapplage holt den W i n k e l v e r z u g wieder etwas zurück (Abb. 10.29).

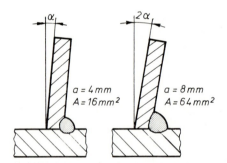

Abb. 10.26 Unbehinderter Winkelverzug bei einseitiger Kehlnaht

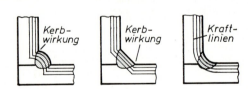

Abb. 10.27 Kräftefluß in den verschiedenen Kehlnahtformen

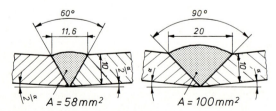

Abb. 10.28 Einfluß des Fugenwinkels auf das Nahtvolumen

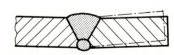

Abb. 10.29 Einfluß der Kapplage auf den Winkelverzug

Die X-Naht (doppelte V-Naht) hat bei gleicher Werkstückdicke nur das halbe Füllvolumen einer V-Naht (Abb. 10.30). Wechselseitiges Schweißen an einer DV-Naht verhindert die Winkelschrumpfung völlig (Abb. 10.31). Überhöhte Raupen und breite Wurzelspalte vergrößern das Schmelzvolumen und damit die Wärmeeinbringung unnütz (Abb. 10.32).

Abb. 10.30 Vergleich des Füllvolumens von V- und DV-Naht

Abb. 10.31 Wechselseitiges Schweißen an einer DV-Naht

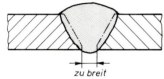

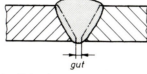

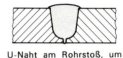

zu breit

gut

U-Naht am Rohrstoß, um gleichförmiges Schrumpfen zu erzielen

Abb. 10.32 Üppiges und rationell gestaltetes Nahtvolumen

Die ungleiche Werkstoffverteilung in einer V-Naht ist offenkundig und ebenso die daraus folgende ungleiche Schrumpfung mit Winkelverzug. Deshalb ist für Rohr ab 12 mm Wanddicke eine U-Naht vorgesehen, da ein Rohr überhaupt keine Schrumpfmöglichkeit hat (Abb. 10.32). Anschlüsse in der neutralen Zone ergeben die geringsten Verformungen und Eigenspannungen (Abb. 10.33 und 10.34).

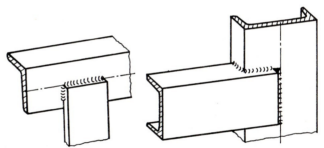

Abb. 10.33 Günstige Anordnung von Schweißnähten in der neutralen Zone

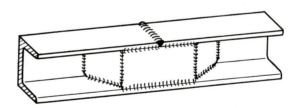

Abb. 10.34 Sachgerechte Rahmenverstärkung nach einem Bruch

10.3.2 Geringes Wärmeeinbringen

Dünne Elektroden und hohe Schweißgeschwindigkeiten sind geeignet, die Wärmeeinbringung je cm³ Schmelzgut herabzusetzen. Eine geringe Streckenenergie bewirkt zwar schnelle Abkühlung, aber gegebenenfalls auch Aufhärtung.

Die Streckenenergie E, gemessen in kJ/cm, ist eine besonders beim Schweißen von Feinkornbaustählen beachtenswerte Größe (siehe 8.2.4). Sie ist abhängig von Spannung, Stromstärke, Schweißgeschwindigkeit und Nahtform (Faktor $_\eta$) und ist wie folgt zu berechnen:

$$E = \frac{U \cdot I \cdot \eta \cdot 60}{v \cdot 1\,000} \text{ kJ/cm}$$

Beispiel: $U = 28$ V, $I = 200$ A, $\eta = 0,9$, $v = 27$ cm/min

$$E = \frac{28 \cdot 200 \cdot 0,9 \cdot 60}{27 \cdot 1000} \quad 11,2 \text{ kJ/cm}$$

Der Faktor $\eta = 0,9$ gilt für die Wärmeableitung einer V-Naht (η lies eta).

Mehrlagenschweißung

Der Winkelverzug wird zwar um so größer, je mehr Lagen geschweißt werden, doch wird das grobe Gefüge der unteren Raupen durch die nachfolgenden Lagen in Feinkorngefüge verwandelt. Dadurch verliert die Naht an Sprödigkeit. S t r i c h r a u p e n schränken bei Mehrlagenschweißungen die örtliche Wärmezufuhr und damit die Schrumpfung ein.

Schweißpausen verringern die Wärmeaufnahme. Jedoch sind die Pausen nicht so weit auszudehnen, daß gegebenenfalls vorgeschriebene Vorwärmtemperaturen unterschritten werden, d. h. die vorgegebene Zwischenlagentemperatur ist einzuhalten.

10.3.3 Spielraum für Schrumpfungen

Anhäufungen von Schweißnähten sind zu vermeiden. Es muß genug Werkstoff zum Schrumpfen vorhanden sein, damit ein Teil der Spannungen durch plastische Verformung abgebaut werden kann (Abb. 10.35).

Nahtkreuzungen sind insbesondere bei Kesseln und Behältern zu vermeiden (Abb. 10.36). Klassifikationsgesellschaften erlauben nicht das Überschweißen von Stumpfnähten. Entweder wird die Kehlnaht unterbrochen oder das Profil ausgeklinkt (Abb. 10.37).

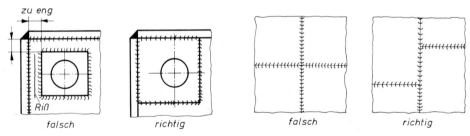

Abb. 10.35 Ungünstige und richtige Nahtanordnung

Abb. 10.36 Nahtkreuzungen

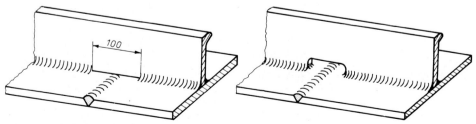

Abb. 10.37 Kehlnahtunterbrechungen

Unterbrochene Schweißnähte (Kettennähte, Abb. 10.38) geben Raum für die Dehnung des Werkstoffes, der sonst bei durchlaufenden Nähten fest eingespannt wäre. Zu kurze Nähte können allerdings nicht Schwingungsbeanspruchungen ausgesetzt werden, da sie leicht aufreißen. In solchen Fällen ist es besser, durchlaufende dünnere Nähte vorzusehen. Unterbrochene, versetzt geschweißte Nähte werden auch als Zickzack-Nähte bezeichnet (Abb. 10.39).

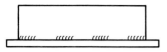

Abb. 10.38 Kettennaht

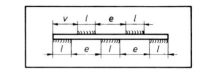

Abb. 10.39 Zickzack-Naht

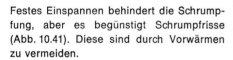

Unterbrochene, elastische Nähte sind bei Stahlbauten nur als umlaufende geschlossene Nähte erlaubt (Abb. 10.40)

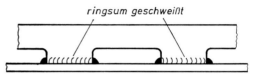

Abb. 10.40 Elastische Kehlnaht

Festes Einspannen behindert die Schrumpfung, aber es begünstigt Schrumpfrisse (Abb. 10.41). Diese sind durch Vorwärmen zu vermeiden.

Vorwärmen ist eine wirkungsvolle Maßnahme gegen Schrumpfspannungen und Sprödbruchgefahr

1. bei starren Konstruktionen und sehr dicken Blechen mit mehrachsigen Spannungen und
2. bei aufhärtungsempfindlichen Stählen (Abb. 10.42).

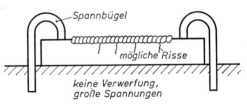

Abb. 10.41 Auftragschweißen unter Eigenspannung

Die Vorwärmtemperatur ist vom Werkstoff abhängig. Bei allgemeinen Baustählen genügen 150 °C bis 300 °C; die gesamte Skala umfaßt Temperaturen zwischen 80 °C und 700 °C.

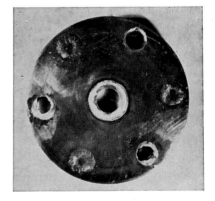

Abb. 10.42 Dauerbruch
a) Bolzen aus 42 Cr Mo 4 4 sind gebrochen, da sie ohne Vorwärmung in den Flansch eingeschweißt wurden. Die Aufhärtung führte zur Rißbildung und diese zum Bruch

10.3.4 Arbeitsvorbereitung und Schweißfolge

Vorgaben (Abb. 10.43) sichern die Maßhaltigkeit der Schweißteile. Gegebenenfalls können dadurch teure Nachrichtarbeiten vermieden werden.

Flicken sind gut abzurunden und durchzuwölben, damit der Werkstoff gut ausschrumpfen kann (Abb. 10.44).

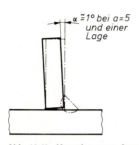

Abb. 10.43 Vorgabe zum Ausgleich des Winkelverzuges. Je dicker die Naht und je mehr Lagen geschweißt werden, um so größer muß die Vorgabe sein

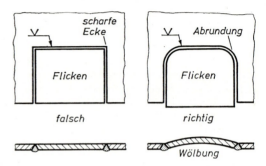

Abb. 10.44 Einschweißen von Flicken

Für die richtige Schweißfolge gilt allgemein: Von innen nach außen schweißen (Abb. 10.45 und 10.46)

Schweißfolge im Behälterbau: Zuerst Längsnähte und erst dann Rundnähte schweißen!

Längere Blechtafeln werden geheftet und häufig im Pilgerschritt (siehe Abb. 4.101), mindestens aber in kurzen Abschnitten nach Abb. 10.45 geschweißt.

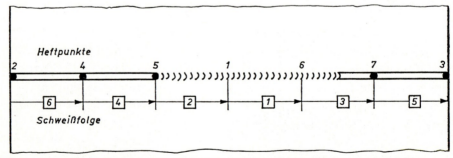

Abb. 10.45 Schweißfolge für das Heften und die erste Lage beim Zusammenfügen von 2 Blechtafeln

Das **Pilgerschrittschweißen** und **Schweißen in Abschnitten** kommt vor allem für die Wurzellage in Frage. Die Heftstellen müssen dabei völlig wieder aufgeschmolzen werden. Die weiteren Lagen werden durchlaufend in wechselnder Richtung geschweißt. Das Pilgerschrittschweißen begünstigt durch häufige Unterbrechungen sehr leicht Fehlstellen und ist daher nur geübten Schweißern anzuvertrauen.

Beispiel: Pilgerschrittschweißen an einem Kesselmantel aus austenitischem Chrom-Nickel-Stahl, sog. ELC-Qualität (extra low carbon, d. h. unter 0,03 % C). Zu beachten ist:
1. austenitische Stähle haben nur 30 % der Wärmeleitfähigkeit von unlegierten Stählen;
2. die Wärmeausdehnungszahl liegt um etwa ⅓ höher als bei unlegiertem Stahl.

Dieser Sachverhalt führt zu starkem Verzug und birgt die Gefahr der Wärmerissigkeit in sich.

Gegenmaßnahmen: Geringere Wärmezufuhr als bei unlegierten Stählen (dünne Elektroden), hohe Schweißgeschwindigkeit, schnelle Wärmeabführung, wechselseitiges Schweißen bei DV-Nähten, Pilgerschrittschweißen durch 2 Schweißer gleichzeitig (Abb. 10.46). Die Schweißer stehen sich jeweils genau gegenüber.

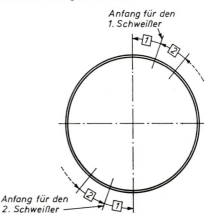

Abb. 10.46   Pilgerschrittschweißen an einer Kesselrundnaht

Regeln für die Nahtform beim Schweißen von Stahlblechen

1. Wenn insbesondere beim Reparaturschweißen nur von einer Seite geschweißt werden kann, so ist eine V-Naht anzuwenden, bei der ein bis zwei Wurzellagen möglichst mit dem WIG-Verfahren zu schweißen sind, z. B. t = 40 mm.
2. Ist die Naht von beiden Seiten zugänglich, ist eine V-Naht bis t = 16 mm angebracht, in Ausnahmefällen bis zu 20 mm.

Bei größeren Wanddicken wird eine Doppel-V-Naht gewählt, bei der die Dicke im Verhältnis von 1/2 : 1/2 oder von 2/3 : 1/3 aufgeteilt ist, siehe die Abb. 10.47, und S. 172 Abb. 10.48.

Schweißanweisung für einen Flicken in der Seitenwand eines Motorsockels Abb. 10.47

Werkstoff: H II
Schweißverfahren: E
Zusatzwerkstoff:
DIN 1913 E 51 5 4 B 10
Keine Wärmebehandlung

Schweißnahtfolge:
1. Seite: 1 bis 4
Gegenseite: ausarbeiten,
z. B. ausfugen
2. Seite: 1 bis 4
1. Seite: 5 bis 10
Gegenseite: ausarbeiten
2. Seite: 5 bis 10
1. Seite: 11 und 12
Gegenseite: ausarbeiten
2. Seite: 11 und 12
Decklage ohne besondere Schweißfolge

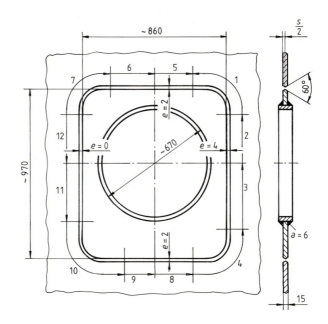

Schweißanweisung für einen Kesselflicken Abb. 10.48

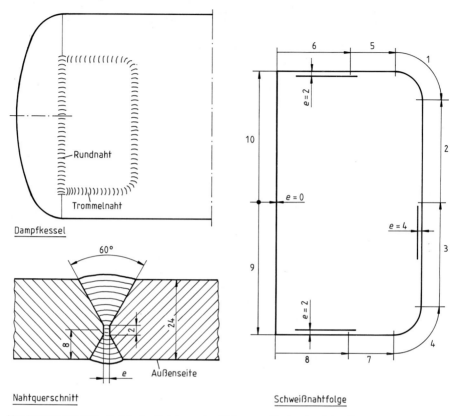

Dampfkessel

Nahtquerschnitt

Schweißnahtfolge

Man beachte das Maß „*e*", d. h. den Spielraum des Flickens vor Beginn des Schweißens

Schweißnahtfolge

a) Trommelnähte
   Innenseite: 1, 2, 3, 4 und 5, 6, 7, 8 schweißen
   Gegenseite: ausarbeiten
   Außenseite: gleiche Nahtfolge wie Innenseite

b) Rundnaht
   Mit der Rundnaht wird erst begonnen, wenn das Schweißen der Trommelnähte beendet ist.
   Innenseite: 9 und 10 schweißen
   Gegenseite: ausarbeiten
   Außenseite: 9 und 10 schweißen
   Decklagen bei a) und b) ohne besondere Schweißfolge

10.3.5 Wärmeableiten

durch Abblasen mit Preßluft, durch Kupferunterlagen oder Spannvorrichtungen. Beschleunigte Abkühlung muß bei aufhärtenden Stählen, z. B. Baustahl mit mehr als 0,25 % C-Gehalt, allerdings vermieden werden. Es bilden sich sonst Härterisse.

10.3.6 Hämmern

der Nähte zum Abbau der Schrumpfspannungen und Verdichten des Gefüges hat nur dann Sinn, wenn das Schweißgut sich im rotwarmen, plastischen Zustand befindet. Das Abhämmern erfolgt mittels Preßluft- oder Handhammer. Dabei müssen Schmied und Schweißer im richtigen Rhythmus schnell zusammen arbeiten, damit die Temperaturen nicht in das Gebiet des Blaubruches (etwa 200 °C bis 400 °C) herabsinken. Durch Hämmern von Nähten bei Raumtemperatur erhält man durch die plastische Verformung auch eine gewisse Herabsetzung der Schrumpfspannungen. Man beachte außerdem: Kaltverfestigung macht den Werkstoff spröde.

10.3.7 Glühbehandlung

Gerade bei geringem Verzug können große Schrumpfspannungen im Werkstück vorhanden sein, die bis an die Streckgrenze heranreichen. Hochwertige Konstruktionen müssen deshalb spannungsfrei, genauer spannungsarm, geglüht werden. Kerbschlagarbeitswerte und Widerstand gegen Sprödbruch werden dadurch erheblich verbessert. Siehe Abschnitt 11.7.4.

Mit dem **Spannungsarmglühen** verbindet man bei Stahl in besonderen Fällen das **Normalglühen,** um grobkörniges und Aufhärtungsgefüge in verfeinertes Gefüge umzuwandeln.

Das Glühen beseitigt keinen Verzug, wohl aber (fast) alle Spannungen im Werkstück

---

Für das Glühen werden Gasbrenner, Glühöfen, Salzbäder oder elektrische Glüheinrichtungen benutzt, die nach dem Induktionsverfahren arbeiten (Abb. 10.49).

Der **Glühvorgang** nimmt folgenden Verlauf:

1. Anwärmen, einige Stunden;

2. Glühzeit (Haltezeit) je mm Wanddicke etwa 2 min, mindestens 20 min;

3. beschleunigtes Abkühlen bis 60 °C an der Luft, dann langsames Abkühlen im Ofen.

Abb. 10.49 Induktives Glühen der Rundnaht eines Behälters
Siehe auch Abb. 8.10

Die Glühtemperaturen für das Spannungsarm- und Normalglühen sind den Angaben der Werkstofflieferanten zu entnehmen. Kesselbleche HI bis HIV werden beispielsweise zwischen 600 °C und 650 °C spannungsarm geglüht. Die Temperaturen für das Normalglühen dieser Bleche differieren zwischen 870 °C und 940 °C (Abb.10.50).

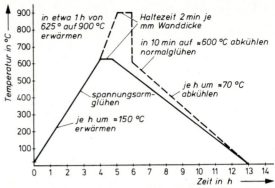

Abb. 10.50   Glühdiagramme für ein Kesselblech H III von 20 mm Dicke

---

Zu lange Haltezeiten und zu hohe Temperaturen sind unbedingt zu vermeiden, da sie das Gefüge vergröbern

---

Die Gefahr der G r o b k o r n b i l d u n g während der Haltezeit beim Normalglühen kann durch S t o ß g l ü h e n, d.h. wiederholtes, plötzliches Aufheizen und Abkühlen vermieden werden.

Das Normalglühen findet seine Begrenzung dort, wo der Verlust an Formsteifigkeit nur durch schwierige Abstützungen oder gar nicht abgefangen werden kann. Außerdem sind die Kosten beträchtlich.

Übungen zum Kapitel 10, Schrumpfungen und Spannungen

1. Geschweißte Werkstücke sind mit „Eigenspannungen" belastet. Was ist damit gemeint, und wie entstehen diese Spannungen?

2. Nennen Sie mehrere Möglichkeiten, um den Folgen der Schrumpfung zu begegnen.

3. Erklären Sie, in welchen Wechselbeziehungen Spannungen und Verwerfungen zueinander stehen.

4. Erklären Sie mit Hilfe einer Skizze die Wirkung des Flammrichtens an einem Winkelstahl.

5. Welche Folgen haben breite Fugen und überhöhte Nähte?

6. Erläutern Sie den Sinn unterbrochener Schweißnähte.

7. Nennen Sie die einzelnen Arbeitsschritte einer Glühbehandlung.

11 Güteuntersuchungen, Unregelmäßigkeiten und Fehler

11.1 Einteilung der Untersuchungen

Erfolgreiches Schweißen setzt voraus, daß neben einer schweißgerechten Konstruktion der Werkstoff schweißgeeignet und das Schweißverfahren auf ihn abgestimmt ist. Daneben ist die Güte der Schweißverbindung in hohem Maße von der Ausführung der Schweißarbeit abhängig.

Für die Gütesicherung stehen eine Reihe von Untersuchungen zur Verfügung, die z. T. für die Überprüfung wichtiger Schweißungen vorgeschrieben sind.

> **Für Schweißarbeiten an abnahmepflichtigen Bauteilen dürfen nur geprüfte und ständig überwachte Schweißer eingesetzt werden**

Schweißteile können entweder zerstörungsfrei (Tab. 11.1) oder durch Zerstörung (Tab. 11.2) geprüft werden. Unregelmäßigkeiten (ehemalige Bezeichnung: Fehler) sind in DIN EN 26520 eingeteilt und erklärt.

Tab. 11.1 Zerstörungsfreie Untersuchungen

Äußerer Befund	Innerer Befund
Formabweichungen der Naht: Nahtdicke, Kantenversatz, Ungleichschenkligkeit usw. (Abb. 11.1) Einbrand- und Randkerben Wurzelbeschaffenheit: Kerbe, Überhöhung, Rückfall, nicht durchgeschweißt, Oberflächenporen, Zündstellen, Krater, Spritzer, Anlauffarben usw. zu prüfen durch Meßwerkzeuge oder durch Betrachten	Gaseinschlüsse, feste Einschlüsse Bindefehler, ungenügende Durchschweißung, Erfassung der Wurzel, Risse zu prüfen durch Stoffeindringverfahren, Magnetisierung, Ultraschall, Durchstrahlung Dichtigkeit bis zu einem bestimmten Innendruck zu prüfen durch Abdrückversuch, meistens mit Wasser oder Lecksuchgeräten

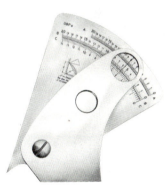

Abb. 11.1 Schweißnaht-Universalmeßlehre

Tab. 11.2 Mechanisch-technologische und andere Prüfungen

Aussehen des Bruches	Gefüge- und Strukturuntersuchungen	Gütewerte
Bindefehler, Einschlüsse, Risse, Wurzelbeschaffenheit zu prüfen durch Betrachten vorzubereiten durch Biegeversuch (DIN 50121 Teil 1 u. 2) Winkel- und Keilprobe (DIN 50127)	Baumannabdruck metallographisch mittels Makroschliff: Nahtaufbau Mikroschliff: Gefügeaufbau Korrosionsbeständigkeit durch Ätzproben	Kerbschlagarbeit durch Kerbschlagbiegeversuch Härte nach Brinell, Vickers oder Rockwell Zugfestigkeit durch Kerbzugversuch Schwingfestigkeit nach DIN 50100 Zeitstandfestigkeit nach DIN 50118 Heißrißbeständigkeit nach DIN 50129

11.2 Allgemeine Untersuchungen

11.2.1 Maßhaltigkeit

Für die Maßhaltigkeit der Schweißnähte gelten Toleranzen, die in den Bewertungsgruppen nach DIN EN 25817 für Stumpf- und Kehlnähte festgelegt sind. Neben der zugestandenen Maßabweichung sind auch andere Merkmale der äußeren und inneren Beschaffenheit einer Naht den Bewertungsgruppen zugeordnet.

Die Qualitätsanforderungen sind in 3 Bewertungsgruppen festgelegt. Sie gelten für Unregelmäßigkeiten an lichtbogengeschweißen Verbindungen.

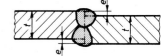

Abb. 11.2 Toleranzmaß e für Kantenversatz

B e i s p i e l 1
Kantenversatz an Stumpfnähten für Bleche von 3 bis 63 mm Dicke (Abb. 11.2)

Bewertungsgruppe	D niedrig	C mittel	B (hoch)
Toleranzmaß **e** **t** = Blechdicke	bis 0,25 **t** max. 5 mm	bis 0,15 **t** max. 3 mm	bis 0,1 **t** max. 2 mm

B e i s p i e l 2

Bindefehler

Bewertungsgruppe	D niedrig	C mittel	B (hoch)
Bindefehler	zulässig, aber nur unterbrochene und keine bis zur Oberfläche	nicht zulässig	

Maßabweichungen für Schweißkonstruktionen sind im DIN 8570 Teil 1, Toleranzen für Längen- und Winkelmaße, und Teil 3, Toleranzen für Form und Lage, festgelegt.

11.2.2 Schlackeneinschlüsse

an der Oberfläche der Naht sind an glasigen Stellen der Schweißraupe zu erkennen. Sie können in falscher Elektrodenführung oder in unzureichender Rührbewegung des Zusatzdrahtes beim Gasschweißen begründet sein. Andere Einschlüsse sind möglicherweise auf Rost, Zunder, Farbe oder Öl zurückzuführen. Beim MAG-Schweißen kann Schlacke in Form von Mangansilikatinseln auftreten durch Oxidation von Silicium und Mangan aus der Drahtelektrode.

Abhilfe:

> **Schlacke bei der Elektrodenführung nicht vorlaufen lassen**
> **Gasschmelzschweißen: Nachrechtsschweißen und Rührbewegung des Zusatzdrahtes nicht unterbrechen**

11.2.3 Poren

Ursachen: Zu schnelle Abkühlung, Pendelbewegung der Elektrode wurde übertrieben, feuchte Elektrode oder feuchtes Pulver, hoher Schwefelgehalt im Grundwerkstoff. Beim Gasschweißen muß auch die Flamme auf das Schmelzbad gerichtet bleiben und darf am Ende der Naht nicht zu schnell abgezogen werden. Beim MAG-Schweißen: Störungen der Schutzgasatmosphäre durch Aufnahme von Stickstoff und Wasserstoff aus der Atmosphäre.

11.2.4 Einbrand-, Randkerben und Spritzer

Kerben entstehen durch falsche Führung der Elektroden, zu hohe Stromstärken, zu langer Lichtbogen, ungeeignete Elektroden, zu kurze Verweildauer an den Nahträndern, durch fehlerhafte Führung von Schweißdraht und Schweißbrenner. Spritzer entstehen durch zu hohe Stromstärken, ungeeignete Elektroden, zu lange Lichtbogen, auch Kurzschlüsse infolge zu kurzem Lichtbogen; verstopfte Schweißdüsen.

Kerben sind gefährlich, da sie am Kerbgrund zu Spannungsspitzen führen

---

Man muß sie ausrunden (beschleifen) oder aushobeln oder sachgerecht auffüllen.

11.2.5 Ansätze und Endkrater

Ihre ungünstige Auswirkung ist etwa gleichbedeutend mit einer schlecht befestigten Naht an einer Tasche, die bei der geringsten Belastung wieder aufreißt.

Abhilfe:

Die Elektrode muß über die Naht hinaus abgezogen werden (Abb. 11.3). Nicht zu häufig absetzen.
Der Gasschmelzschweißer beachte das Auffüllen des Schmelzbades am Ende der Naht

---

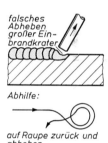

falsches Abheben großer Einbrandkrater

Abhilfe:

auf Raupe zurück und abheben

Abb. 11.3 Auffüllen des Endkraters

11.3 Oberflächenrißprüfungen

Feine Risse sind weder mit dem bloßen Auge noch mit der Lupe zu erkennen. Sie werden durch dünnflüssige Eindringmittel, Öl, fluoreszierendes Magnetpulver, Farbstoff, sichtbar gemacht.

Eines der ältesten Prüfverfahren ist die Ö l k o c h p r o b e. Das Prüfstück wird in siedendem Öl gekocht und anschließend entfettet. Alsdann wird in Spiritus aufgeschlämmter Kalk aufgetragen, der sich beim Auftrocknen an den Rissen dunkel färbt.

Beim F a r b e i n d r i n g v e r f a h r e n wird das Werkstück mit Farbstoff eingesprüht oder bestrichen. Nach vorgegebener Einwirkzeit wird der Farbstoff mit Wasser wieder abgewaschen. Ist das Werkstück abgetrocknet, wird ein Entwickler aufgetragen, der sich nach kurzer Zeit selbst an den mikrofeinen Rissen deutlich verfärbt (Abb. 11.4).

Abb. 11.4 Rißanzeige einer Schweißnaht mittels MET-L-Chek-Rot-Weiß-Verfahren

11.4 Magnetpulverprüfung

Oberflächennahe Fehlstellen können mit Eisenpulver sichtbar gemacht werden. Zu diesem Zweck wird das geschweißte Werkstück mit Hilfe von Dauermagneten, Wechselstrom-Joch-magnetisierungsgeräten, Stromspulen oder gar Stromdurchflutung magnetisiert und mit Eisenpulver besprüht oder bestäubt. Über den Fehlstellen häuft sich das Pulver an, da das Magnetfeld im Prüfkörper gestört ist.

Ein anderes Verfahren arbeitet mit ultravioletten Lampen, die in Verbindung mit fluoreszierendem Magnetpulver auf dem Werkstück feinste Haarrisse sichtbar machen (Abb. 11.6).

11.5 Durchstrahlungsprüfung mit Röntgen- oder Gammastrahlen (DIN 54 111)

Im Kessel- und Reaktorbau, an Schiffen, Brücken und anderen lebenswichtigen Konstruktionen sind Durchstrahlungsprüfungen der Schweißnähte mit Filmaufnahmen vorgeschrieben. Das Röntgenbild kann nur mit fachmännischer Erfahrung richtig gedeutet werden. Es gibt Aufschluß über Bindefehler, Rißbildung und Schlackeneinschlüsse. Auf Baustellen verwendet man anstelle des Röntgengerätes oft γ-Strahler, die radioaktive Elemente enthalten.

Die Strahlenschutzbestimmungen sind streng zu befolgen

Fehlstellen zeichnen sich auf dem Film als dunkle Flecken ab, da an diesen Stellen mehr Röntgenstrahlen den Werkstoff durchdringen; nur Verdickungen (Spritzer) sind hell. Die Güte des Bildes wird nach DIN 54109 mit Hilfe von Kontrolldrähten festgestellt, die auf das Prüfstück aufgelegt und mitfotografiert werden. Die Dicke der Drähte richtet sich nach der durchstrahlten Werkstoffdicke (Abb. 11.5).

Abb. 11.5 Röntgenfilmaufnahme einer schutzgasgeschweißten Naht an Stahlblech von 8 mm Dicke mit einer Schlauchpore. Auf Grund der sichtbaren Anzahl von Kontrollstegen wird die Bildgütezahl festgestellt. Der dickste Draht wird mit Nr. 10, der dünnste mit 16 bezeichnet. Man erkennt nur den Draht Nr. 10 als feinen Strich quer über der Naht.

11.6 Ultraschallprüfung

Ultraschallwellen sind Schwingungen mit hoher Frequenz über 20 kHz, die mit dem Ohr nicht mehr wahrnehmbar sind. Der Ultraschall wird von elektrisch betriebenen Geräten erzeugt. Ein mit dem Prüfstück luftdicht verbundener Schallkopf übernimmt das Aussenden und den Empfang der Wellen.

Abb. 11.6 Magnetelektrische Rißprüfung mittels Jochmagnetisierungsgerät, UV-Lampe und fluoreszierendem Magnetpulver

Die Schallwellen werden durch das Prüfstück geschickt, wobei sie von den gegenüber-liegenden Flächen oder von den Fehlstellen (Hohlräumen, Rissen oder Einschlüssen) gleich einem Echo wieder zurückgeworfen werden. Aus der Zeitdifferenz zwischen den einzelnen Echos ergibt sich die Lage und Größe der Fehlstelle, die auf einem Bildschirm ablesbar ist.

11.7 Bruchproben

11.7.1 Manuelle Prüfungen

Das Zerbrechen einer Ecknaht oder Kehlnaht auf dem A m b o ß ist eine einfache, aber aufschlußreiche Prüfung, um die Schweißeignung eines Werkstoffes, die geeigneten Zusatzwerkstoffe und Schweißverfahren kennenzulernen sowie das Schweißgefüge und den Einbrand zu untersuchen (Abb. 11.7).

Die Bruchprobe gibt Auskunft über
  Verformbarkeit spröde – zähe
  Gefüge   grob – fein
  Bruch   in der Naht – neben der Naht
  Bindefehler – Einschlüsse – Poren – Einbrand-
  kerben

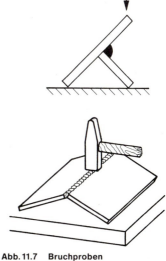

Abb. 11.7 Bruchproben

179

Der gleichen Kontrolle dienen K e i l - u n d W i n k e l p r o b e nach DIN 50127 (Abb. 11.8 und 11.9) sowie der Biegeversuch an schmelzgeschweißten Stumpfnähten nach DIN 50121 Teil 1 (Abb. 11.10). Der V e r s u c h gestattet auch das Maß der Verformung (Biegewinkel) ohne Bruch festzustellen (Abb. 11.11).

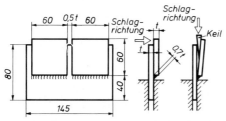

Abb. 11.8 Keilprobe nach DIN 50127, Prüfstücke für Blechschweißer, $t \geqq 4\,\text{mm}$

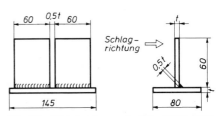

Abb. 11.9 Winkelprobe nach DIN 50127, Prüfstücke für Blechschweißer, $t \geqq 4\,\text{mm}$

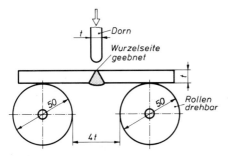

Abb. 11.10 Biegeversuch nach DIN 50121, ab 5 mm Blechdicke

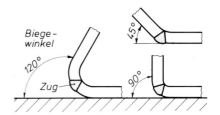

Abb. 11.11 Messen des Biegewinkels nach dem Biegen bis zum ersten Anriß

11.7.2 Kerbzugprobe

Der genormte Zugstab (Abb. 11.12) wird in einer Zugprüfmaschine stetig zunehmender Belastung bis zum Bruch ausgesetzt. Die Zerreißprobe gibt Aufschluß über das Aussehen der Bruchfläche, über die Kerbzugfestigkeit der Naht, deren Bruch durch die Verjüngung des Stabes erzwungen wird, und über die Kerbbruchdehnung.

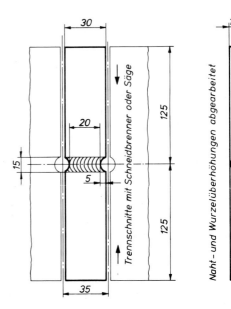

Abb. 11.12   Muster einer Kerbzugprobe für $t \triangleq 4\,\text{mm}$ nach DIN 50120 für Schweißerprüfungen nach DIN EN 287

11.7.3 Zugversuch

Der Zugversuch dient nicht nur der Prüfung geschweißter Stähle, sondern man ermittelt mit ihm das Werkstoffverhalten, insbesondere Festigkeit und Dehnung von Grundwerkstoffen oder von Schweißzusätzen.

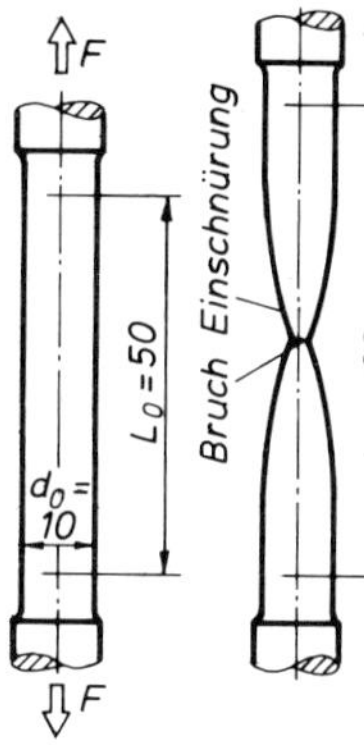

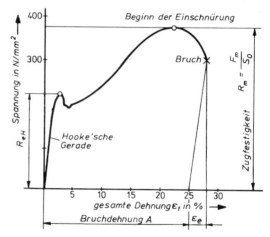

Aufgabe: Prüfung eines St 37 mit etwa 0,2 % C-Gehalt anhand eines genormten Versuchsstabes, bei dem die Anfangsmeßlänge $L_0 = 5\,d_0$ beträgt (kurzer Proportionalstab Abb. 11.13).

Abb. 11.13 Zugprobe eines St 37 vor und nach der Zerreißprüfung

Belastet man den Stab mit Spannungen bis etwa 180 N/mm², so dehnt er sich wie ein Gummiband aus, entlastet man ihn, so zieht er sich wieder zusammen. Seine Dehnung ist elastisch (Abb. 11.14).

Elastizitätsmodul E

Bis in die Nähe der Streckgrenze verhalten sich Spannung und Dehnung proportional (Bereich der elastischen Dehnung). Das Zahlenverhältnis von Spannung σ (Sigma) und elastischer Dehnung ε_e (Epsilon) wird Elastizitätsmodul genannt.

$$E = \frac{\sigma}{\varepsilon_e}$$

Er ist bei allen Werkstoffen unterschiedlich und kennzeichnet den Widerstand gegen elastische Verformung.

Beispiele: $E_{Stahl} = 200\,000$ N/mm², $E_{Al\text{-}Si} = 76\,500$ N/mm²

Abb. 11.14 Spannung-Dehnung-Diagramm von einem St 37
R_{eH} = obere Streckgrenze, bisher σ_{So}
ε_e = Betrag der elastischen Dehnung, bisher ε_{el}
ε_t = gesamte Dehnung, bisher ε_{ges}

Streckgrenze und Dehngrenze

Steigt die Spannung auf über 240 N/mm² an, so beginnt der Stab sich deutlich zu strecken. Er hat seine Streckgrenze überschritten. Die Dehnung ist nicht mehr elastisch, sondern plastisch, d. h. bleibend. Angemerkt sei aber, daß eine elastische Dehnung auch noch nach Beginn der plastischen Verlängerung vorhanden ist. Bei etwa 380 N/mm² hat die Spannung ihren Höchstwert erreicht; es beginnt die Einschnürung.

Bei Gußeisen, vergüteten oder kaltgezogenen Stählen und den meisten NE-Metallen ist eine Streckgrenze nicht feststellbar, da sie sich nicht plastisch verformen. In diesen Fällen wird anstelle der R_{eH} die 0,2 %-Dehngrenze $R_{p0,2}$ ermittelt. Siehe DIN 50123.

Die in der technischen Praxis häufig verwendete Dehngrenze ($R_{p0,2}$) ist die Spannung, die eine nichtproportionale Dehnung (ε_p) von 0,2 % der Meßlänge (L_0) hervorruft.

Gütewerte des Schweißzusatzes

Das eingeschmolzene Schweißgut wird an Probestäben geprüft, die bei Stabelektroden aus einer Füllschweißung nach Abb. 11.15 hergestellt werden. Gasschweißstäbe sind in DIN 8554 nach Kerbschlagarbeitswerten und Schweißverhalten klassifiziert.

Bis zum Bruch des Probestabes nach Abb. 11.13 hat sich die Meßstrecke von 50 mm um 12 mm verlängert. Seine Bruchdehnung A ist das Verhältnis von Längenzunahme zur ursprünglichen Länge. Sie wird in Prozenten ausgedrückt. Daraus folgt:

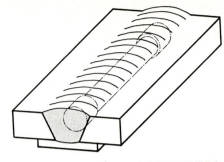

Abb. 11.15 Füllschweißung nach DIN 32525 Teil 1, aus der Probestäbe für die Schweißgutprüfung einer Stabelektrode hergestellt werden.

$$\textbf{Bruchdehnung } A = \frac{\textbf{12}\,\text{mm} \cdot \textbf{100}}{\textbf{50}\,\text{mm}} = 24\,\%$$

Die Gütewerte des reinen Schmelzgutes von Schweißzusätzen sind in Tab. 11.3 zusammengefaßt.

Tab. 11.3 Gütewerte von Schweißzusatzwerkstoffen für Stahl (Werte des reinen Schweißgutes)

Zusatzwerkstoff	Zugfestigkeit in N/mm^2	Streckgrenze in N/mm^2	Dehnung $L_0 = 5\,d_0$
mitteldick rutilumhüllte Stabelektrode für Dünnblech	510...550	440...480	25...22
Rutilumhüllte Stabelektrode für St 33 − 52 etc. mit 160 % Ausbringung	520...560 470...530 390...450	420...480 410...460 295...350	28...25 31...27 33...28
Drahtelektrode für Mischgasschweißung von kaltzähen Feinkornbaustählen	580...630	470...530	34...28
Schweißstab für Gasschweißung von Stählen St 33 − St 44 Zwangslagenschweißen	345...390	255...295	28...23

Druckfestigkeit

Druckkräfte rufen Stauchungen hervor. Nur kurze, gedrungene Körper, wie Würfel, Zylinder, dickere Blechteile, lassen sich stauchen (Abb. 11.16). Schlankere Teile knicken aus. Wie bei der Zugbelastung, nur in entgegengesetzter Richtung, liegt die Grenze für elastische Verformung eines St 37 bei einer Druckspannung von 180 N/mm^2; ab 240 N/mm^2 ist die plastische Stauchung deutlich.

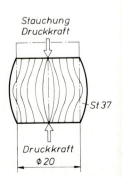

Abb. 11.16 Stauchung eines Stahlzylinders

11.7.4 Kerbschlagversuch

Zähigkeit

Das Ergebnis des Zugversuches gestattet noch keine Rückschlüsse auf das Verhalten des Schweißteiles bei schlag- oder stoßartiger Beanspruchung. Dieses wird mit Hilfe des Kerbschlagversuches (Abb. 11.17) nach Charpy (DIN EN 10045 T. 1) oder mit Probenformen nach DIN 50115 festgestellt.

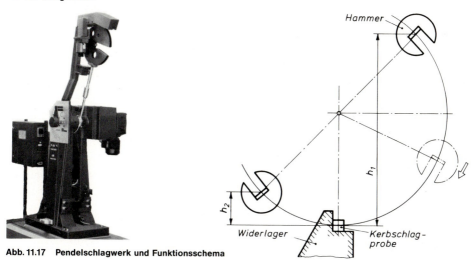

Abb. 11.17 Pendelschlagwerk und Funktionsschema

Die Proben unterscheiden sich durch ihre Abmessungen und die Form der Einkerbung. Über die anzuwendende Probe müssen sich die Interessenten verständigen. In der DIN EN sind nur die ISO-Spitzkerbprobe (Abb. 11.18) und die ISO-Rundkerbprobe enthalten. In der DIN 50115 sind DVM*-Kerbschlagproben verschiedener Abmessungen festgelegt. Die meist gebräuchliche Form zeigt Abb. 11.19.

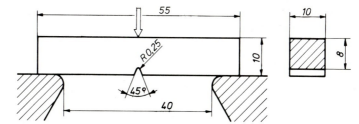

Abb. 11.18 Charpy-V-Kerbprobe für den Kerbschlagbiegeversuch

Durchführung des Kerbschlagversuchs

Der pendelnd gelagerte Hammer mit der Gewichtskraft F_G wird auf eine bestimmte Höhe h_1 gebracht, um ihn dann auf die Mitte der Probe fallen zu lassen. Die Probe wird in der Regel glatt durchschlagen und der Hammer steigt noch bis zur Höhe h wieder an.

Da Arbeit = Kraft · Weg ist, ist die in Joule gemessene S c h l a g a r b e i t

$$A_v = F_G \cdot (h_1 - h_2)$$

---

* DVM = Deutscher Verband der Materialprüfung

183

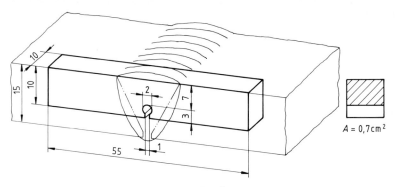

Abb. 11.19 **DVM-Probe**, Kerbgebohrt und aufgesägt

Vergleichswerte über die Zähigkeit von Stahl, d. h. sein Vermögen, eine bestimmte Schlagarbeit aufzunehmen, sind in Tab. 11.4 zusammengestellt.

Tab. 11.4 Werte für Kerbschlagarbeit von Schweißgut und Grundwerkstoff aus Stahl mit DVM-Proben, Prüftemperatur (20 ± 2) °C

Schweißgut	Kerbschlagarbeit in J	Bemerkungen
Schweißen von nackten Elektroden (nicht mehr im Handel)	4 . . . 11	Infolge ungehinderten Zutritts von Sauerstoff und Stickstoff aus der Luft ist das Schweißgut spröde
Schweißgut mitteldick umhüllter Stabelektroden	60 . . . 80	Die entstehende Schutzschicht und Schlacke halten die Luft zurück, das Schweißgut verbessert sich
Schweißgut dickumhüllter Elektroden	70 . . . 110	Die Dicke der Schutzschicht wirkt sich günstig aus
Schweißgut aus basischen Stabelektroden	105* . . . 165*	* ungeglüht siehe Abschnitt Elektroden
Schweißgut von Drähten für Schutzgasschweißung	105 . . . 135 125 . . . 150	z. B. für Kesselbleche z. B. für hochwarmfeste Stähle
Schweißgut aus Stäben für das Gasschmelzschweißen	35 . . . 70 (70 . . . 105)*	Die Schweißflamme braucht den Sauerstoff für sich selbst und hält den Stickstoff zurück * wenn nach dem Schweißen normalisiert wurde
Grundwerkstoff aus St 37 mit etwa 0,20 % C	80 . . . 110	Zugfestigkeit 370 . . . 450 N/mm² Bruchdehnung etwa 25 %
Grundwerkstoff aus St 50 mit etwa 0,30 % C	55 . . . 80	Zugfestigkeit 500 . . . 600 N/mm² Bruchdehnung etwa 18 %
Grundwerkstoff aus St 70 mit etwa 0,50 % C	20 . . . 35	Zugfestigkeit 700 . . . 800 N/mm² Bruchdehnung etwa 10 %

11.8 Härteprüfung

Die Härteprüfung ist ein wichtiges Hilfsmittel zur Beurteilung der Güte einer Schweißverbindung. Der Härtewert gestattet nicht nur Rückschlüsse auf die Festigkeit, sondern z. T. auch auf die Gefügebestandteile. Vickers-Härtewerte für Ferrit liegen beispielsweise bei 150 HV, für Perlit zwischen 200 und 250 HV und für Martensit zwischen 700 und 1200 HV.

Bei unlegierten Stählen werden bis zu 300 HV in der Wärmeeinflußzone für noch vertretbar gehalten, um ausreichende Verformung zu gewährleisten

---

Bei legierten Stählen gilt als grobe Regel, daß die max. Härte etwa 100 Härteeinheiten über der des Grundwerkstoffes liegen darf.

Hohe Härtewerte zeigen die Gefahr der Rißbildung an

Ein erstes Untersuchungsergebnis erzielt man mit der

11.8.1 Feilprobe

glashart = Schlichtfeile gleitet ab
zähhart = Feile gleitet ab, doch macht sich ein leichter Gegendruck bemerkbar
hart = Feile greift an
weich = Feile bringt Späne

Für exakte Messungen stehen drei Verfahren zur Auswahl, und zwar Härteprüfungen nach Brinell, Vickers und Rockwell.

11.8.2 Brinellhärte

Eine gehärtete Stahlkugel vom Durchmesser D wird mit einer Prüfkraft F über eine Zeit von 10 bis 15 Sekunden in das zu prüfende Werkstück eingedrückt. Mit dem Durchmesser d des Kugeleindrucks entnimmt man aus einer Tabelle die Eindruckoberfläche (Kugelkappe) A und ermittelt die B r i n e l l h ä r t e HB nach DIN 50351

$$HB = \frac{0,102 \cdot F}{A}$$ wenn F in Newton angegeben

$$HB = \frac{F}{A}$$ wenn F in kp angegeben

als Kennwert ohne Einheit.

B e i s p i e l 1

Kurzzeichen 320 HB besagt: Die Brinellhärte beträgt 320, sie wurde mit einer Kugel von 10 mm ϕ ermittelt (Regelfall, deshalb im Kurzzeichen nicht erwähnt), Prüfkraft 29420 N (3000 kp), Regelfall, Einwirkdauer 10 bis 15 Sekunden (Regelfall).

B e i s p i e l 2

Kurzzeichen 110 HB 5/250/30 besagt: Brinellhärte 110 Kugel 5 mm ϕ, Prüfkraft 2450 N, Einwirkdauer 30 Sekunden.

Untersuchungen haben ergeben, daß die Brinellhärte Rückschlüsse auf die Zugfestigkeit eines Stahles gestattet. Für nichtaustenitische un- und niedriglegierte Stähle und Stahlgußarten gilt annäherungsweise

$$R_m \approx 3,5 \cdot HB \quad (R_m \text{ in N/mm}^2)$$

11.8.3 Vickers und Rockwell

verwenden eine Diamantpyramide bzw. einen Diamantkegel zur Härteprüfung. Beide Verfahren hinterlassen erheblich kleinere Eindrücke als das Brinellverfahren. Da die Härtewerte einer Schweißnaht in den verschiedenen Zonen auf engem Raum sehr unterschiedlich sein können, wird in diesem Falle die Vickersprüfung mit dem breitesten Meßbereich und genauesten Ergebnissen der Brinellprüfung vorgezogen.

B e i s p i e l einer Härteprüfung nach Vickers DIN 50133

Das Kurzzeichen 158 HV 5 besagt: die Vickershärte beträgt 158. Der Härtewert hat keine Einheit. Als Prüfkraft wurden 49 N (5 kp) gewählt.

Die Härte wird in der Praxis den „Tafeln zur Ermittlung der Vickershärte" entnommen, wobei Prüfkraft und Diagonale des Pyramideneindrucks in der Probe zugrunde gelegt werden.

Die ursprünglich mit kp-Prüfkräften ermittelten Härtewerte wurden in der Norm und international trotz Einführung der SI-Einheiten nicht verändert, so daß im Kurzzeichen weiterhin eine Zahl verwendet wird, die sich aus einer kp-Einheit ableitet. Siehe auch Abb. 3.25 und 8.2. Die Entscheidung gilt für alle Härtewerte der verschiedenen Prüfverfahren.

11.9 Dauerschwingfestigkeit

Viele geschweißte Bauteile an Kränen, Schiffen, Brücken, Kesseln, Fahrwerken u. a. sind wechselnden Belastungen (Schwingbeanspruchungen) ausgesetzt. Beanspruchungen oberhalb der Dauerfestigkeit führen schließlich zum Bruch. Die voraussichtliche Nutzungsdauer eines Bauteils wird durch D a u e r - s c h w i n g v e r s u c h e nach DIN 50100 ermittelt. Am bekanntesten ist der W ö h - l e r v e r s u c h. 6 bis 10 gleichwertige Proben werden verschieden hohen Schwingbeanspruchungen jeweils bis zum Bruch unterworfen und die zugehörigen Bruchschwingspielzahlen sowie die Grenzschwingspielzahl festgestellt (Abb. 11.20).

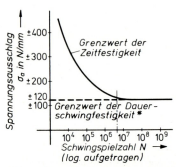

Abb. 11.20   Wöhlerschaubild von einem Baustahl
* Der Grenzwert des Spannungsausschlages $\sigma_a =$ 120 N/mm^2 bewegt sich um eine Mittelspannung σ_m von angenommen 150 N/mm^2. Beide zusammen ergeben den Grenzwert der Dauerfestigkeit σ_D; im vorliegenden Falle 270 N/mm^2. Die Grenzschwingspielzahl für Stahl liegt etwa bei $N = 5 \cdot 10^6$.

Die Beobachtung lehrt und Versuche bestätigen es, wie sehr fehlerhaft ausgeführte Schweißnähte die Dauerschwingfestigkeit beeinträchtigen (Abb. 11.21). Scharfe Kerben, große Nahtüberhöhung (Vorsicht beim Unterpulverschweißen) und starker Winkelverzug sind unbedingt zu vermeiden.

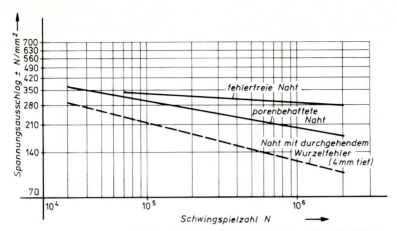

Abb. 11.21 Wöhlerlinien eines Kesselblechs H IV, 18 mm dick, fehlerhaft und fehlerfrei CO_2-stumpfnahtge-schweißt, in ein logarithmisches Koordinatensystem eingezeichnet

11.10 Zeitstandversuch

Anhaltende Belastung bei erhöhter Temperatur ruft bereits plastische Verformungen unter-halb der Streckgrenze hervor. Dieses Verhalten des Werkstoffes heißt Kriechen. Schweiß-proben werden nach DIN 50118 auf ihre K r i e c h w e r t e (Zeitdehngrenze) und auf das Festigkeitsverhalten bis zu einer bestimmten Verformung oder bis zum Bruch untersucht.

11.11 Metallografische Prüfung

11.11.1 Schliffbilder

Das Gefüge einer Schweißverbindung wird mit Hilfe sog. S c h l i f f e untersucht. Ein Schliff ist eine kleine Metallprobe aus dem geschweißten Werkstück, die an einer Seite geglättet, geschliffen und feinstpoliert wurde. Zur Verdeutlichung der Gefügestruktur wird der Schliff in den meisten Fällen geätzt. Schliffe für M a k r o u n t e r s u c h u n g e n werden mit bloßem Auge oder bei schwacher Vergrößerung betrachtet und gegebenenfalls fotografiert (Abb. 11.22 bis Abb. 11.28), Nahtaufbau, Bindung, Poren und Einschlüsse, gute und schlechte Arbeit werden deutlich, Maßstab 1 : 1.

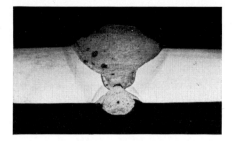

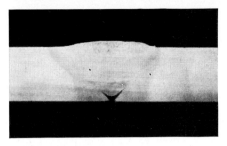

Abb. 11.22 V-Naht, nackte Elektrode 4 mm ⌀. Schweißposition: waagerecht, 160 A Gleichstrom, Anzahl der Lagen: 3+1 Lage wurzelseitig. Schweißnaht spröde und dunkel infolge Stickstoffaufnahme. Einschüsse (Gase), die durch schnelles Erkalten nicht an die Oberfläche steigen

Abb. 11.23 Fehlerhafte Schweißung. Die Wurzel wurde bei der ersten Lage nicht erfaßt. Schwächung des Querschnitts und beträchtliche Kerbwirkung. Um diesen Fehler zu beseitigen, mußte die Nahtwurzelseite sehr tief ausgenutet und dann verschweißt werden

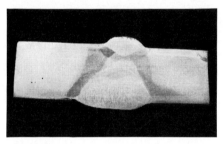

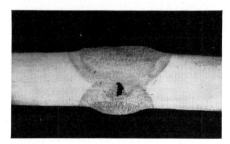

Abb. 11.24 V-Naht, Elektrode Rutiltyp 4 mm ⌀, überkopfgeschweißt, 150 A Gleichstrom. Anzahl der Lagen: 4+1 Lage wurzelseitig. Trotz schwieriger Zwangslagenschweißung einwandfrei, feines Gefüge, keine Überhitzung

Abb. 11.25 V-Naht, Elektrode Rutiltyp, Schweißposition: waagerecht, 180 A Gleichstrom, zu hoch! Anzahl der Lagen: 6+1 wurzelseitig. Stengelgefüge in der Deck- und Wurzelraupe. Schlacke in der Naht

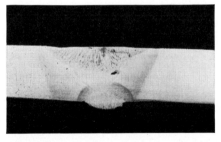

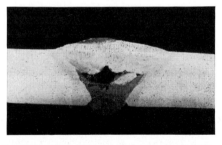

Abb. 11.26 Fehlerhafte Schweißung. Typische Erscheinung bei Akkordschweißern. Infolge zu hoher Stromstärke entstehen grobes Gefüge, ausgedehnte Wärmezone, flach liegende Deckraupe. Die Schlacke wurde nur oberflächlich entfernt, ein Schlackenrest ist in der Schweiße gut zu erkennen

Abb. 11.27 Fehlerhafte verantwortungslose Schweißung. Es wurden 2 Elektroden in die Naht hineingelegt. Die Elektroden liegen auf der rechten Seite übereinander. Ihre Umhüllung bildet einen starken Schlackeneinschluß

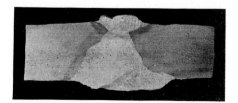

Abb. 11.28 V-Naht mit basischer Elektrode von 4 mm ⌀ in waagerechter Lage an senkrechter Wand mit 140 A Gleichstrom geschweißt. Anzahl der Lagen: 9+2 wurzelseitig geschweißt. Die große Lagenzahl ist erforderlich, um in dieser Zwangslagenschweißung Kerben zu verhindern

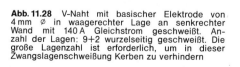

Oberflächen der **Mikroschliffe** werden unter dem Metallmikroskop bis 1000fach vergrößert. Die Gefügeabbildungen der DV-Naht (Abb. 11.29) sind mit 200facher Vergrößerung aufgenommen.

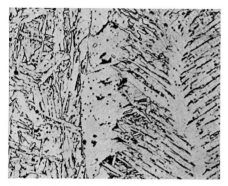

Zone 1: Gußgefüge, Stengelkristalle, Widmannstättensches Gefüge, M 200 : 1

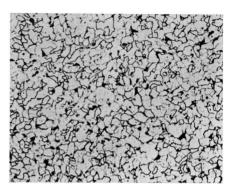

Zone 2: Durch Mehrlagenschweißung feinkörnig umgewandeltes, normalisiertes Gefüge, M 200 : 1

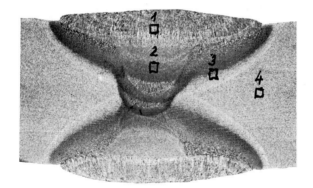

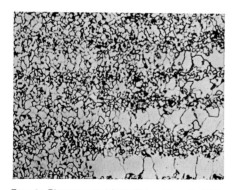

Zone 3: Übergang weichgeglühtes Korn in Walzstruktur, M 200 : 1

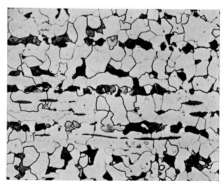

Zone 4: Grundwerkstoff, Stahl ca. 0,25 % C in Walzstruktur (Zeilengefüge), M 200 : 1

Abb. 11.29 DV-Naht, Mehrlagenschweißung mit dickumhüllter Elektrode, Maßstab 2 : 1. Die Gefügestrukturen der Zonen 1 bis 4 sind 200fach vergrößert

189

Der Mikroschliff einer Heftstelle in Abb. 11.30 zeigt bereits bei einer Vergrößerung von 50 : 1 deutliche Rißbildung.

Schweißgut E 51 32 RR 8

aufgehärteter Grundwerkstoff mit Unternahtrissen ASTM A 234-65-WPB entspricht etwa St 45.8 nach DIN 17175

Abb. 11.30 Risse in einer Heftstelle an einem nahtlosen Rohr aus warmfestem Stahl als Folge zu schneller Abkühlung. Mit 2 %iger alkoholischer Salpetersäure geätzter Mikroschliff

11.11.2 Baumannabdruck

Schwefelseigerungen im Stahl können durch den Baumannabdruck (Schwefelabdruck) nachgewiesen werden. Auf die unpolierte Schlifffläche des Prüfstückes wird ein mit 5 %iger Schwefelsäure angefeuchtetes Fotopapier (Bromsilberpapier) aufgedrückt. Nach kurzer Einwirkzeit (bis zu 5 min) bildet sich auf dem Papier ein brauner Abdruck, der die Lage möglicher schwefelhaltiger Einschlüsse anzeigt. Der Abdruck kann durch ein Fixierbad präpariert werden (Abb. 11.31).

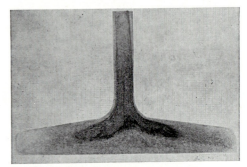

Abb. 11.31 Baumannabdruck, T-Profil St 37, Bildvergrößerung 2 : 1

Übungen zum Kapitel 11, Güte- und Fehleruntersuchungen

1. Zählen Sie die möglichen Fehler an einer Schweißnaht auf, die durch Sichtkontrolle festgestellt werden können.

2. Welche Fehler in der Naht können ohne Zerstörung des Werkstückes festgestellt werden?

3. Nennen Sie einige mechanisch-technologische Untersuchungen.

4. Welche Toleranzgrenze ist für den Kantenversatz bei einer Stumpfnaht noch erlaubt, wenn nach DIN EN 25817 die Bewertungsgruppe C vereinbart wurde?

5. Zählen Sie auf, was der Schweißer an einer Bruchprobe beobachten kann.

6. Nennen Sie die Proben, die als Prüfstücke des Schweißers vorgeschrieben sind.

7. Welche Auskunft gibt der Zugversuch mit genormten Zerreißstäben?

8. Erklären Sie den Kurvenverlauf des Spannung-Dehnung-Diagramms eines St 37.

9. Welchen Zweck haben Kerbschlagbiegeversuche?

10. Welche Rückschlüsse sind aus den Härtewerten einer Schweißnaht zu ziehen?

11. Erläutern Sie das Kurzzeichen 300 HB.

12. Erläutern Sie das Kurzzeichen 160 HV 5.

13. In welchem Falle ist das Vickers-Härteprüfverfahren dem Brinellverfahren vorzuziehen?

14. Erklären Sie den Wöhler-Dauerschwingversuch.

15. Metallographische Untersuchungen können mit Hilfe sog. Schliffe durchgeführt werden. Zählen Sie auf, was daran zu erkennen ist.

12 Schweißnähte, Schweißstöße und Fugenformen in Zeichnungen

12.1 Normung

Für das Zeichnen von Schweiß- und Lötverbindungen sind die Fachnormen DIN 1912 Teil 1, 2 und 5 maßgebend. Die Internationale Norm ISO 2553 von 1984 wurde im Dezember 1987 in DIN 1912 Teil 5 mit nationalen Ergänzungen vollständig übernommen.

Hinweise für die bildliche Darstellung von Schweißnähten enthalten auch DIN 18800 Teil 1 Stahlbauten – Bemessung und Konstruktion und DIN 8558 Teil 1 Gestaltung und Ausführung von Schweißverbindungen Dampfkessel, Behälter und Rohrleitungen.

12.2 Symbole

Wenn lediglich dargestellt werden soll, daß eine Verbindung geschweißt oder gelötet wird, ohne eine bestimmte Nahtart vorzuschreiben, so wird das **Bezugszeichen** der Abb. 12.1 verwendet. Dieses Zeichen kann bei einer Lötverbindung durch die **Kennzahl** 9 in der Gabel ergänzt werden.

Das Bezugszeichen kann durch Symbole, Kurzzeichen und Maßangaben genutzt werden und dadurch aufwendige Zeichnungen weitgehend vereinfachen. Form und Lage einer Naht werden z. B. durch **Grundsymbole** gekennzeichnet, siehe Tab. 12.1. Die einfache Anwendung eines Grundsymbols zeigt Abb. 12.2.

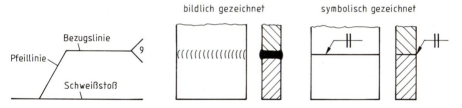

Abb. 12.1 Bezugszeichen mit Kennzahl für das Fertigungsverfahren

Abb. 12.2 Bezugszeichen mit Symbol I-Naht, beidseitig geschweißt

Tab. 12.1 Anwendungsbeispiele für Grund- und Zusatzsymbole für Nahtarten

Sinnbild	Erklärung
$\triangledown$	V - Naht mit ebener Oberfläche
$\searrow$	Kehlnaht mit hohler Oberfläche
 $\lessgtr$	DV - Naht (Doppel - V - Naht) mit gewölbter Oberfläche
$\smile$	Gegenlage geschweißt ▼ Gegenlage, vorher ausgefugt
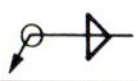 $\varphi\!-\!\triangleright$	ringsum - verlaufende Naht (Kreissymbol) als Doppelkehlnaht gefertigt
 $\perp$ 131-BS DIN 8563-w	D (oppel) - U - Naht gefertigt mit dem Metall - Inertgas - Schweiß - verfahren (Kennzahl 131) BS = geforderte Bewertungsgruppe nach DIN 8563 Teil 3 w = Wannenposition nach DIN 1912 Teil 2

12.3 Schweißstöße

Die Werkstücke werden am Schweißstoß zu einem Schweißteil vereinigt. Die Stoßart ist durch die Lage der Teile zueinander bestimmt und in Tab. 12.2 beschrieben.

	Stoßart	Lage der Teile	Beschreibung		Stoßart	Lage der Teile	Beschreibung
2.1	Stumpf-stoß		Die Teile liegen in einer Ebene und stoßen stumpf gegeneinander	2.5	Doppel-T-Stoß		Zwei in einer Ebene liegende Teile stoßen rechtwinklig (doppel-T-förmig) auf ein dazwischenliegendes drittes
2.2	Parallel-stoß		Die Teile liegen parallel aufeinander	2.6	Schräg-stoß		Ein Teil stößt schräg gegen ein anderes
2.3	Über-lappstoß		Die Teile liegen parallel aufeinander u. überlappen sich	2.7	Eckstoß		Zwei Teile stoßen unter beliebigem Winkel aneinander (Ecke)
2.4	T-Stoß		Die Teile stoßen rechtwinklig (T-förmig) aufein-ander	2.8	Mehr-fachstoß		Drei oder mehr Teile stoßen unter beliebi-gem Winkel anein-ander
				2.9	Kreu-zungs-stoß		Zwei Teile liegen kreuzend übereinander

12.4 Bemaßung der Nähte

Bei Kehlnähten wird in der Regel die Nahtdicke „a" angegeben. Soll anstelle der Dicke einer Naht die Schenkeldicke gemessen werden, so ist dafür der Buchstabe „z" genormt. Deshalb ist vor das entsprechende Maß stets der Buchstabe a oder z zu setzen. Längenmaße werden hinter dem Symbol eingetragen.

12.5 Anwendung

Die Anwendungsbeispiele in den Abb. 12.5 bis 12.11, Seite 193, beschränken sich, mit Ausnahme der Abb. 12.7, auf die in Deutschland übliche **Projektionsmethode 1** (bisher E genannt), obgleich auch Darstellungen nach **Projektionsmethode 3** (bisher A genannt) durchaus normgerecht sind.

Da für jede der beiden Methoden 2 Darstellungsarten vorgeschlagen werden, ergeben sich aus 2 Projektionsmethoden 4 gültige Zeichnungen für die gleiche Naht, siehe Abb. 12.3 und 12.4.

Empfehlung:

1. Benutzen Sie in einer Zeichnung stets die gleiche Methode der Darstellung.
2. Ordnen Sie das Symbol möglichst so an, daß seine Lage möglichst übereinstimmt mit der Lage der Naht im Werkstück.

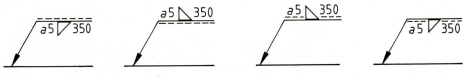

Abb. 12.3   Die Naht ist auf der Pfeilseite   **Abb. 12.4   Die Naht ist auf der Gegenseite**

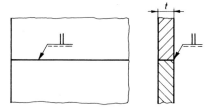

Abb. 12.5   Durchgeschweißte I-Naht,
Nahtdicke s = Blechdicke t

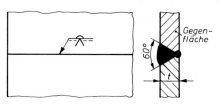

Abb. 12.6   V-Naht, Wurzel ausgekreuzt, Kapplage gegengeschweißt. Das Schweißsymbol steht unterhalb der Bezugslinie, wenn der Pfeil auf die Werkstück-Gegenfläche der Schweißnaht zeigt

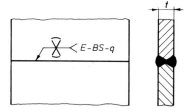

Abb. 12.7   Doppel-V-Naht mit gewölbter Oberfläche, Nahtdicke = Blechdicke, E = Lichtbogenschweißen, Bewertungsgruppe BS, Schweißposition q = PC

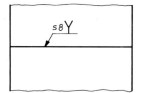

Abb. 12.8   Nicht durchgeschweißte Y-Naht, Nahtdicke s = 8 mm

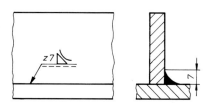

Abb. 12.9   Durchgehende Hohlkehlnaht
Schenkeldicke z = 7

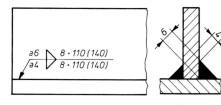

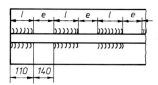

Abb. 12.10   Doppelkehlnaht unterbrochen, gegenüberliegend, Anzahl der Teilnähte n = 8
Nahtlänge l = 110, Nahtabstand e = 140

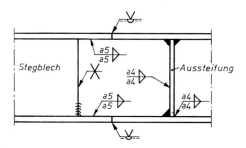

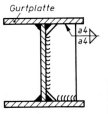

Abb. 12.11   Vollwandträger mit Aussteifung
Schweißnähte teils symbolhaft in normgerechter Darstellung gezeichnet (siehe auch Tab. 12.1)

193

12.4 Fugenformen

Fugenformen ergeben sich aus der konstruktiven Gestaltung des Schweißteiles und sind außerdem vom Werkstoff und den Schweißverfahren abhängig (Tab. 12.3). Für das Gasschweißen sind einige Fugenformen bereits in Abb. 3.15 und für das Unterpulverschweißen in Tab. 6.1 erläutert.

Tab. 12.3 Fugenformen an Stahl für das Gasschweißen, Lichtbogenhandschweißen und Schutzgasschweißen (Auszug nach DIN 8551 Teil 1)

Kenn-zahl[3]	Werkstück-dicke t	Ausführung	Benennung	Symbol und Fugenform	Grad	Spalt b	Schweiß-verfahren
2	bis 4	einseitig	Stirn-Flach-naht	‖‖	–	–	G E, WIG MIG MAG
4.1	bis 4	einseitig	I-Naht	‖	–	$\approx t$	G, E WIG
4.2						$o \ldots t$	MIG MAG[(1)]
4.3	bis 8	beidseitig				$\approx \frac{t}{2}$	E WIG
4.4						$o \ldots \frac{t}{2}$	MIG MAG
5	3 ... 10	einseitig	V-Naht	V	≈ 60	0 ... 3	G[(2)]
	3 ... 40	oder beidseitig			≈ 60		E WIG
					40 bis 60		MIG MAG
6	Über 10	beidseitig	Y-Naht	Y $c = 2 \ldots 4$	≈ 60	0 ... 3	E WIG
					40 bis 60		MIG MAG
7	über 10	beidseitig	DV-Naht (Doppel-V-Naht) $h = \frac{1}{2} t$	X	≈ 60	0 ... 3	E WIG
					40 bis 60		MIG MAG

(1) mit Badsicherung auch bis 8 mm
(2) gegebenenfalls mit Badsicherung und größerem Stegabstand
(3) Kennzahl für die Fugenform

Übungen zum Kapitel 12, Schweißnähte, Schweißstöße und Fugenformen in Zeichnungen

1. Zeichnen Sie eine Schweißnaht in symbolischer Darstellung auf zweierlei Art nach der Projektionsmethode 1.
2. Welche maximale Werkstückdicke ist in der Tab. 12.3 für das Gasschweißen einer V-Naht angegeben?
3. Nennen Sie den Grund für unterschiedliche Spaltbreiten der I-Nähte beim WIG- und MIG/MAG-Schweißen.

13 Berechnungen

13.1 Berechnungen des Nahtquerschnitts A (Alle Streckenmaße in mm)

13.1.1 I-Naht

$$A = b \cdot t$$

Prozentueller Zuschlag für Nahtüberhöhung

	$h = 0{,}5$	1,0	1,5
$t = 3$, $b = 1{,}5$	45%	70%	135%
$t = 6$, $b = 2{,}5$	19%	37%	57%

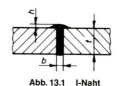

Abb. 13.1　I-Naht

13.1.2 V-Naht

$$A = \left(t^2 \cdot \tan \frac{\alpha}{2} + t \cdot b \right)$$

$$A = \frac{a + b}{2} \cdot t$$

Prozentueller Zuschlag für Nahtüberhöhung

	$h = 1{,}5$	2,0	2,5
$t = 10$, $b = 2$	17%	23%	30%
$t = 15$, $b = 2$	12%	16%	20%

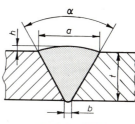

Abb. 13.2　V-Naht

13.1.3 Doppel-V-Naht (X-Naht)

$$A = t \cdot b + 0{,}5\, t^2 \cdot \tan \frac{\alpha}{2}$$

Prozentueller Zuschlag für Nahtüberhöhung

	$h = 1{,}0$	2,5
$t = 20$, $b = 2$	11,5%	13%
$t = 30$, $b = 3$	11,0%	12%

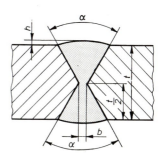

Abb. 13.3　DV-Naht

13.1.4 U-Naht (Tulpennaht)

$$A \approx b \cdot t + (e + r) \cdot (t - (c + r)) + \frac{r^2 \cdot \pi}{2}$$

$$A \approx \left(b + 2\frac{r}{\cos \beta} \right) \cdot (t - (c + r)) + \frac{r^2 \cdot \pi}{2}$$
$$+ b \cdot (c + r) + (t - (c + r))^2 \cdot \tan \beta$$

Prozentueller Zuschlag für Nahtüberhöhung

	$h = 1{,}0$	1,5	2,0
$t = 30$, $b = 3$, $c = 2$, $r = 4$	3,5%	5,0%	6,5%
$t = 45$, $b = 3$, $c = 2$, $r = 4$	2,5%	3,5%	5,5%

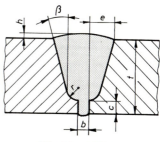

Abb. 13.4　U-Naht

13.1.5 Kehlnaht

$$A = a^2 \cdot \tan \frac{\alpha}{2}$$

wenn $\alpha = 90°$, ist $\tan \frac{\alpha}{2} = 1$, d. h. $A = a^2$

Prozentualer Zuschlag für Nahtüberhöhung

	$h = 0{,}5$	1,0	1,5
$a = 3$	23 %	45 %	67 %
4	19 %	33 %	50 %
6	12 %	23 %	34 %
8	8,5 %	17 %	25 %

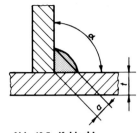

Abb. 13.5 Kehlnaht

13.2 Elektrodenverbrauch

13.2.1 Die Masse des Schmelzgutes

ergibt sich aus dem Querschnitt der Naht A, der Länge l und der Dichte des Schmelzgutes ϱ nach der Formel

$$m = A \cdot l \cdot \varrho \ \left(g = cm^2 \cdot cm \cdot \frac{g}{cm^3} \right)$$

Für Nahtüberhöhungen ergeben sich besonders bei dünnen Blechen laut vorhergehendem Abschnitt beträchtliche Zuschläge. Weitere Zuschläge sind für Schweißposition, Heften, ungenaues Anpassen, Auskreuzen, Querschnittsveränderungen, Wurzeldurchhang, Verdampfen sowie Spritz- und Stummelverluste nach Erfahrungswerten zu berücksichtigen.

13.2.2 Die Stückzahl n

je Meter errechnet sich nach der Formel

$$n = \frac{\text{Masse der Abschmelzmenge je Meter[1]}}{\text{Masse des abgesetzten Schmelzgutes je Elektrode[2]}}$$

Bei Benutzung von Tabellen müssen die verschiedenen Korrekturfaktoren meistens besonders eingesetzt werden. Soweit unterschiedliche Elektrodendurchmesser verwendet werden, empfiehlt es sich, den Bedarf für die Wurzelschweißung oder für die Kappnaht gesondert zu berechnen.

---

[1] einschließlich aller Zuschläge
[2] Stummellänge und Ausbringen berücksichtigt, siehe Aufgabe Abschnitt 13.5.2

13.3 Abschmelzleistung

13.3.1 Einflußfaktoren

Die Abschmelzleistung sagt aus, wieviel Schweißgut in der Zeiteinheit abgeschmolzen wird. Sie wird in kg/h oder g/min angegeben. Die Abschmelzleistung ist für die Kostenrechnung von großer Bedeutung, darf aber nur im Zusammenhang mit anderen Faktoren, wie Aufwand für Nahtvorbereitung und Anlagekosten, als Grundlage für Wirtschaftlichkeitsberechnungen verwendet werden (Tab. 13.1 bis 13.3).

> **Die Abschmelzleistung ist von dem Schweißverfahren, der anwendbaren minimalen und maximalen Stromstärke, der Elektrodenart, dem Elektrodendurchmesser und der Schweißposition abhängig**

Tab. 13.1   Abschmelzleistung für Lichtbogenhandschweißen

Elektroden- durchmesser in mm	Elektroden		
	mitteldickumhüllt in kg/h	dickumhüllt in kg/h	Hochleistungstyp (220% Ausbringung) in kg/h
4	1,2 ... 1,7	1,6 ... 1,9	etwa 4,5
5	1,8 ... 2,3	2,0 ... 2,6	etwa 6,5

Tab. 13.2   Abschmelzleistung für Schutzgasschweißungen, Brennerführung von Hand bis 1,2 mm Elektroden-∅

Drahtelektrodendurchmesser in mm	MIG-Verfahren in kg/h	MAG-Verfahren in kg/h
1,2	2,2 ... 3,8	2,4 ... 7,5
1,6	2,8 ... 5,0	2,8 ... 10,0
2,4	4,0 ... 6,8	4,0 ... 12,0

Tab. 13.3   Abschmelzleistungen verschiedener Verfahren

Gasschmelzschweißen, Brenner 6 bis 9	0,75 kg/h
Schweißen mit Fülldrahtelektrode	7 ... 10 kg/h
Vollmechanisches Schweißen:	
UP-Schweißen, Eindrahtschweißung	5 ... 10 kg/h
UP-Schweißen, Tandemschweißung	20 ... 25 kg/h
Vierdrahtschweißung	... 70 kg/h

13.4 Energiebedarf

13.4.1 Bedarf an elektrischer Energie

Der Bedarf an elektrischer Energie kann nach einer Faustformel ermittelt werden. Für das Lichtbogenhandschweißen von Stahl mit Wechselstrom gilt überschlägig

> 1 kg Schmelzgut erfordert 2,8 kW h ... 3,5 kW h

Für das Schweißen mit Gleichstrom werden infolge des geringeren Wirkungsgrades der Schweißmaschine 4 bis 5 kWh je kg Schmelzgut gebraucht.

Die Formel für den Energiebedarf W in Watt während des effektiven Schweißprozesses lautet:

Wird die vorstehende Formel auf die Energieberechnung W in kWh angewendet, so ergibt sich die Gleichung:

$$W = \frac{I \cdot U \cdot t}{\eta} \ \text{ in Watt}$$

$$W = \frac{A \cdot V \cdot \min}{1\,000 \cdot \eta \cdot 60} \ \text{ in kWh}$$

W = Arbeit = Energie, I = Schweißstrom, U = Schweißspannung, t = reine Schweißzeit, 31h (eta) = Wirkungsgrad der Schweißmaschine

Die Leerlaufenergie ist nach der gleichen Formel zu ermitteln. Der Wert kann aber für Umformer mit 1,2...2,5 kWh, für Gleichrichter mit 0,5...1 kWh und für Transformatoren mit 0,2...0,5 kWh angesetzt werden.

13.4.2 Gasverbrauch

Tab. 13.4   Gasverbrauch von Schweißbrennern

Brennergröße mm	0,5 ... 1	1 ... 2	2 ... 4	4 ... 6	6 ... 9	9 ... 14
Sauerstoff l/h	85	165	325	520	780	1300
Acetylen l/h	75	150	300	480	725	1200

Gasverbrauch von Schneidbrennern siehe Tab. S. 36.

13.5 Kostenrechnung

13.5.1 Positionen der Rechnung

Außer den Gemeinkosten (Kosten, die nicht als Einzelkosten erfaßt werden können) enthält die Kostenrechnung folgende Posten:

Werkstoffkosten	Fertigungskosten	Anlagekosten
Schweißzusatz	Lohn für Haupt-	Kapitaleinsatz
Schutzgas	und Nebenzeit	Nutzungsdauer
Schweißgas	Energie	Instandhaltung
Schweißpulver		

13.5.2 Berechnungsbeispiel

Die Kosten für die Schweißarbeit an einem Bauteil sind zu berechnen.

G e g e b e n :

Blechdicke $t = 12$ mm, Nahtlänge $l = 3000$ mm, V-Naht, Öffnungswinkel $\alpha = 60°$, Spaltbreite $b = 2$ mm, Nahtüberhöhung $h = 1,0$ mm, einseitig geschweißt, Schweißposition waagerecht

Elektroden: für Wurzellage 3,25 mm ϕ, 450 mm lang;

für Füll- und Decklage 4,0 mm ϕ, 450 mm lang; Ausbringung 95 %

Schweißfaktor 2, d. h. Gesamtschweißzeit = 2 mal Abschmelzzeit.

L ö s u n g :

Anzahl der Elektroden

Einzuschmelzende Masse des Schweißgutes

$$m = (t \cdot b + t^2 \cdot \tan 30°) \cdot l \cdot \varrho$$

$$m = (1,2 \text{ cm} \cdot 0,2 \text{ cm} + (1,2 \text{ cm})^2 \cdot 0,577) \cdot 300 \text{ cm} \cdot 7,85 \, \frac{g}{cm^3}$$

$$m = 2522 \text{ g}$$

Für die angenommene Nahtüberhöhung $h = 1$ mm wird ein Zuschlag von 8 % auf die theoretische Schweißgutmenge aufgeschlagen

$$m_{erf} = 2522 \text{ g} + \frac{2522 \cdot 8}{100} \text{ g} = 2724 \text{ g}$$

Die Abschmelzmasse einer Elektrode von 4 mm ϕ und 450 mm Länge mit 95 % Ausbringung und einer Stummellänge von 50 mm beträgt

$$m = \frac{d^2 \cdot \pi}{4} \cdot l \cdot \frac{95}{100} \cdot \varrho$$

$$m = \frac{(0,4 \text{ cm})^2 \cdot \pi}{4} \cdot 40 \text{ cm} \cdot 0,95 \cdot 7,85 \, \frac{g}{cm^3} = 37,5 \text{ g}$$

Für die Wurzelschweißung werden erfahrungsgemäß 4 Elektroden von 3,25 mm ϕ und 450 mm Länge je Meter Naht gebraucht. Auf 3 Meter Länge sind somit erforderlich

$$n_1 = 3 \cdot 4 = \textbf{12 Elektroden von 3,25 mm } \varnothing$$

Die Schmelzgutmenge dieser Elektroden beträgt

$$m_1 = 12 \cdot 24,7 \text{ g} = 296 \text{ g}$$

Die Anzahl der Elektroden für Füll- und Decklagen beträgt

$$n_2 = \frac{2724 - 296}{37,5} = \textbf{65 Elektroden von 4 mm } \varnothing$$

Schweißzeit

Die Abschmelzleistungen für die verwendeten Standardelektroden betragen

für die 3,25-mm-Elektrode $900 \, \dfrac{g}{h}$

für die 4-mm-Elektrode $1320 \, \dfrac{g}{h}$

Schweißzeit, Fortsetzung

Die reine Schweißzeit ergibt somit

$$t_h = \frac{296\ g \cdot 60\ min/h}{900\ g/h} + \frac{2428\ g \cdot 60\ min/h}{1320\ g/h}$$

$$t_h = \quad 19,7\ min \quad + \quad 110,4\ min \quad = 130\ min$$

Die gesamte Schweißzeit t_g ergibt sich aus der Multiplikation der reinen Schweißzeit mit dem Schweißzeitfaktor 2

$$t_g = 130 \cdot 2 = \textbf{260\ min}$$

Energieverbrauch

Vorgegebene Daten
Schweißspannung 26 V, Schweißstrom 130 A für 3,25-mm-Elektrode
Schweißspannung 26 V, Schweißstrom 170 A für 4-mm-Elektrode
Umformer, Wirkungsgrad $\eta = 0,5$; Leerlaufverbrauch 1,5 kW
errechnete Abschmelzzeit 130 min, davon entfallen auf die Wurzellage 19,7 min

Nach der Formel aus Abschnitt 13.4.1 werden für die 3,25-mm-Elektrode verbraucht

$$W_1 = \frac{130\ A \cdot 26\ V}{1000\ W/kW \cdot 0,5} \cdot \frac{19,7\ min}{60\ min/h} = 2,22\ kW\ h$$

für die 4-mm-Elektrode werden verbraucht

$$W_2 = \frac{170\ A \cdot 26\ V}{1000\ W/kW \cdot 0,5} \cdot \frac{110,3\ min}{60\ min/h} = 16,3\ kW\ h$$

Der Schweißfaktor 2 besagt, daß die Maschine während 130 min Leerlaufstrom verbraucht

$$W_3 = \frac{130\ min}{60\ min/h} \cdot 1,5\ kW = 3,25\ kW\ h$$

Der gesamte Stromverbrauch beträgt
$$W_{gesamt} = W_1 + W_2 + W_3 = 21,77\ kW\ h \approx \textbf{22\ kW\ h}$$

Gesamtkosten

1. Elektroden
   Preis für 3,25 mm ϕ je 1000 Stück = DM 150,–; Verbrauch 12 Stück

   Kosten: $\dfrac{12 \cdot 150\ DM}{1000} = 1,80\ DM$

   Preis für 4 mm ϕ je 1000 Stück = DM 210,–; Verbrauch 65 Stück

   Kosten: $\dfrac{65 \cdot 210\ DM}{1000} = 13,65\ DM$

	DM	%
1. Elektroden	15,45	9,30
2. Energie	3,30	1,99
3. Lohn	36,83	22,18
4. Gemeinkosten	110,49	66,53
Gesamtkosten DM	**166,07**	100,00 %

2. Energie
   Preis je kW h DM 0,15; Verbrauch 22 kW h
   Kosten: 22 kW h $\cdot$ 0,15 DM/kW h = 3,30

3. Lohn
   Stundenlohn DM 8,50; gesamte Schweißzeit t_g = 260 min

   Kosten: $\dfrac{260\ min \cdot 8,50\ DM/h}{60\ min/h} = 36,83$

4. Gemeinkosten
   Faktor 300 %

   Kosten: $\dfrac{36,83\ DM \cdot 300}{100} = 110,49\ DM$

13.6 Berechnung von Schweißnähten

13.6.1 Vorschriften

Berechnungsgrundlagen sind in zahlreichen Veröffentlichungen teils mit gesetzlicher Verpflichtung bekannt gemacht. Zu ihnen gehören u. a.

DIN 18800 Teil 1: Stahlbauten (Bemessung und Konstruktion); DIN 18809: Stählerne Straßen- und Wegbrücken, Bemessung, Konstruktion, Herstellung; DIN 4099: Schweißen von Betonstahl; DIN 4133: Schornsteine aus Stahl; DIN 4119: Tankbau; DIN 15018: Krane;

Technische Regeln für Dampfkessel (TRD);

AD-Merkblätter der Reihen HP und W;

Dienstvorschriften der Deutschen Bundesbahn, z. B. DV 848 Vorschriften für geschweißte Eisenbahnbrücken und DV 804 Teil 3, Berechnungsvorschriften.

Vorschriften der Klassifikationsgesellschaften.

13.6.2 Zulässige Spannungen

Die sehr unterschiedlichen zulässigen Spannungen σ_{zul} in einem Schweißteil sind im wesentlichen abhängig

1. von der Güte der Naht, die sich aus der Bewertungsgruppe DIN EN 25817 und DIN 18800 Teil 7 ergibt. Siehe Abschnitt 11.2.1, Maßhaltigkeit.

2. von der Nahtart und der Art der Belastung, wie Zug, Druck, Biegung, Schub, ein- oder mehrachsig;

3. von der Festigkeit des Grundwerkstoffes. Meistens wird die Streckgrenze R_{eH} (siehe Seite 181 Abb. 11.14) als Grundlage für die Festigkeitsberechnung in Verbindung mit einem Sicherheitsfaktor gewählt.

Bei sehr großen Schweißteilen werden die Eigenspannungen durch einen Beiwert berücksichtigt.

Nach den Vorschriften einer Klassifikationsgesellschaft werden alle Bauteile mit dem Sicherheitsfaktor β (Beta) gegen die Streckgrenze R_{eH} bemessen. Demzufolge ist die zulässige

Normalspannung in der Schweißnaht

$$\sigma_{zul\,Schw} = \beta \cdot R_{eH}$$

für die reine Schubspannung τ (Tau) gilt

$$\tau_{zul\,Schw} = \frac{\beta \cdot R_{eH}}{\sqrt{2}}$$

Vorgegebene Werte sind in der Tab. 13.5 zusammengefaßt.

Tab. 13.5 Zulässige Spannungen σ_{zul} und τ_{zul} in N/mm² nach den Vorschriften der Klassifikationsgesellschaften

Normalfester Stahl $R_{eH} = 240$ N/mm², $\beta = 0,67$		Schiffbaustahl $R_{eH} = 235$ N/mm², $\beta = 0,64$		St 52-3 (S 355 J0) $R_{eH} = 355^*$ N/mm², $\beta = 0,62$	
σ_{zul}	τ_{zul}	σ_{zul}	τ_{zul}	σ_{zul}	τ_{zul}
160	110	150	106	220	155

* gilt nur für Blechdicken bis 16 mm

13.6.3 Schweißnahtlänge

Die rechnerische Nahtlänge beträgt nach DIN 18800 Teil 1

$$l = b$$

Man geht davon aus, daß die Naht auf Beiblechen begonnen und beendet wurde, ringsum geschweißt oder Krater auf andere Weise vermieden wurden (Abb. 13.6).

Wenn die einwandfreie Beschaffenheit der Anfangs- und Endkrater nicht vorausgesetzt werden kann, so vermindert sich die Nahtlänge l_1 um das Maß 2 a (Abb. 13.7). Siehe auch Anwendung in den Aufgaben 2 und 5.

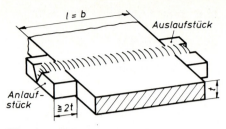

Abb. 13.6 Rechnerische Nahtlänge bei Stumpfnähten: $l = b$

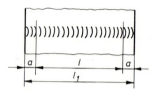

Abb. 13.7 Rechnerische Schweiß-Nahtlänge in besonderen Fällen, a = Nahtdicke

13.6.4 Berechnungsbeispiele

Aufgabe 1

Wie groß ist die Bruchsicherheit eines geschweißten Flachstahles St 37 mit den Abmessungen laut Abb. 13.8, der einer ruhenden Belastung von 17 000 N ausgesetzt ist?

L ö s u n g : Die errechnete Spannung durch die Belastung beträgt

$$\sigma = \frac{17\,000\,\text{N}}{18\,\text{mm} \cdot 9\,\text{mm}} = 105\,\text{N/mm}^2$$

Die Berechnung mit dem Festigkeitswert des Flachstahles $R_m = 370\,\text{N/mm}^2$ ergibt einen Sicherheitsfaktor ν (Ny) von

$$\nu_1 = \frac{R_m}{\sigma} = \frac{370\,\text{N/mm}^2}{105\,\text{N/mm}^2} = 3,5$$

Da der Flachstahl durch die Belastung nicht plastisch verformt werden soll, ist es ratsam, der Berechnung den Spannungswert der Streckgrenze (siehe Abschnitt 11.7.3) $R_{eH} = 240\,\text{N/mm}^2$ zugrunde zu legen. Dann hat die Verbindung nur noch den Sicherheitsfaktor

$$\nu_2 = \frac{R_{eH}}{\sigma} = \frac{240\,\text{N/mm}^2}{105\,\text{N/mm}^2} = 2,3$$

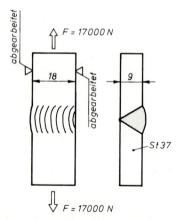

Abb. 13.8 Prüfung einer Schweißverbindung auf Sicherheit bei angenommener Höchstlast von 17 000 N

Die Erfahrung lehrt, daß sich die Festigkeit des Stahles durch den Schweißprozeß verändert. Im vorliegenden Fall soll die Schweißverbindung mit dem Gütefaktor $v = 0,7$ bewertet werden. Daraus folgt

$$\nu_3 = \frac{R_{eH} \cdot v}{\sigma} = \frac{240\,\text{N/mm}^2 \cdot 0,7}{105\,\text{N/mm}^2} = \textbf{1,6}$$

d. h. die Schweißverbindung hat eine 1,6fache Sicherheit.

Aufgabe 2

Wie groß ist die zulässige Zugkraft F, mit der die V-Naht belastbar ist (Abb. 13.9)?

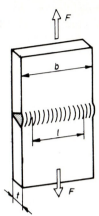

G e g e b e n :
Blechdicke $t = 10$ mm; Nahtdicke $a = t = 10$ mm
Breite $b = 120$ mm
wirksame Schweißnahtlänge $l = b - 2\,a^* = 100$ mm
zulässige Spannung $\sigma_{\text{zul Schw}} = 120$ N/mm^2

L ö s u n g :
$F = A \cdot \sigma_{\text{zul Schw}}$
$F = l \cdot a \cdot \sigma_{\text{zul Schw}}$
$F = 100$ mm $\cdot 10$ mm $\cdot 120$ N/mm^2 =
$120\,000$ N $= \mathbf{120\ kN}$

Abb. 13.9

Aufgabe 3

Wie lang muß die Doppelkehlnaht ($a = 6$ mm) werden, um einer Schubbeanspruchung von $F = 200\,000$ N (200 kN) zu genügen? (Abb. 13.10)

$\tau_{\text{zul Schw}} = 90$ N/mm^2

(Das Moment $F \cdot e$ ist wegen Geringfügigkeit vernachlässigt)

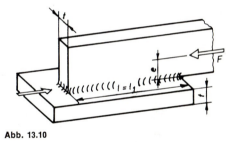

Abb. 13.10

L ö s u n g :

$$A = \frac{F}{\tau_{\text{zul Schw}}}$$

$$2 \cdot l \cdot a = \frac{F}{\tau_{\text{zul Schw}}}$$

$$l = \frac{F}{2 \cdot a \cdot \tau_{\text{zul Schw}}} = \frac{200\,000\ \text{N}}{2 \cdot 6\ \text{mm} \cdot 90\ \text{N/mm}^2}$$

$$l = \mathbf{185\ mm}$$

K o n t r o l l r e c h n u n g

Bei Stahlbauten ist eine maximale und minimale Länge l vorgeschrieben.

gefordert wird $\quad 100\,a \geq l \geq 15\,a$

die Kontrollrechnung ergibt

$\quad 100 \cdot 6$ mm ≥ 185 mm $\geq 15 \cdot 6$ mm, d. h. die Länge ist zulässig

---

* Die Krater sind zwar mit je 10 mm Länge in die Berechnung eingesetzt, sie dürfen aber im gegebenen Fall dieses Ausmaß nicht haben; entsprechende Anmerkung gilt für Aufgabe 5.

Aufgabe 4

Eine Schweißverbindung aus St 37 wird durch die Kräfte F_1 und F_2 belastet (Abb. 13.11). Wie groß ist die Spannung σ_{Schw} in den Kehlnähten?

G e g e b e n :

Kehlnahtdicke $a = 6$ mm
rechnerische Nahtlänge $l = 100$ mm
$F_1 = 130\,000$ N
$F_2 = 84\,000$ N

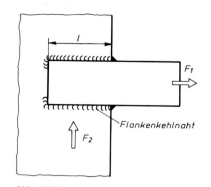

Abb. 13.11

L ö s u n g :

1. Schubspannung τ_1 durch F_1 allein

$$\tau_1 = \frac{F_1}{2 \cdot l \cdot a} = \frac{130\,000 \text{ N}}{2 \cdot 100 \text{ mm} \cdot 6 \text{ mm}} = 108 \, \frac{\text{N}}{\text{mm}^2}$$

2. Schubspannung τ_2 durch F_2 allein

$$\tau_2 = \frac{F_2}{2 \cdot l \cdot a} = \frac{84\,000 \text{ N}}{2 \cdot 100 \text{ mm} \cdot 6 \text{ mm}} = 70 \, \frac{\text{N}}{\text{mm}^2}$$

3. Berechnung der zulässigen Spannungen für Schweißnähte

$$\sigma_v = \sqrt{\tau_1{}^2 + \tau_2{}^2}$$

$$\sigma_v = \sqrt{108^2 + 70^2} \, \frac{\text{N}}{\text{mm}^2}$$

$$\sigma_v = \sqrt{11\,664 + 4900} = \sqrt{16\,564} = 129 \, \frac{\text{N}}{\text{mm}^2}$$

Die ermittelte Spannung ist nach DIN 18800 Teil 1, Tab. 11 noch zulässig.

Aufgabe 5

Eine Schweißverbindung wird auf Biegung beansprucht (Abb. 13.12). Wie groß ist die Spannung $\sigma_{b\,Schw}$ in der Randfaser der Schweißnaht?

G e g e b e n :

$F = 3000$ N
$x = 280$ mm
$a = t = 15$ mm
$l_1 = 230$ mm
$l = l_1 - 2\,a^* = 230 \text{ mm} - 2 \cdot 15 \text{ mm} = 200$ mm

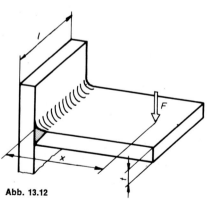

Abb. 13.12

L ö s u n g :

$$\sigma_{b\,Schw} = \frac{\text{Biegemoment } M_b}{\text{Widerstandsmoment der Schweißnaht } W_b}$$

$$\sigma_{b\,Schw} = \frac{F \cdot x}{\dfrac{l \cdot a^2}{6}} = \frac{3000 \text{ N} \cdot 280 \text{ mm}}{\dfrac{200 \text{ mm} \cdot (15 \text{ mm})^2}{6}}$$

$$\sigma_{b\,Schw} = \underline{112 \text{ N/mm}^2}$$

* siehe Fußnote S. 203

Aufgabe 6

Wieviel Schweißpunkte n sind erforderlich, um 2 Bleche von 1,5 mm Dicke miteinander zu verbinden, die mit $F = 12$ kN auf Abscheren belastet sind (Abb. 13.13).

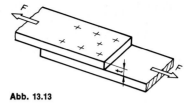

Abb. 13.13

Gegeben

    $F = 12\,000$ N Scherlast

    $t = 1,5$ mm Dicke

    zul $\tau_{Schw} = 60$ N/mm² zulässige Scherlast je mm² Schweißpunkt

    $d = \sqrt{25\ \text{mm} \cdot s}$ Durchmesser eines Schweißpunktes

    $d = \sqrt{25\ \text{mm} \cdot 1,5\ \text{mm}} = \mathbf{6}$ **mm**

Lösung

$$A = \frac{F}{\tau_{zul}}$$

$$n \cdot \frac{d^2 \cdot \pi}{4} = \frac{F}{\tau_{zul}}$$

$$n = \frac{F \cdot 4}{\tau_{zul} \cdot d^2 \cdot \pi}$$

$$n = \frac{12\,000\ \text{N} \cdot 4}{60\ \text{N/mm}^2 \cdot (6\ \text{mm})^2 \cdot \pi} = 7$$

Übungen zum Kapitel 13, Berechnungen

1. Ermitteln Sie die angenäherte prozentuale Einsparung an Füllvolumen, wenn sie bei gleicher Werkstückdicke anstelle einer V-Naht eine Doppel-V-Naht wählen.

2. Nennen Sie die Faustformel für den Energiebedarf in kWh beim Lichtbogenhandschweißen von Stahl mit Wechselstrom.

3. Zählen Sie die wesentlichen Einzelposten der Gesamtkostenrechnung für eine Schweißarbeit auf.

14 Ausbildungen – Prüfungen – Befähigungsnachweise

14.1 Ausbildung von Schweißern/Schweißerinnen

14.1.1 Grundausbildung im Schweißen

In verschiedenen metallgewerblichen Berufen gehören theoretische Kenntnisse und praktische Fertigkeiten auf dem Gebiet des Schweißens zum verbindlichen Ausbildungsinhalt. Dieser Ausbildungsabschnitt wird oftmals in Kursstätten des Deutschen Verbandes für Schweißtechnik (DVS) durchgeführt.

14.1.2 Ausbildung zum Schmelzschweißen

Ein Schmelzschweißer ist ein Facharbeiter, der nach einer 3jährigen Ausbildung eine Abschlußprüfung vor der Industrie- und Handelskammer abgelegt hat. Während seiner Ausbildung hat er vier verschiedene manuelle Schweißverfahren kennengelernt, und zwar

Gasschweißen (G)	Wolfram-Schutzgasschweißen = (WSG = WIG)
Lichtbogenhandschweißen (E)	Metallschutzgasschweißen = (MIG/MAG)

Außerdem wurde er mit dem thermischen Schneiden, dem Löten und ggf. weiteren Schweißverfahren, z.B. Unterpulver- und Widerstandsschweißen bekannt gemacht.

14.1.3 Ausbildung in DVS-Lehrgängen

In der Bundesrepublik werden etwa 90 % aller Schweißer in DVS-Lehrgängen ausgebildet. Die Lehrgänge unterscheiden sich nach Schweißverfahren, Werkstoffen und Schwierigkeitsgraden. Inhalt, zeitlicher Umfang, Abschlußprüfungen und Geltungsbereich sind infolge vereinbarter Anpassung an Europäische Normen in neuen DVS-Richtlinien festgelegt.
Für die Ausbildung im Schmelzschweißen von Stahl werden z.B. für unterschiedliche Schweißverfahren Lehrgänge angeboten, die in Stufen mit jeweils steigenden Anforderungen gegliedert sind. Siehe auch Abschnitt 14.5.

Gasschweißen (G), Richtlinie DVS 1113
Die Ausbildung vollzieht sich in 6 Lehrgangsstufen im Umfang von 14 (12) Wochen: Die erste Stufe wird den Auszubildenden der metallverarbeitenden Berufe empfohlen. Mit dem erfolgreichen Abschluß der 2. oder 4. Stufe kann der Lehrgangsteilnehmer bereits eine Qualifikation als Rohrschweißer nach DIN 8560 bzw. nach DIN EN 287 T. 1 erhalten.

Lichtbogenhandschweißen (E), Richtlinie DVS 1123
Die vollständige Ausbildung im E-Schweißen bis zum Anlagenschweißer einschließlich Fallnahtschweißprüfung umfaßt 9 Stufen und beansprucht 20 Wochen. Einzelheiten, siehe Tab. 14.3, S. 210.

Wolfram-Schutzgasschweißen WSG = WIG, Richtlinie DVS 1132

Für die Ausbildung im Wolfram-Schutzgasschweißen wird ein Lehrgang von 12wöchiger Dauer angeboten, der in 5 Stufen gegliedert ist, siehe Tab. 14.3.

Metall-Schutzgasschweißen MSG = MAG/WIG, Richtlinie DVS 1133

Der Lehrgang umfaßt 5 Stufen mit einer Gesamtdauer von 10 Wochen. Der Lehrgang kann wie auch in den anderen Lehrgängen der Stufenausbildung mit der Qualifikation zum Anlagenschweißer abgeschlossen werden, siehe Tab. 14.3.

Werkstoffe

Für Schweißerprüfungen kommen in der Regel unlegierte kohlenstoffarme (Kohlenstoff-Mangan-) Stähle oder niedriglegierte Stähle oder auch rostfreie Chrom-Nickel-Stähle in Betracht. In der DIN EN 287 Teil 1 sind daneben noch 3 weitere Stahlgruppen für Prüfstücke vorgesehen.

Sonstige Lehrgänge für den praktischen Schweißer

Außer vorgenannten Lehrgängen werden Kurse im Dünnblechschweißen, Unterpulverschweißen, Brennschneiden, Unterwasserschweißen, Hartlöten, Flammstrahlen, Bedienung von vollmechanisierten Lichtbogenschweißanlagen u. a. abgehalten.

Zu den Weiterbildungslehrgängen im Schweißen zählen u. a.:

Lehrgang: **Schweißbefugnis für Gasanlagen in Gebäuden** nach dem Regelwerk des Deutschen Vereins des Gas- und Wasserfachs (DVGW), Dauer 80 Std., siehe Richtlinie DVS 1114

Lehrgang für das **Schweißen von Betonstahl** nach DIN 4099, Dauer 34 Std.

Siehe auch Richtlinie DVS 1143: Umschulung, Aus- und Fortbildung zum Schweißer

14.2 Prüfungen von Stahlschweißern nach DIN 8560

> **Hochwertige Bauteile aus Stahl dürfen nur von Fachkräften geschweißt werden, die durch eine Prüfung nach DIN 8560 dazu befugt sind.**

Obgleich die Norm DIN 8560 durch die DIN EN 287 T. 1 ersetzt wurde, bleibt sie noch eine Zeitlang unentbehrlich, weil andere noch gültige Normen sich auf ihren Inhalt beziehen. Siehe auch Tab. 14.1, S. 208.

Dem Prüfling stehen 3 Werkstückdicken (f, m, g) zur Wahl, an denen er geprüft und später eingesetzt werden will.

Beispiel für die Kennzeichnung der Prüfung im Lichtbogenhandschweißen (E):

Schweißerprüfung DIN 8560 – E – R II m

R = Rohrschweißerprüfung, II = Werkstoffgruppe, m = Dicke des Prüfstückes 4 ... 5 mm.

14.3 Prüfungen von NE-Metallschweißern nach DIN 8561

Ebenso wie die Stahlschweißer können Nichteisenmetallschweißer Prüfungen ablegen, um Arbeiten ausführen zu dürfen, für die geprüfte Schweißer verlangt werden. Die Prüfungen sind in Prüfgruppen aufgeteilt, in denen die beim Schweißen von Blech (B) und Rohr (R) aus verschiedenen Werkstoffen mit den unterschiedlichsten Verfahren auftretenden Handfertigkeiten berücksichtigt sind. Achtung: Aluminiumschweißer werden künftig nur noch nach DIN EN 287 T. 2 geprüft!

Tab. 14.1   Einteilung der Prüfgruppen für Stahlschweißer nach DIN 8560

Blech-schweißer-Prüfgruppen	B I	B II	B III	B IV	
				A	B
Werkstoffe	Baustähle wie St 33, St 37-2 oder St 37-3, St 44-2 oder St 44-3, St 52-3 Feinkornbaustähle mit einer Streckgrenze von ≤ 335 N/mm² Kesselbleche nach DIN 17155 (H I, H II, H III, 17 Mn 4, 15 Mo 3, 19 Mo 5), normal- und höherfeste Schiffbaustähle	Unlegierte Stähle mit höherem C-Gehalt wie St 50, St 60, St 70, legierte Stähle; Feinkornbaustähle mit einer Streckgrenze > 355 N/mm² Kesselbleche nach DIN 17155 (H IV, 13 CrMo 4 4) usw.	Austenitische Stähle für Schweißnähte mit Ferritgehalt über 3 Gew.-% im Schweißgut, z. B. nach DIN 17 440	Austenitische Stähle für Schweißnähte mit max. 3 Gew.-% Ferritgehalt im Schweißgut, z. B. X 5 CrNi 16 13 X 10 CrNi 25 20 X 2 CrNi 18 12

Rohrschweißer-Prüfgruppen	R I	R II	R III	R IV	
				A	B
Werkstoffe	Rohrstähle wie St 34-2, St 35, St 37, St 45, St 52 Rohrstähle nach DIN 17175 (St 35.8, St. 45.8 und 15 Mo 3) usw.	Unlegierte Stähle mit höherem C-Gehalt wie St 55 und legierte Stähle, z. B. Rohrstähle nach DIN 17175 (13 CrMo 4 4, 10 CrMo 9 10) usw.	Austenitische Stähle für Schweißnähte mit Ferritgehalt über 3 Gew.-% im Schweißgut, z. B. nach DIN 17 440	Austenitische Stähle für Schweißnähte mit max. 3 Gew.-% Ferritgehalt im Schweißgut, z. B. X 5 CrNi 16 13 X 10 CrNi 25 20 X 2 CrNi 18 12

14.4 Schweißerprüfungen nach DIN EN 287

Mit der Verwirklichung des europäischen Binnenmarktes sind die Länder der Europäischen Gemeinschaft verpflichtet, gemeinsam erarbeitete Normen anzuwenden. Auf dem Gebiet der Schweißtechnik betrifft dies u. a. die DIN EN 287 Teil 1: **Stahlschweißer-Prüfungen** und Teil 2: **Aluminiumschweißer-Prüfungen**. Eine Anleitung zum Gebrauch der Norm steht mit der Richtlinie DVS 0707 zur Verfügung.

Stähle mit ähnlichen Schweißeigenschaften sind in 5 Gruppen zusammengefaßt, um die Zahl der Prüfungen möglichst klein zu halten:

Gruppe W 01	**Gruppe W 02**	**Gruppe W 03**	**Gruppe W 04**	**Gruppe W 11**
Unlegierte/niedriglegierte u. Feinkornbaustähle mit $R_{eH}^{*} \leq 355$ N/mm²	CrMo- u. Chrom-Molybdän-Vanadium(CrMoV)-Stähle	Feinkornbaustähle, u. Stähle mit $R_{eH}^{*} \geq 355$ N/mm²	Nichtrostende Stähle mit 12 % bis 20 % Chromgehalt	Rostfreie und rein austenitische Chrom-Nickel-Stähle

Die künftige Schweißerprüfung ist auf Handfertigkeiten beschränkt, die für den betrieblichen Arbeitseinsatz erforderlich sind, und die den Schweißer nach bestandener Prüfung als spezialisierten Facharbeiter ausweisen.

Worin ein Schweißer geprüft werden kann und welchen Geltungsbereich die Prüfung einschließt, ist aus der Tab. 14.3 auf S. 109 zu ersehen.

Beispiel für die Kennzeichnung einer Schweißerprüfung nach DIN EN 287-1:

DIN EN 287-1	111	P	BW	W 11	B	t 09	PF	ss	nb
Schweißerprüfung für Stahl	Lichtbogenhandschweißen	Blech	Stumpfnaht	Werkstoffgruppe	basische Elektrode	Blechdecke 9 mm	Steigenaht	einseitig geschweißt	ohne Badsicherung

Bisher nach DIN 8560 und 8561 abgelegte Prüfungen behalten ihre Gültigkeit.

---

* R_{eH} = obere Streckgrenze, siehe S. 181

Tab. 14.5 Prüfungen für das Schmelzschweißen von Stahl nach DIN EN 287 mit Geltungsbereichen

Zeichenerklärung: **P** gibt die Schweißposition an, in der die Prüfung durchgeführt worden ist.
E gibt die Schweißpositionen an, die durch die Prüfung eingeschlossen sind.

Schweißposition, in der die Schweißerprüfung durchgeführt wurde. Die Positionsbezeichnungen nach DIN 1912 T.2 sind in Kleinbuchstaben angegeben.

Geltungsbereich, der durch die Schweißerprüfung eingeschlossen ist.

Schweißposition	Bleche – Stumpfnähte					Bleche – Kehlnähte					Rohre – Stumpfnähte (Rohrachse u. -winkel) rot. 0° / fest 90° / 45°					Rohre – Kehlnähte fest 0° / 90°			
	PA w	PC q	PG f	PF s	PE ü	PA w	PB h	PG f	PF s	PD hü	PA w	PG f	PF s	PC q	H-L 045	PB h	PG f	PF s	PD hü
Bleche – Stumpfnähte PA w	**P**					E	E				E					E			
PC q	E	**P**				E	E				E			E		E			
PG f			**P**			E	E	E									E		
PF s	E			**P**		E	E		E		E					E		E	
PE ü	E	E		E	**P**	E	E		E	E	E					E		E	E
Bleche – Kehlnähte PA w						**P**													
PB h						E	**P**									E			
PG f								**P**									E		
PF s						E	E		**P**							E		E	
PD hü						E	E		E	**P**						E		E	E
Rohre – Stumpfnähte PA w (rot. 0°)	E					E	E				**P**					E			
PG f (fest 0°)			E					E				**P**					E		
PF s (fest 0°)	E		E			E	E		E		E		**P**			E		E	
PC q (fest 90°)	E	E				E	E				E			**P**		E			
H-L045 (45°)	E	E		E	E	E	E		E	E	E	E	E		**P**	E		E	E
Rohre – Kehlnähte PB h (fest 0°)						E	E									**P**			E
PG f								E									**P**		
PF s						E	E		E	E						E		**P**	E

1) PB an Rohren kann auf zwei Arten geschweißt werden:
1. Rohr: rotierend; Achse: waagerecht; Schweißung: Horizontalposition,
2. Rohr: fest; Achse: senkrecht; Schweißung: Horizontalposition
2) Dies ist eine mitgeltende Position, sie wird durch andere vergleichbare Prüfungen erfaßt.

14.5 Neufassung der Ausbildungsrichtlinien des DVS 0707

Im Zuge der Einbeziehung von künftigen Schweißerprüfungen nach DIN EN 287 in DVS-Richtlinien liegen bereits Neufassungen einer Stufenausbildung vor, deren Aufbau in Tab. 14.3 zusammengefaßt ist. Darin sind folgende Neuheiten besonders bemerkenswert:

1. Die erste Ausbildungsstufe schließt bereits mit einer Basisqualifikations-Prüfung ab, die den Schweißer z. B. berechtigen, Kehlnähte an abnahmepflichtigen Stahlkonstruktionen in verschiedenen Positionen und Dicken zu schweißen.
2. Der erfolgreiche Abschluß einzelner Lehrgangsstufen schließt Schweißerprüfungen nach DIN EN 287 ein.
3. Befugnisse zum Stahlschweißen nach DIN 8560 sind in den neuen Abschlußprüfungen bereits enthalten.
4. Ausbildungsstufen, die nicht mit einer DVS-Schweißerprüfung abschließen, können bei Bedarf mit einer DIN EN 287 Schweißerprüfung beendet werden.
5. Schweißer mit Vorkenntnissen können als Quereinsteiger in entsprechende Lehrgänge aufgenommen werden.

Tab. 14.3 **Stufenausbildung in Lehrgängen des DVS** mit DVS-Schweißer-Prüfungen, in denen Prüfungen nach DIN EN 287 (Schmelzschweißen Stahl) eingeschlossen sind.

Gasschweißen Lehrgang Wochen Abschlußprüfung als	Lichtbogenhand- schweißen Lehrgang Wochen Abschlußprüfung als	Wolfram-Schutzgas- schweißen Lehrgang Wochen Abschlußprüfung als	Metall-Schutzgas- schweißen Lehrgang Wochen Abschlußprüfung als
DVS-G 1 2 Basisqualifikation im Nachlinksschweißen: Rohr-Stumpfnaht; Kehlnaht	DVS-E 1 2 Basisqualifikation: Kehlnaht an Blechen	DVS-WIG St 1/Cr Ni 1 2 Basisqualifikation: Blech-Stumpfnaht; Kehlnaht	DVS-MAG St 1/Cr Ni 1 2 Basisqualifikation: Kehlnaht an Blechen
DVS-G 2 (2)* **Rohrschweißer** Nachlinksschweißen	DVS-E 2 2 **Kehlnahtschweißer**	DVS-WIG St 2/ Cr Ni 2 (2)* **Rohrschweißer -f-** Werkstoffdicke 1,5 ... 3 mm	DVS-MAG St 2/ Cr Ni 2 2 Stumpfnaht an Blechen **Blechschweißer**
DVS-G 3 + DVS-G 4 6 **Rohrschweißer** Nachrechts- schweißen	DVS-E 3 2 **Blechschweißer** Blech-Stumpfnaht	DVS-WIG St 3/ Cr Ni 3 2 **Blechschweißer** Werkstoffdicke: 2,5 ... 10 mm	DVS-MAG St 3/ Cr Ni 3 2 Rohr-Stumpfnaht **Rohrschweißer**
DVS-G 5 + DVS-G 6 4 **Anlagenschweißer** Nachrechts- schweißen	DVS-E 4, DVS-E 5, DVS-E 6 8 **Rohrschweißer**	DVS-WIG St 4/ Cr Ni 4 4 **Rohrschweißer -m-** Werkstoffdicke: 1,5 ... 10 mm	DVS-MAG St 4/ Cr Ni 4 2 Rohr-Stumpfnaht quer, 45° Werkstoffdicke: 5 ... 8 mm
	DVS-E 7 + DVS-E 8 4 **Anlagenschweißer** Fallnahtschweißer- prüfung zusätzlich 2	DVS-WIG St 5/ Cr Ni 5 2 **Anlagenschweißer**	DVS-MAG St 5/ Cr Ni 5 2 Rohrdurchmesser: 150 ... 250 mm **Anlagenschweißer**
Gesamtausbildung 14	20	12	10

* kann in der Stufenausbildung übergangen werden.

14.6 Vorschriften für geschweißte Stahlbauten nach DIN 18800

DIN 18800 Teil 1 enthält allgemein gültige Festlegungen für die Bemessung und Konstruktion von Stahlbauten, u. a. auch Berechnungsgrundlagen und Gestaltungshinweise für Schweißverbindungen.

DIN 18800 Teil 7 enthält Vorschriften für die sachgerechte Fertigung geschweißter Stahlbauten und nennt die Bedingungen der Eignungsnachweise, mit denen Betriebe befugt sind, Schweißarbeiten vorgeschriebener Güte zu übernehmen. Siehe auch Normenreihe DIN EN 288 Teil 1 bis 4 (Anforderung und Anerkennung von Schweißverfahren) und DIN EN 25 817 (Richtlinien für die Bewertung von Unregelmäßigkeiten).

14.6.1 Großer Eignungsnachweis

> **Nach den Bestimmungen dürfen Betriebe geschweißte Stahlbauten höchster Ansprüche nur dann errichten oder instandsetzen, wenn sie den Großen Eignungsnachweis nach DIN 18800 Teil 7 auf der Grundlage der DIN 8563 Teil 1 und 2 besitzen.**

Damit ist gewährleistet, daß ihre Werkseinrichtungen und ihr Fachpersonal vorgeschriebene Bedingungen erfüllen. Die Schweißaufsicht muß z. B. von einem auf dem Gebiet des Stahlbau erfahrenen Schweißfachingenieur wahrgenommen werden. Die Schweißer dürfen nur mit Schweißarbeiten beauftragt werden, für die sie eine Prüfbescheinigung in der erforderlichen Prüfgruppe nach DIN 8560 oder DIN EN 287 haben.

14.6.2 Kleiner Eignungsnachweis

Betriebe, deren Größe die Verwendung eines Schweißfachingenieurs nicht zuläßt, können diesen durch einen Schweißfachmann oder Schweißtechniker ersetzen. So kann beispielsweise einem geprüften Meister im Stahlbau nach bestandener Schweißfachmannprüfung die Überwachungsaufgabe und Verantwortlichkeit eines Schweißfachingenieurs im Rahmen eines Kleinen Eignungsnachweises übertragen werden. Der Kleine Nachweis berechtigt aber nur zur Fertigung einfacher Stahlbauten aus St 37 mit höchstens 5000 N/m^2 Verkehrslast. Auch ist die Einzeldicke im tragenden Querschnitt auf 16 mm begrenzt. Weitere Beschränkungen des Fertigungsumfangs sind DIN 18800 Teil 7 zu entnehmen.

14.6.3 Zuständige Stellen

Befähigungsnachweise erteilen unter anderen:

Oberste Aufsichtsbehörden des Landes, Deutsche Bundesbahn, Technische Überwachungsvereine und -ämter, Germanischer Lloyd, Deutscher Verein von Gas- und Wasserfachmännern (DVBW), Schweißtechnische Lehr- und Versuchsanstalten

Befähigungsausweise können auch für andere Schweißarbeiten, z. B. für kellergeschweißte Tanks oder für das Schweißen von Bewehrungsstählen ausgestellt werden.

14.6.4 Neue europäische Vorschriften

Die Einführung des europäischen Binnenmarktes verlangt, daß Schweißbetriebe zur Sicherung der Qualität ihrer Produkte nur noch nach einheitlichen Vorschriften zugelassen werden und künftig der strengen Einhaltung qualitätssichernden Fertigungs- und Überwachungsvorschriften unterliegen. Dabei sind u. a. Entwürfe der Normenreihe 8563 als wichtige Beiträge zu künftigen DIN EN-Normen zu beachten.

14.7 Lehrschweißer

Der erfahrene Schweißer kann die zur Ausbildung und Beaufsichtigung von Schweißern erforderliche Fähigkeit in einer Lehrschweißerprüfung nachweisen. Der Lehrgang zur Vorbereitung dieser Prüfung dauert 240 h.

Voraussetzungen:

1. Mindestalter 24 Jahre;
2. Nachweis einer mindestens 3jährigen Praxis als Gas-, Lichtbogen- oder Schutzgasschweißer;
3. Schweißerprüfung nach DIN 8560, Prüfgruppe R/B II, R IV oder DIN 8561 oder eine Prüfung entsprechenden Umfangs nach DIN EN 287.

Nach erfolgreicher praktischer und fachkundlicher Prüfung erhält der Lehrgangsteilnehmer ein Zeugnis als Gaslehrschweißer. Lichtbogenlehrschweißer, Wolfram-Schutzgas- oder Metall-Schutzgaslehrschweißer. Siehe auch Richtlinien DVS 1151, 1152 und 1156.
Lehrschweißer in Ausbildungsstätten des DVS sind verpflichtet, alle 3 Jahre an einem mindestens 3tägigen Tageslehrgang (Erfahrungsaustausch) teilzunehmen. Allen anderen Lehrschweißern in Industrie und Handwerk wird empfohlen, diese Einrichtung ebenfalls zu nutzen.

14.8 Schweißfachmann

> Der Schweißfachmann hat die Befugnisse einer Schweißaufsichtsperson zur Sicherung der Güte von Schweißarbeiten im Rahmen des Kleinen Eignungsnachweises nach DIN 18800 Teil 7

Er muß die Abschlußprüfung eines Schweißfachmannlehrganges von 140 h Dauer bestanden haben. Ausbildung und Prüfung siehe Richtlinie DVS 1171.

Zulassung:

1. Mindestalter 25 Jahre;
2. Meisterprüfung im Metallhandwerk bzw. eine gleichwertige Prüfung als Industriemeister, Lehrschweißer oder Techniker; Werkmeister mit mindestens zweijähriger Bewährung;
3. Schweißerprüfung nach DIN 8560/61 oder DIN EN 287 entsprechenden Umfangs oder von 2 Basisqualifikationslehrgängen. Zur Anerkennung als Schweißaufsichtsperson ist für den Stahlbau mindestens die Prüfgruppe B 1, für den Rohrleitungsbau die Prüfgruppe R II erforderlich.

14.9 Schweißtechniker

> Die Befugnisse eines Schweißfachmannes können auch dem ausgebildeten Techniker im Maschinenbau, im Stahlbau, in der Elektrotechnik oder in einer anderen Fachrichtung übertragen werden, wenn er einen Schweißtechnikerlehrgang erfolgreich abschließt

Mit dieser Ausbildung verfügt er außerdem beispielsweise in der Arbeitsvorbereitung, im Einkauf oder in der Kalkulationsabteilung eines Betriebes über wertvolle Spezialkenntnisse.

Der Schweißtechnikerlehrgang dauert 240 h und schließt mit einer schriftlichen und mündlichen Prüfung ab (siehe Richtlinie DVS 1172).

Zulassung:

1. Lehrabschlußprüfung und einschlägige Praxis als Facharbeiter oder Geselle;

2. bestandene Abschlußprüfung an einer Technikerschule.

14.10 Schweißfachingenieur

Ingenieure mit erfolgreich abgeschlossenem Studium an einer TH (Universität) oder Fachhochschule können nach dem Besuch des 446stündigen Schweißfachingenieurlehrganges die Prüfung als Schweißfachingenieur ablegen. Sie sind dann berechtigt, im Rahmen des Großen Eignungsnachweises abnahmepflichtige Schweißarbeiten ihres Betriebes verantwortlich zu überwachen, nachdem die zulassende Stelle ihnen die Berechtigung erteilt hat.

Durch seine Qualifikation ist der Schweißfachingenieur in fachlichen und wirtschaftlichen Fragen der Schweißtechnik sachkundig. Zu den Abnahmestellen ist er der geeignete Verbindungsmann. Siehe auch Abschnitt 14.6.4.

Der nach der Richtlinie DVS R 1177 geprüfte Schweißfachingenieur hat das Recht, den Titel „Europäischer Schweißfachingenieur" zu führen.

14.11 Schweißkonstrukteur

Schweißgerechtes Konstruieren setzt sichere Kenntnisse auf dem Gebiet der Schweißtechnik voraus. Der Konstrukteur muß eine Übersicht über schweißtechnische Verfahren und Geräte haben, das Verhalten der Werkstoffe beim Schweißen kennen, Grundlagen der Statik und Festigkeitslehre anwenden und Schweißnähte berechnen können, mit Normen und Vorschriften vertraut sein und schweißgerechte Konstruktionselemente verwerten können.

In einem DVS-Lehrgang von 120 Stunden für die Ausbildung zum Schweißkonstrukteur erhält der interessierte Technische Zeichner, der Konstrukteur oder auch Ingenieur die Möglichkeit, diese Kenntnisse zu erwerben und in einer Abschlußprüfung nachzuweisen.

Voraussetzungen für die Teilnahme an Lehrgang und Prüfung:

1. Vollendung des 20. Lebensjahres,

2. abgeschlossene Lehre als technischer Zeichner oder gleichwertige Kenntnisse,

3. mindestens dreijährige Tätigkeit als technischer Zeichner oder Konstrukteur.

Übungen zum Kapitel 14, Ausbildungen – Prüfungen – Befähigungsnachweise

1. Nennen Sie Lehrgangsstufen für die Ausbildung im Gas- bzw. Lichtbogenhandschweißen, mit deren Abschluß bereits eine Prüfung nach DIN 8560 oder DIN EN 287 erfüllt sind.

2. Welche Voraussetzungen sind für die Zulassung zur Ausbildung als Lehrschweißer zu erfüllen?

3. Beschreiben Sie, welche Berechtigungen mit dem Kleinen Eignungsnachweis erteilt werden.

4. Welche Personen können die Befugnisse des Kleinen Eignungsnachweises erwerben?

15 Unfallgefahren und Schutzmaßnahmen

Auf Bauvorschriften und Gefahren im Umgang mit Geräten und Einrichtungen wurde bereits in den betreffenden Abschnitten hingewiesen. Im folgenden sind vor allem allgemeine Gefahren und Schutzmaßnahmen zusammengefaßt.

15.1 Abwehr der Unfallgefahren in der Schweißtechnik

Gefährdungen	Abhilfe
Verbrennungen durch Wärmestrahlen, Funken und Spritzer	Schutzkleidung: Lederschürze, Lederstulpenhandschuhe, Schutzhelm, Augenschutz, Gamaschen, Schuhe mit unbeschädigten Gummisohlen, Schutzanzug nach DIN 32771 als Vollschutz beim MIG/MAG-Schweißen über 200 A und in engen Räumen tragen.
Brandgefahr durch unmittelbare Entzündung und Funkenflug	Entfernen oder Abdecken brennbarer Teile, die Arbeitskleidung muß unbeschädigt, trocken, frei von Öl und sonstigen brennbaren Teilen sein. **Besondere Vorsicht bei Montagearbeiten!**
Gefährdung durch Gase, Rauch und Dämpfe	Absaugvorrichtungen sind erforderlich beim dauernden elektrischen Schweißen in kleinen Räumen (Schweißboxen) sowie beim Schweißen von Nichteisenmetallen, verzinkten und cadmierten Teilen, Blechen oder Rohren (Abb. 15.1), ebenso beim Bearbeiten von farb- oder kunststoffbeschichteten Werkstücken. Günstigere Bedingungen ergeben sich beim Handschweißen durch WIG- und UP- anstatt mit MAG-Schweißen. Bei unzureichender Lüftung Atemschutz anlegen.

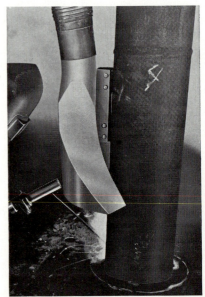

Auf MAK-Werte[1] achten!

Beachte:
Nitrose Gase und CO_2 sind schwerer als Luft und sind deshalb an der untersten Stelle des Raumes abzusaugen. Bei Leckagen kriecht flüssiges Propan überall hin und kann an unerwarteten Stellen zur Verpuffung führen.
Rauchförmige Schadstoffe, die beim Schweißen mit Massivdrahtelektroden entstehen. Chromate und Nickelverbindungen können z. B. Krebs erzeugen, Mangan (MAK-Wert: 5 mg/m³) ist lungenschädigend.

---

[1] MAK-Werte sind Grenzwerte für die Schadstoffkonzentration in der Atemluft, die von einer Kommission zur Prüfung gesundheitsschädlicher Arbeitsstoffe bei der Deutschen Forschungsgemeinschaft festgesetzt werden. Sie werden für Gase in ppm (Teile auf 1 Million), für Staub in mg/m³ gemessen.

Abb. 15.1 Absaugvorrichtung für Zinkdämpfe

Beachte:
MAK-Wert für Phosgen
= 1 ml/m³

Reinigungsmittel (z. B. Tetrachlorkohlenstoff und Trichlorethylen) sind in engen Räumen gefährlich, da durch Lichtbogeneinwirkung Phosgen (Gelbkreuz) entsteht

Luftmangel

Belüftung enger Räume (Keller, Schächte, Tanks) durch Einblasen und Absaugen von Frischluft.

Explosionen beim Schweißen von Behältern, die brennbare oder explodierende Stoffe enthalten oder enthalten haben

Das Belüften mit Sauerstoff ist verboten, da lebensgefährlich!

Gefäße mit heißem Wasser ausspülen und während des Schweißens gefüllt halten (Abb. 15.2). Bei großen Behältern Stickstoff und Kohlensäure durch das Gefäß leiten.

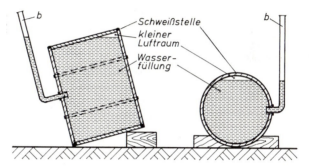

Abb. 15.2 Anwendung eines Knierohres beim Instandsetzungsschweißen eines Fasses

Gefahren des Lichtbogens – sichtbare und unsichtbare Strahlen

Beim Lichtbogenschweißen und -schneiden ist Schutzkleidung für den ganzen Körper erforderlich. Für die Augenschutzfilter ist die Schutzbrille nach DIN 4647 sorgfältig auszuwählen (siehe Abschnitt 3.1.12 und S. 22. Der Schweißplatz ist durch Schutzwände abzuschirmen. Reflektierte Strahlen beachten (Abb. 15.3).

Abb. 15.3 Augenschädigung durch reflektierte Strahlen

Aushang:

Vorsicht! Nicht in die Flamme sehen!

**Gefahren durch
elektrischen Strom**

Generatoren, Umformer, Gleichrichter und Transformatoren müssen den Vorschriften VDE 0540, 0541, 0542 und 0543 entsprechen. Alle spannungsführenden Teile sind gegen zufälliges Berühren abzusichern, ausgenommen Elektroden, Kontaktflächen am Elektrodenhalter und der Stromanschluß am Werkstück. Während der Schweißpause ist der Elektrodenhalter auf einer isolierenden Unterlage abzulegen.

Elektrodenhalter niemals unter den Arm klemmen!

Die für die Handschweißung vorgeschriebene Leerlaufspannung darf bei Wechselstrom den **Effektivwert[1] von 80 Volt** und bei Gleich- und Wechselstrom den **Scheitelwert[2] von 113 Volt** nicht überschreiten.

**Erhöhte elektrische
Gefährdung in
engen, nassen oder
heißen Räumen**

In engen Räumen sind grundsätzlich Gleichstromquellen mit max. 113 V Leerlaufspannung zu verwenden.

Wechselstromquellen sind in engen Räumen nur mit einer maximalen Leerlaufspannung von 48 V bei Frequenzen bis 60 Hz zulässig

---

Beachte:

$$\text{Stromstärke} = \frac{\text{Spannung}}{\text{Widerstand}}$$

d. h. **Spannung niedrig halten!**

Die für enge Räume und bei erhöhter elektrischer Gefährdung mit herabgesetzten Leerlaufspannungen zugelassenen Schweißstromquellen wurden bisher unterschiedlich gekennzeichnet:

Schweißtransformatoren   (48V)

Schweißgleichrichter   [K]

Schweißstromquellen, denen wechselweise Gleich- oder Wechselstrom entnommen werden kann   [K]

Nach EN-Norm und Unfallverhütungsvorschrift VBG 15 vom 1.5.1990 sind diese Schweißgeräte künftig einheitlich mit einem S bezeichnet.

Die Höchstwerte von Leerlaufspannungen für Schweißstromquellen dürfen überschritten werden, wenn sie mit selbsttätig wirkenden und sich selbst überwachenden **Leerlaufspannungsminderungseinrichtungen** ausgerüstet sind. In solchem Falle muß die ungeminderte Leerlaufspannung an der Schweißstromquelle deutlich erkennbar angegeben sein.

---

[1] Effektivwert = Leistungswirksamer Wert
[2] Scheitelwert = Höchstwert

Gleichstrom-Schweißgeneratoren und -umformer haben keine besondere Kennzeichnung.

Der Schweißer ist durch Bretter, Säcke oder Gummimatten vor feuchten Böden und Wänden zu schützen.

Stromgefährdung beim Unterwasserschweißen und -schneiden

Sämtliche Metallteile im Innern des Taucherhelmes sind zu isolieren, Mund und Kinn zusätzlich durch Gummilappen.

> **Es darf nur Gleichstrom verwendet werden, max. Leerlaufspannung 65 V**

Beim Elektrodenwechsel muß der Halter spannungsfrei sein.

Schweiß- und Schneidarbeiten sind entweder unter Verwendung von Wasserstoff oder elektrisch auszuführen.

Gehörschäden durch Lärm

Neben anderen Lärmquellen kann z. B. Plasmaschweißen und -schneiden oder Flammstrahlen gesundheitsgefährdende Lärmbereiche erreichen.

> **Ab 85 dB (A) sollte Gehörschutz, ab 90 Dezibel müsssen Schallschutzmittel benutzt werden**

15.2 Amtliche Vorschriften

Umfassende Auskunft über Gefahren und Schutzmaßnahmen gibt die Unfallverhütungsvorschrift „Schweißen, Schneiden und verwandte Arbeitsverfahren" (VBG 15) der gewerblichen Berufsgenossenschaften. Sie enthält außerdem Hinweise auf staatliche Verordnungen, VDE-Bestimmungen, DIN-Normen u. a. Vorschriften, z. B. DVS 1201, und Faltblätter „Arbeitsschutz beim Schweißen" der Bundesanstalt für Arbeitsschutz.

Verstöße gegen die Vorschriften der VBG 15 gefährden nicht nur Sachwerte, sondern auch die Gesundheit oder gar das Leben von Menschen und werden nach den Strafbestimmungen der Reichsversicherungsordnung geahndet.

Übungen zum Kapitel 15, Unfallgefahren und Schutzmaßnahmen

1. Nennen Sie die besonderen Gefahren beim Brennschneiden mit den Abwehrmaßnahmen.

2. In welchen Fällen sind Vollschutzanzüge vorgeschrieben?

3. Zählen Sie auf, wie der Schweißer sich vor den Gefahren des elektrischen Stromes schützt.

4. Warum ist bei Luftmangel am Schweißplatz die Belüftung mit Sauerstoff verboten?

5. Erklären Sie die gesundheitsschädigende Wirkung einiger Reinigungsmittel, besonders wenn man sie in engen Räumen verwendet.

6. Beschreiben Sie die Kennzeichen von zugelassenen Schweißstromerzeugern für sog. enge Räume, und geben Sie die unterschiedlichen maximalen Leerlaufspannungen für Gleich- und Wechselstromgeräte an.

7. Wie heißt die Unfallverhütungsvorschrift der gewerblichen Berufsgenossenschaft, die jeder Schweißer kennen sollte?

Verzeichnis der im Text angemerkten Normen, Merkblätter, Richtlinien und Vorschriften

Die mit einem * gekennzeichneten DIN-Blätter sind im Titel gekürzt wiedergegeben.

AD*-Merkblätter f. Druckbehälter[2])
S. 139, 201
Reihe HP – Herstellung und Prüfung
Reihe BP – Betrieb und Prüfung
Reihe W – Werkstoffe
* AD = Arbeitsgemeinschaft Druckbehälter

DVS-Merkblätter
Merkblatt DVS 0916   Metall-Schutzgasschweißen von Feinkornbaustählen   S. 139
Merkblatt DVS 1201   Sicherheitsvorschriften
für die Ausführung von Schweiß-, Schneid-, Löt-
und Auftauarbeiten jeder Art in feuer- und explo-
sionsgefährlicher Umgebung[7]   S. 217
Merkblatt DVS 2307 Teil 1 bis 4   Arbeitsschutz
beim Spritzen   S. 121
Merkblatt DVS 2207 Teil 1   Schweißen ther-
moplastischer Kunststoffe PE hart (Polyäthylen
hart) Rohre und Rohrleitungsteile für Gas- und
Wasserleitungen   S. 156

DVS-Richtlinien[7]
Richtlinie DVS 0707   Anleitung zum Gebrauch
der DIN EN 287   S. 208, 210
Richtlinie   DVS   0912   Metall-Schutzgas-
schweißen von Stahl, Richtlinien zur Verfahrens-
durchführung, Vermeiden von Bindefehlern
S. 101
Richtlinie DVS 1113   Lehrgang „Gasschwei-
ßen"   S. 206
Richtlinie DVS 1114 Lehrgang:
Schweißbefugnis für Gasanlagen   S. 207
Richtlinie DVS 1123   Lehrgang „Lichtbogen-
handschweißen"   S. 206
Richtlinie   DVS   1132   Lehrgang Wolfram-
Schutzgasschweißen   S. 207
Richtlinie DVS 1133   Metall- und Schutzgas-
schweißen   S. 207
Richtlinie DVS 1143   Umschulung, Aus- und
Fortbildung zum Schweißer   S. 207
Richtlinie DVS 1146   Lehrgang „Lichtbogen-
handschweißen von Betonstahl"   S. 207
Richtlinie DVS 1151   Gaslehrschweißer, Aus-
bildung und Prüfung   S. 212
Richtlinie DVS 1152   Lichtbogenlehrschwei-
ßer, Ausbildung und Prüfung   S. 212
Richtlinie DVS 1156   Metall-Schutzgaslehr-
schweißer, Ausbildung und Prüfung   S. 212
Richtlinie DVS 1171   mit Beiblatt 1 u. 2
Schweißfachmann, Ausbildung und Prüfung
S. 212
Richtlinie DVS 1172   Schweißtechniker, Aus-
bildung und Prüfung   S. 212
Richtlinie DVS 1173   Lehrgang „Schweißfach-
ingenieur"   S. 213
Richtlinie DVS 1174   Prüfung „Schweißfachin-
genieur"   S. 213
Richtlinie   DVS   1181   Schweißkonstrukteur
S. 213
Richtlinie DVS 1184 Teil 2   Ausbildung von
Fachkräften für Robotereinsatz   S. 57

Internationale Normen
American   Standards   for   Testing   Materials

(ASTM)[8]   S. 139
z. B. ASTM A 514-67 vergüteter hochfester
schweißbarer Baustahl
ASTM A 517-67 vergüteter Schiffbaustahl
Japan Welding Engineering Society[9]   S. 139
z. B. WES 135: Schweißbare Baustähle

Merkblätter über Stahlverwendung[5])   S. 139
Merkblatt 365 Feinkornbaustähle für geschweißte Konstruktionen

Stahl-Eisen-Werkstoffblätter[4])
SEW 089-70 Feinkornbaustähle   S. 68, 139,
140
SEW 087-87 Richtlinien für die Verarbeitung von
Feinkornbaustählen   S. 139

Technische Regeln
Technische Regeln für Dampfkessel (TRD)[2])
S. 139, 201
z. B. TRD 201 Schweißen von Bauteilen aus Stahl,
Fertigung, Prüfung
Technische Regeln Druckgase (TRG)[1])   S. 14
Druckgasverordnung   S. 14, 139
Verordnung über ortsbewegliche Behälter und
über Füllanlagen für Druckgase[2])
Acetylenverordnung[1])   S. 18
Technische Regeln für Acetylenanlagen und Cal-
ciumcarbidlager TRAC[1]), z. B.:
TRAC 204 und 206 Acetylenleitungen und Batte-
rieanlagen   S. 18
TRAC 208 Acetyleneinzelflaschenanlagen S. 19

Unfallverhütungsvorschriften der gewerblichen
Berufsgenossenschaften[1]) z. B. VBG 15, Schwei-
ßen, Schneiden und verwandte Arbeitsverfahren
S. 55, 217

VDE-Vorschriften[3])
max. Belastung des Lichtstromnetzes   S. 48
Begrenzung der Leerlaufspannung   S. 59, 67
Schutzklassen   S. 58, 61
VDE-0540 Bestimmungen für Gleichstrom-Licht-
bogen-Schweißgeneratoren und -umformer
S. 216
VDE-0541 Regeln für Lichtbogenschweißtrans-
formatoren   S. 55, 216
VDE-0542   Bestimmungen   für   Lichtbogen-
Schweißgleichrichter   S. 216
VDE-0543 Bestimmungen für Lichtbogen-Klein-
schweißtransformatoren für Kurzschweißbetrieb
S. 50, 55, 216

**Dienstvorschriften der Deutschen Bundes-
bahn[10])**   S. 201
DV 804 Teil 3   Berechnungsvorschriften
DV 848, Vorschrift für geschweißte Eisenbahnbrücken

Vorschriften der Klassifikationsgesellschaften
S. 107, 201
z. B. Vorschriften des Germanischen Lloyds für
Klassifikation und Bau von stählernen Seeschif-
fen, Kapitel 7: Schweißvorschriften[6])

---

[1]) Carl Heymanns Verlag, Köln – [2]) Beuth-Verlag, Berlin – [3]) VDE-Verlag, Berlin – [4]) Verlag Stahleisen, Düsseldorf – [5]) Beratungsstelle für Stahlverwendung, Düsseldorf – [6]) Germanischer Lloyd, Hamburg – [7]) DVS-
Verlag, Düsseldorf – [8]) ASTM 1916 Race Street, Philadelphia, P. A. 19103 – [9]) WES 1-11 Kanda, Sakuma-
cho, Chiyoda-ku, Tokyo/Japan – [10]) Bundesbahndirektion München

Sachwortverzeichnis